MATLAB工程应用书库

MASTERING OPTIMIZED DESIGN
WITH MATLAB 2020

MATLAB 2020
优化设计
从入门到精通

叶国华　编著

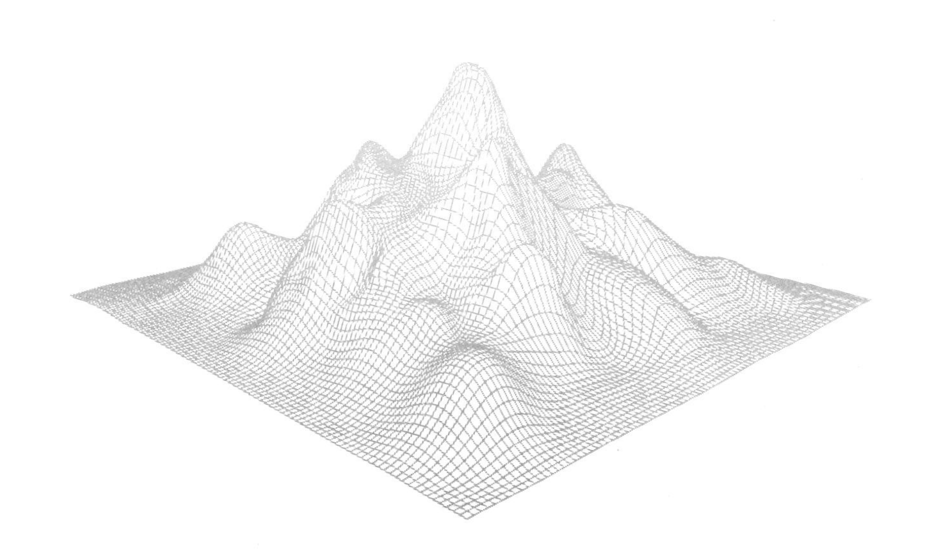

机械工业出版社
CHINA MACHINE PRESS

本书基于 MATLAB R2020a 版编写，提供了使用该软件解决优化问题的实践性指导，内容由浅入深，对每一条命令的使用格式都做了详细而又规范的说明，为用户提供了大量的例题进一步说明其用法。同时，对数学中的一些深入问题，如优化理论的算法以及各种优化问题的数学模型等进行了较为详细的介绍。

本书共 11 章。第 1 章介绍了 MATLAB 系统使用的一些基本操作，第 2 章介绍了 MATLAB 的基本功能，第 3 章介绍了 MATLAB 程序设计的功能，第 4~5 章分别从理论和使用两方面介绍了 MATLAB 优化问题，第 6~10 章分别介绍了各类优化问题在 MATLAB 中的具体实现方法，第 11 章介绍了大规模最优化问题在 MATLAB 中的解法。

为方便读者学习，本书附赠了作者精心录制的教学视频，读者直接扫描案例旁边的二维码即可观看。

本书既可作为工程技术人员的入门教程，也可作为相关院校本科生和研究生的学习用书。

图书在版编目（CIP）数据

MATLAB 2020 优化设计从入门到精通/叶国华编著 .—北京：机械工业出版社，2022. 5
（MATLAB 工程应用书库）
ISBN 978-7-111-70789-9

Ⅰ. ①M…　Ⅱ. ①叶…　Ⅲ. ①Matlab 软件　Ⅳ. ①TP317

中国版本图书馆 CIP 数据核字（2022）第 083126 号

机械工业出版社（北京市百万庄大街 22 号　邮政编码 100037）
策划编辑：张淑谦　责任编辑：张淑谦
责任校对：秦新力　责任印制：张　博
中教科（保定）印刷股份有限公司印刷
2022 年 6 月第 1 版第 1 次印刷
184mm×260mm · 17. 25 印张 · 467 千字
标准书号：ISBN 978-7-111-70789-9
定价：99. 00 元

电话服务　网络服务
客服电话：010-88361066　机　工　官　网：www. cmpbook. com
010-88379833　机　工　官　博：weibo. com/cmp1952
010-68326294　金　书　网：www. golden-book. com
　机工教育服务网：www. cmpedu. com

前 言

MATLAB 是美国 MathWorks 公司出品的一款优秀的数学计算软件，其强大的数值计算能力和数据可视化能力令人震撼。经过多年的发展，MATLAB 的功能日趋完善，已经成为多种学科必不可少的计算工具，是自动控制、应用数学、信息与计算科学等专业本科生与研究生必须掌握的基本技能。

在生活和工作中，人们对于同一个问题往往会提出多个解决方案，并通过各方面的论证从中提取最佳方案。最优化方法就是专门研究如何从多个方案中科学合理地提取最佳方案的学科。由于优化问题无所不在，目前最优化方法的应用和研究已经深入到生产和科研的各个领域，如土木工程、机械工程、化学工程、运输调度、生产控制、经济规划和经济管理等，并取得了显著的经济效益和社会效益。

最优化方法的发展很快，现在已经包含多个分支，如线性规划、整数规划、非线性规划、动态规划和多目标规划等。

MATLAB 总是根据时代的需求增加各种实用的新功能。MATLAB 的优化工具箱为用户解决上述问题提供了非常方便的工具，并且，工具箱函数随着优化理论的发展不断改进，极大地满足了各行业用户的需求。

利用 MATLAB 的优化工具箱，可以求解线性规划、非线性规划和多目标规划等问题。具体而言，包括线性、非线性最小化，最大最小化，二次规划，半无限问题，线性、非线性方程（组）的求解，线性、非线性的最小二乘问题以及整数规划等问题的求解。另外，该工具箱还提供了线性、非线性最小化，方程求解，曲线拟合，二次规划等问题中大型课题的求解方法，为优化方法在工程中的实际应用提供了更方便快捷的途径。

与此同时，MATLAB 软件本身提供的高级程序设计语言和应用程序接口为 MATLAB 在优化问题中的应用提供了更广阔的空间。

一、本书特色

本书具有以下五大特色。

1. 作者权威

本书由著名 CAD/CAM/CAE 图书出版专家胡仁喜博士指导，大学资深教授执笔编写。本书是作者总结多年设计经验以及教学的心得体会，力求全面细致地展现 MATLAB 在优化设计应用领域的各种功能和使用方法。

2. 实例专业

书中的很多实例本身就是 MATLAB 优化设计工程项目案例，经过作者精心提炼和改编，不仅保证了读者能够学好知识点，还能帮助读者掌握实际的操作技能。

3. 提升技能

本书从全面提升 MATLAB 优化设计能力的角度出发，结合大量的案例来讲解如何利用 MATLAB 进行优化设计，帮助读者掌握计算机辅助优化设计的方法和技巧。

4. 内容全面

本书共 11 章，分别介绍了 MATLAB 系统概述、MATLAB 的基本功能、程序设计、最优化理

论概述、MATLAB 优化工具箱简介、无约束优化问题、约束优化问题、多目标规划、最小值和最大值、方程求解以及大规模最优化问题。

5. 知行合一

本书提供了使用 MATLAB 解决优化设计问题的实践性指导，它基于 MATLAB R2020a 版，内容由浅入深。对每一条命令的使用格式都做了详细而又规范的说明，为用户提供了大量的例题进一步说明其用法，因此，对于初学者自学是很有帮助的。同时，本书也可作为科技工作者的优化设计工具书。

二、电子资料使用说明

本书随书配有电子资料包，其中含有全书讲解实例和练习实例的源文件素材，以及全程实例动画同步 AVI 文件。为了增强教学的效果，更进一步方便读者的学习，作者提供了教学视频，读者可以直接扫描案例旁边的二维码进行观看，也可以扫描关注封底微信公众号——IT 有得聊下载观看（详细方法见封底）。

三、致谢

本书由昆明理工大学国土资源学院的叶国华副教授编著。在编写的过程中得到了胡仁喜、闫聪聪等老师的大力支持，在此向他们表示感谢。

读者在学习过程中，若发现错误，请联系电子邮箱 714491436@ qq. com。欢迎加入三维书屋 MATLAB 图书学习交流群（QQ：656116380）交流探讨，也可以登录该 QQ 交流群索取本书配套资源。

作　者

目 录

第 1 章　MATLAB 系统概述

内容提要

本章简要介绍了 MATLAB 的发展历史、各个窗口界面、相关内容的查找和搜索路径的扩展。

本章重点

- MATLAB 简介
- MATLAB 系统界面
- MATLAB 内容及查找

MATLAB 是美国 MathWorks 公司出品的商业数学软件，它将数值分析、矩阵计算、科学数据可视化以及非线性动态系统的建模和仿真等诸多强大功能集成在一个易于使用的高科技计算和交互式环境中，为科学研究、工程设计以及必须进行有效数值计算的众多科学领域提供了一种全面的解决方案，体现了当今国际科学计算软件的先进水平。

1.1　MATLAB 简介

1.1.1 MATLAB 系统的产生与发展

MATLAB 的英文源头是 MATrix LABoratary，原意为矩阵实验室。早期它是一种专门用于矩阵数值计算的软件。

在 20 世纪 70 年代中期，新墨西哥大学计算机科学系的 Cleve Moler 和他的同事在美国国家科学基金的资助下研究开发了调用 LINPACK 和 EISPACK 的 FORTRAN 子程序库。LINPACK 是求解线性方程的 FORTRAN 程序库，EISPACK 则是求解特征值问题的程序库。这两个程序库代表着当时矩阵计算的最高水平。到了 20 世纪 70 年代后期，Cleve Moler 在给学生开设线性代数课程的时候，利用业余时间为学生编写了使用方便的 LINPACK 和 EISPACK 的接口程序，Cleve Moler 给这个接口程序取名为 MATLAB，意思是“矩阵实验室”。不久以后，MATLAB 不光受到了学生的普遍欢迎，还成了应用数学界的术语。

1983 年早春，Cleve Moler 到斯坦福大学访问，身为工程师的 John Little 意识到 MATLAB 潜在的广阔应用领域应该在工程计算方面有所作为。同年，他与 Moler 及 Steve Bangert 一起合作开发了第二代专业版 MATLAB。从这一代开始，MATLAB 的核心就采用 C 语言编写，也是从这一代开始，MATLAB 不仅具有数值计算功能，而且还具有了数据可视化功能。

1984 年，MathWorks 公司成立，把 MATLAB 推向市场，并继续 MATLAB 的研制和开发。MATLAB 在市场上的出现为各国科学家开发本学科相关软件提供了基础。例如，在 MATLAB 问世后不久，原来在控制领域的一些封闭式软件包（如英国的 UMIST，瑞典的 LUND 和 SIMNON，德国的 KEDDC）就纷纷被淘汰了，而改以 MATLAB 为平台加以重建。

到 20 世纪 90 年代初期，在国际上三十几个数学类科技应用软件中，MATLAB 在数值计算方面独占鳌头，而 Mathematica 和 Maple 则分居符号计算软件的前两名。MathCAD 因其提供了计算、图形、文字处理的统一环境而深受学生欢迎。

1993 年，MATLAB 的第一个 Windows 版本问世。同年，支持 Windows 3. x 的具有划时代意义的 MATLAB 4. 0 版本推出。与之前的版本比起来，MATLAB 4. 0 版本有了很大改进，特别是增加了 Simulink、Control、Neural Network、Optimization、Signal Processing、Spline、Robust Control 等工具箱，这使得 MATLAB 的应用范围越来越广。

同年，MathWorks 公司又推出了 MATLAB 4. 1 版本，首次开发了 Symbolic Math 符号运算工具箱。它的升级版本 MATLAB 4. 2c 在用户中得到了广泛的应用。

1997 年夏，MathWorks 公司推出了 Windows 95 下的 MATLAB 5. 0 和 Simulink 2. 0 版本。该版本在继承 MATLAB 4. 2c 和 Simulink 1. 3 版本功能的基础上，实现了真正的 32 位运作，数值计算更快，图形表现更丰富有效，编程更简洁直观，用户界面十分友好。

2000 年下半年，MathWorks 公司推出了 MATLAB 6. 0（R12）的试用版，并于 2001 年推出了正式版。紧接着，2002 年又推出了最新产品 MATLAB 6. 5（R13），并升级了 Simulink 到 5. 0 版本。

2004 年秋，MathWorks 公司又推出了 MATLAB 7. 0（R14）Service Pack1，新的版本在原版本的基础上进行了大幅改进，同时对很多工具箱进行了相应的升级，使得 MATLAB 功能更强，应用更简便。

2006 年开始，MATLAB 分别在每年的 3 月和 9 月进行两次产品发布，每次发布都涵盖产品家族中的所有模块，包含已有产品的新特性和 bug 修订，以及新产品的发布。其中，3 月发布的版本被称为“a”，9 月发布的版本被称为“b”，2006 年的两个版本分别是 R2006a 和 R2006b。

2012 年，MathWorks 推出了 MATLAB 7. 14，即 MATLAB R2012a。

2018 年 3 月，MathWorks 正式发布了 R2018a 版 MATLAB（简称 MATLAB 2018）和 Simulink 产品系列的 Release 2018（R2018）版本。

2020 年 3 月，MathWorks 正式发布了 R2020a 版 MATLAB（简称 MATLAB 2020）和 Simulink 产品系列的 Release 2020（R2020）版本。

1. 1. 2 MATLAB 的特点

MATLAB 自产生之日起，就以其强大的功能和良好的开放性而在科学计算众多软件中独占鳌头。学会了 MATLAB 就可以方便地处理诸如矩阵变换及运算、多项式运算、微积分运算、线性与非线性方程求解、常微分方程求解、偏微分方程求解、插值与拟合、统计及优化等问题了。

在做数学计算的时候，计算中最难处理的就是算法的选择，这个问题在 MATLAB 面前释然而解。MATLAB 中许多功能函数都带有算法的自适应能力，且算法先进，彻底解决了用户的后顾之忧，同时也大大弥补了 MATLAB 程序因为非可执行文件而影响其速度的缺陷。另外，MATLAB 提供了一套完善的图形可视化功能，为用户展示自己的计算结果提供了广阔的空间。图 1-1 ~ 图 1-3 所示是用 MATLAB 绘制的地球二维和三维图形。

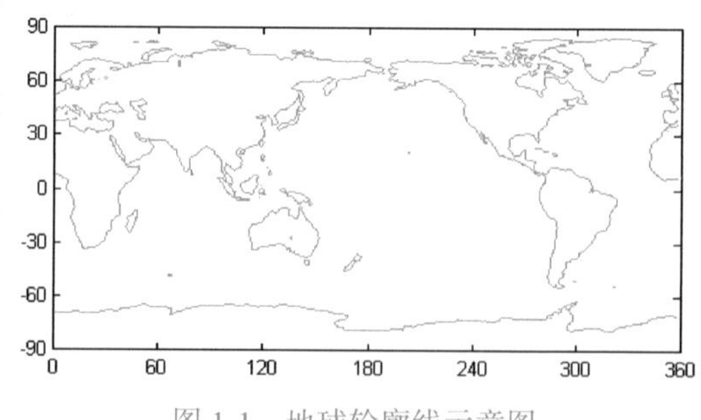

图 1-1　地球轮廓线示意图

无论一种语言的功能多么强大，如果语言本身非常艰深，那么它绝对不是一个成功的语言。而 MATLAB 是成功的，它允许用户以数学形式的语言编写程序，比 BASIC、FORTRAN 和 C 等语言更接近于书写计算公式的思维方式。

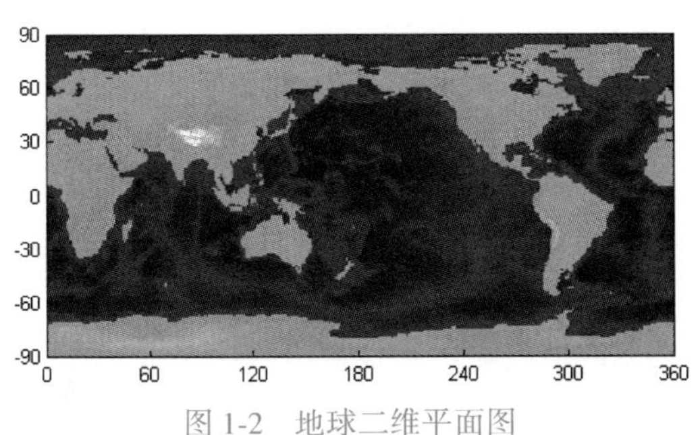

图 1-2 地球二维平面图

图 1-3 地球三维表现图

MATLAB 能发展到今天，其可扩充性和可开发性起了不可估量的作用。MATLAB 本身就像一个解释系统，对其中函数程序的执行以一种解释执行的方式进行。这样的最大好处是 MATLAB 完全成了一个开放的系统，用户可以方便地看到函数的源程序，也可以方便地开发自己的程序，甚至创建自己的工具箱。另外，MATLAB 还可以方便地与 FORTRAN，C 语言等语言接口，以充分利用各种资源。

任何字处理程序都能对 MATLAB 进行编写和修改，从而使得程序易于调试，人机交互性强。

1.2 MATLAB 系统界面

启动 MATLAB 之后，默认情况下的计算机桌面平台包括五个窗口，分别是 MATLAB 功能区、命令行窗口、历史窗口、当前目录窗口和工作空间管理窗口，如图 1-4 所示。

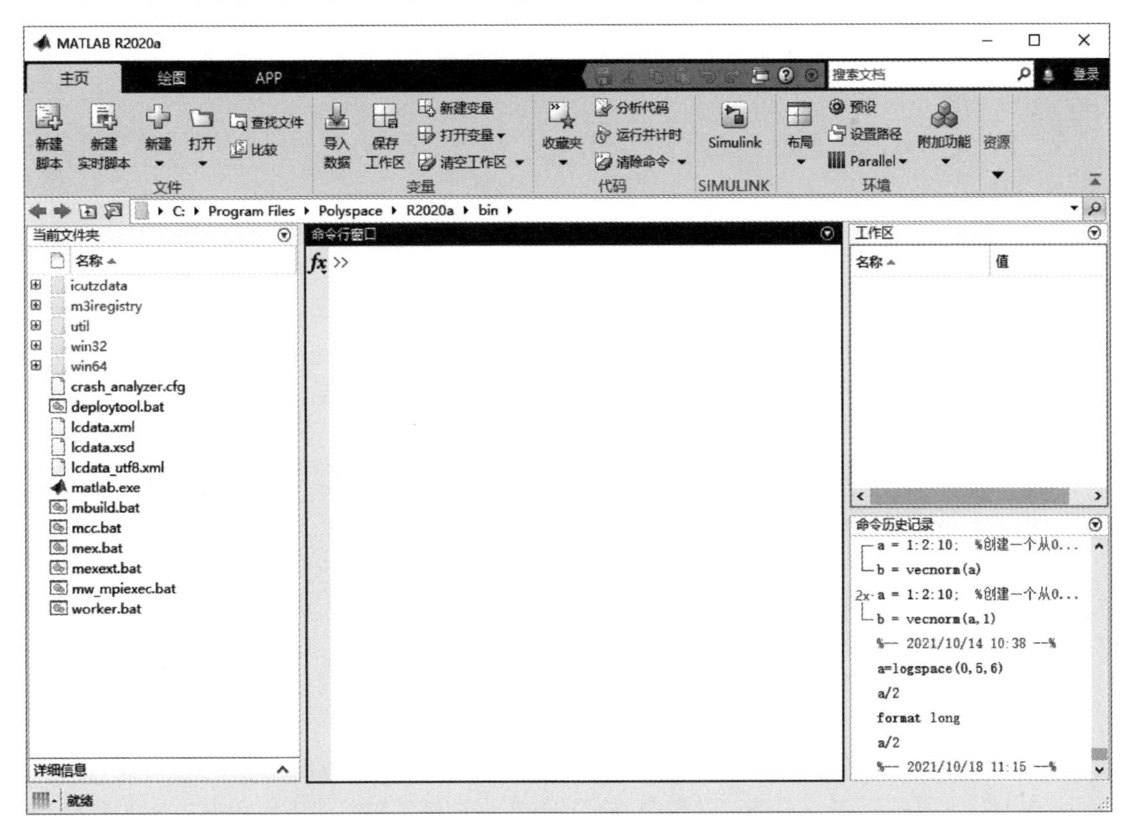

图 1-4 MATLAB 系统界面

注意:

由于安装不同系统界面的显示形式可能稍有不同，这不会影响对本书的理解，也不会影响用户的使用。

1.2.1 MATLAB 功能区

有别于传统的菜单栏形式，MATLAB 以功能区的形式显示各种常用的功能命令。它将所有的功能命令分类别放置在三个选项卡中。

1. “主页”选项卡

选择标题栏下方的“主页”选项卡，显示基本的文件、变量、代码及路径设置等操作命令，如图 1-5 所示。

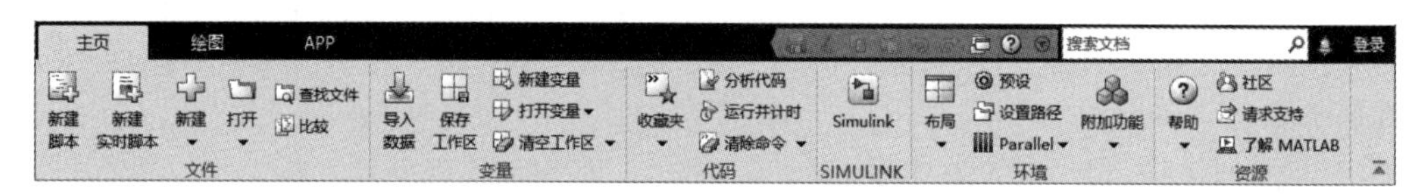

图 1-5 “主页”选项卡

该选项卡下的主要按钮功能如下。

(1)“文件”选项组

- ◆“新建脚本”按钮：单击该按钮，新建一个 M 文件。
- ◆“新建实时脚本”按钮：单击该按钮，新建一个实时脚本。
- ◆“新建”按钮：在该按钮下显示的子菜单包括新建的文件类型。选择不同的文件类型命令，创建不同的文件。
- ◆“打开”按钮：弹出“打开”对话框，在文件路径下打开所选择的不同类型的数据文件。
- ◆“查找文件”按钮：单击该按钮，弹出“查找文件”对话框，用于查找文件。
- ◆“比较”按钮：单击该按钮，弹出“选择需要进行比较的文件或文件夹”对话框，用于比较指定的文件或文件夹。

(2)“变量”选项组

- ◆“导入数据”按钮：单击该按钮，弹出“导入数据”对话框，将数据文件导入到工作空间。
- ◆“保存工作区”按钮：单击该按钮，弹出“另存为”对话框，将工作区数据保存到指定的 mat 文件中。
- ◆“新建变量”按钮：单击该按钮之后，在工作区创建一个变量，默认名称为 unnamed，自动打开变量编辑器，可以输入变量参数。
- ◆“打开变量”按钮打开变量：打开选择的数据对象。
- ◆“清空工作区”按钮：执行程序后，工作区中保存执行过程中的变量。

(3)“代码”选项组

- ◆“收藏夹”按钮：为了方便记录，在调试 M 文件时在不同工作区之间进行切换。MATLAB 在执行 M 文件时，会把 M 文件的数据保存到其对应的工作区中，并将该工作区添加到“收藏夹”文件夹中。

◆ “分析代码”按钮：单击该按钮，打开代码分析器主窗口。
◆ “运行并计时”按钮：单击该按钮，弹出 Profiler 窗口，显示改善性能的探查器。
◆ “清除命令”按钮：在该按钮下包括“命令行窗口”“命令历史记录”两个命令。执行程序后，命令行窗口中显示程序执行过程，工作区中保存执行过程中的变量，命令历史记录窗口中显示命令执行历史记录。
- 选择“命令行窗口”命令，弹出 MATLAB 对话框。
- 选择“命令历史记录”命令，弹出 MATLAB 对话框，确认是否清除命令历史记录窗口中的所有文本。

(4) SIMULINK 选项组
◆ Simulink 按钮：打开 Simulink 主窗口。

(5) “环境”选项组
◆ “布局”按钮：用于设置 MATLAB 界面窗口的布局与显示。
◆ “预设”按钮：单击该按钮，弹出“预设项”对话框，可以显示 MATLAB 工具，进行工具演示，查看工具的参数设置。
◆ “设置路径”按钮：单击该按钮，弹出“设置路径”对话框。
◆ “Parallel（并行）”按钮：设置 cluster（集群）相关命令。

(6) “资源”选项组
用于设置 MATLAB 帮助相关命令。

2. “绘图”选项卡

选择标题栏下方的“绘图”选项卡，显示关于图形绘制的编辑命令，如图 1-6 所示。

图 1-6 “绘图”选项卡

3. APP（应用程序）选项卡

选择标题栏下方的 APP（应用程序）选项卡，显示多种应用程序命令，如图 1-7 所示。

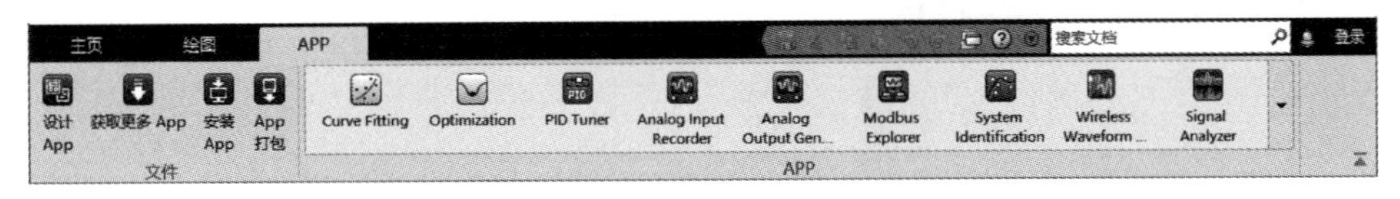

图 1-7 APP（应用程序）选项卡

1.2.2 命令行窗口

MATLAB 的命令行窗口如图 1-8 所示。其中，“>>”为运算提示符，表示 MATLAB 正处在准备状态。当在提示符后输入一段运算式并按〈Enter〉键，MATLAB 将给出计算结果，然后再次进入准备状态。

1.2.3 历史窗口

MATLAB 的历史窗口如图 1-9 所示。在默认设置下，历史窗口会保留自安装起所有命令的历史纪录，并标明其使用时间，可方便用户的查询。双击某一命令即在命令行窗口中执行该行命令。

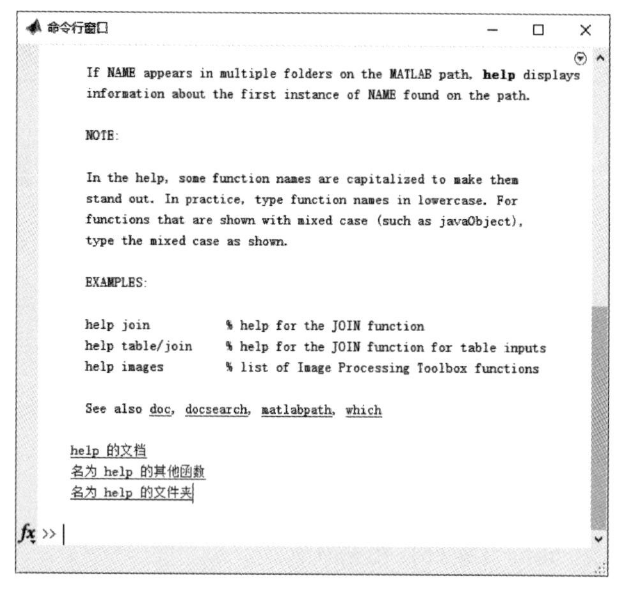

图 1-8 MATLAB 的命令行窗口

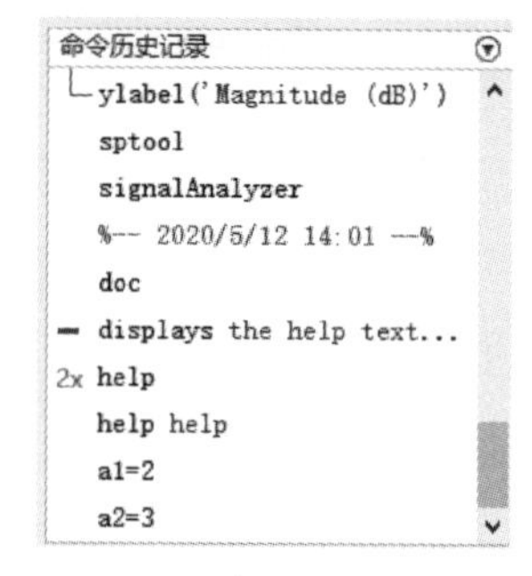

图 1-9 命令历史窗口

1.2.4 当前目录窗口

当前目录窗口中可显示或改变当前目录，还可以显示当前目录下的文件并提供搜索功能，其形式如图 1-10 所示。

1.2.5 工作空间管理窗口

工作空间管理窗口是 MATLAB 的重要组成部分，如图 1-11 所示。

在工作空间管理窗口中将显示目前内存中所有的 MATLAB 变量的变量名、数学结构、字节数以及类型，不同的变量类型分别对应不同的变量名图标。

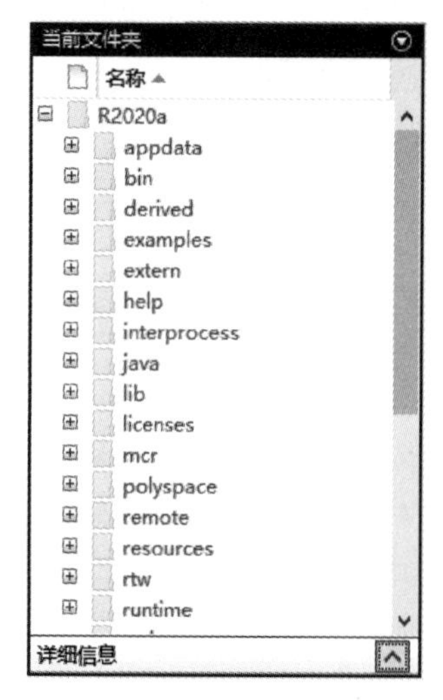

图 1-10 当前目录窗口

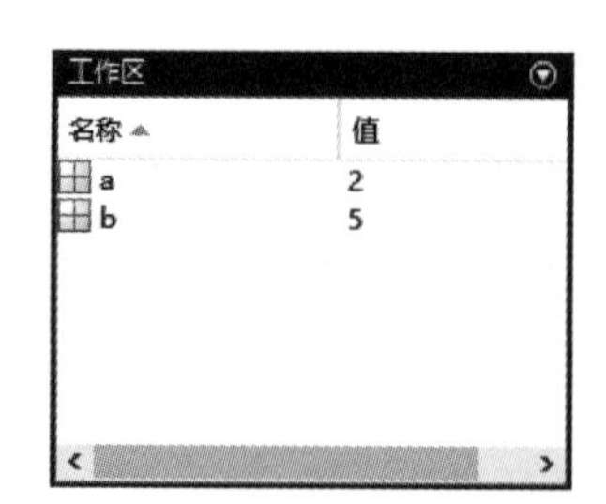

图 1-11 工作空间管理窗口

1.3 MATLAB 内容及查找

1.3.1 MATLAB 的搜索路径

1. "设置搜索路径"对话框

单击 MATLAB 功能区"环境"→"设置路径"按钮，进入到"设置搜索路径"对话框，如图 1-12 所示。其中列表框中所列出的目录就是 MATLAB 的所有搜索路径。

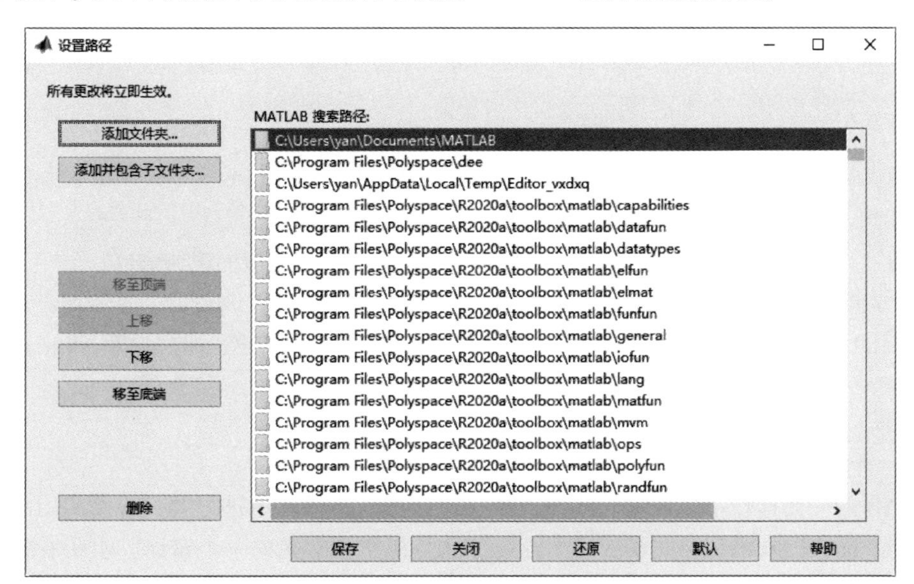

图 1-12 "设置搜索路径"对话框

2. path 命令

在命令行窗口中输入命令 path 可得到 MATLAB 的所有搜索路径，如下所示。

```
>> path

MATLABPATH

C:\Users\yan\Documents\MATLAB
C:\Program Files\Polyspace\dee
C:\Users\yan\AppData\Local\Temp\Editor_vxdxq
C:\Program Files\Polyspace\R2020a\toolbox\matlab\capabilities
C:\Program Files\Polyspace\R2020a\toolbox\matlab\datafun
......
C:\MATLAB701\toolbox\rtw\targets\xpc\xpc
C:\Program Files\Polyspace\R2020a\toolbox\rtw\targets\xpc\target\build\xpcob-
solete
C:\Program Files\Polyspace\R2020a\toolbox\rtw\targets\xpc\xpc\xpcmngr
C:\Program Files\Polyspace\R2020a\toolbox\rtw\targets\xpc\xpcdemos
```

其中的“……”在 MATLAB 中是很多的显示内容，这里由于版面限制省略。

3. genpath 命令

在命令行窗口中输入命令 genpath 可以得到由 MATLAB 所有搜索路径连接而成的一个长字符串，如下所示。

```
>>genpath
ns =
'C:\Program Files\Polyspace\R2020a\toolbox;C:\Program Files\Polyspace\R2020a\toolbox\5g;C:\Program Files\Polyspace\R2020a\toolbox\5g\5g;C:\Program Files\Polyspace\R2020a\toolbox\5g\5g\en;C:\Program Files\Polyspace\R2020a\toolbox\aero;C:\Program Files\Polyspace\R2020a\toolbox\aero\aero;C:\Program Files\Polyspace\R2020a\toolbox\aero\aero\src;
......
C:\Program Files\Polyspace\R2020a\toolbox\aero\aeroshared\web\plugin\appdesigner\release\visualcomponen...输出已截断。文本超出命令行窗口显示的最大行长度。
```

其中的“……”在 MATLAB 中是很多的显示内容，这里由于版面限制省略。

4. pathtool 命令

在 MATLAB 命令行窗口中输入 pathtool 命令，将进入如图 1-12 所示的 MATLAB “设置搜索路径”对话框。

1.3.2 扩展 MATLAB 的搜索路径

MATLAB 的一切操作都是在它的搜索路径（包括当前路径）中进行的，如果调用的函数在搜索路径之外，MATLAB 则认为此函数并不存在。这是初学者常犯的一个错误，明明看到自己编写的程序在某个路径下，但是 MATLAB 就是找不到，并报告此函数不存在。这个问题很容易解决，只需要把程序所在的目录扩展成 MATLAB 的搜索路径即可。

利用“设置搜索路径”对话框设置菜单

选择 MATLAB 主窗口中的“主页”选项卡，单击“设置路径”按钮，进入到如图 1-12 所示的“设置搜索路径”对话框。如果只想把某一目录下的文件包含在搜索范围内而忽略其子目录，则单击对话框中的“添加文件夹”按钮，否则单击“添加并包含子文件夹”按钮。

为了清楚说明这个问题，假定 E:盘中有一个名为 matlabfile 的文件夹，要把此文件夹包含在 MATLAB 的搜索路径中。按照上面的步骤，单击“添加文件夹”按钮，进入如图 1-13 所示的“将文件夹添加到路径“对话框。选中 matlabfile 文件夹，单击【确定】按钮，新的目录出现在搜索路径的列表中，单击“保存”按钮保存新的搜索路径，单击“关闭”按钮关闭对话框。新的搜索路径设置完毕。

为了以后的方便，下面再简单介绍一下图 1-12 中所示其他几个按钮控件的作用。

- 移至顶端：将选中的目录移动到搜索路径的顶端。
- 上移：将选中的目录在搜索路径中向上移动一位。
- 删除：将选中的目录在搜索路径中删除。
- 下移：将选中的目录在搜索路径中向下移动一位。
- 移至底端：将选中的目录移动到搜索路径的底部。
- 还原：恢复上次改变路经前的路径。
- 默认：恢复到最原始的 MATLAB 的默认路径。

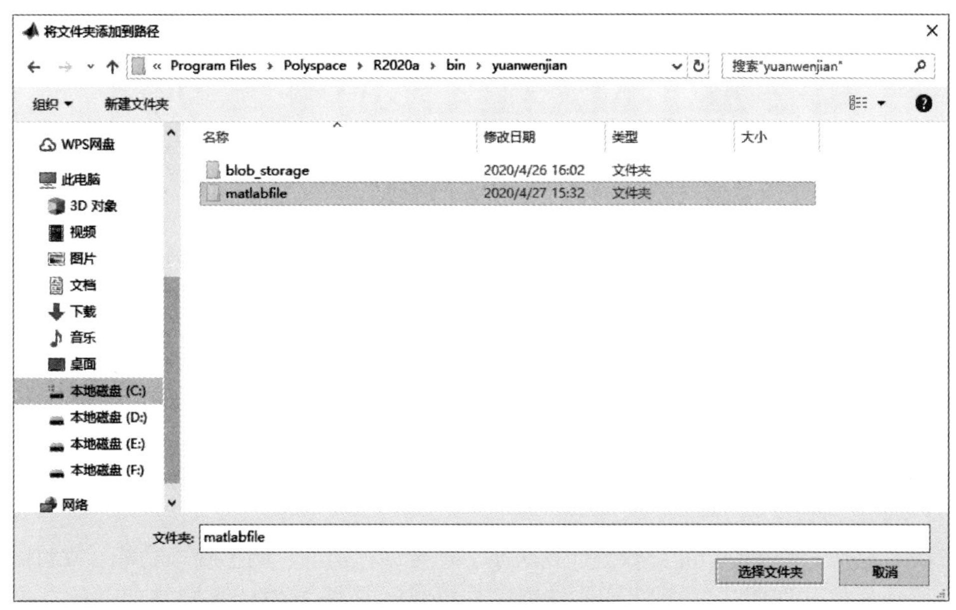

图 1-13 “将文件夹添加到路径”对话框

1. 使用 path 命令扩展目录

使用 path 命令也可以扩展 MATLAB 的搜索路径。同样用上面的例子，把 E:\matlabfile 扩展到搜索路径的方法是在 MATLAB 的命令行窗口中输入：

```
>> path(path,'E:\matlabfile')
```

2. 使用 addpath 命令扩展目录

在早期的 MATLAB 版本中，用得最多的扩展目录命令就是 addpath，在上面的例子中，如果要把 D:\matlabfile 添加到整个搜索路径的开始，可使用命令：

```
>>addpath D:\matlabfile -begin
```

如果要把 D:\matlabfile 添加到整个搜索路径的末尾，使用命令：

```
>>addpath D:\matlabfile -end
```

第 2 章　MATLAB 的基本功能

内容提要

本章简要介绍了 MATLAB 的两大基本功能：数值计算功能和符号运算功能。正是因为有了这两项强大的基本功能，才使得 MATLAB 成为世界上最优秀、最受用户欢迎的数学软件之一。

本章重点

- 数值计算功能
- 符号运算功能

MATLAB 包括三大基本功能：数值计算功能、符号运算功能、图形处理功能。MATLAB 的强大数值计算功能使其在诸多数学计算软件中傲视群雄，它是 MATLAB 软件的基础。自商用的 MATLAB 软件推出之后，它的数值计算功能就在不断地改善并日趋完善。但是由于在数学、物理及力学等各种科研和工程应用中还经常遇到符号运算的问题，因此，一部分 MATLAB 用户还不得不同时掌握另一种符号计算语言，如 Maple，Mathematic，MathCAD 等，这就给用户带来了一些不便。为了解决该问题，MathWorks 公司于 1993 年购入了 Maple 的使用权，并在此基础上，利用 Maple 的函数库，开发了 MATLAB 语言的又一个重要工具箱——符号运算工具箱。从此，MATLAB 将数值计算、符号运算和图形处理三大基本功能于一体，成为在数学计算各语言中功能强大、操作简便且受用户喜爱的工具。

2.1　数值计算功能

MATLAB 具有强大的数值计算功能，能满足用户的各种应用。

2.1.1　创建数值矩阵

1. 直接输入

创建矩阵最基本的方法是直接输入矩阵的各个元素，尤其适合较小的简单矩阵。用这种方法创建矩阵时，应当注意以下几点。

1）矩阵同行元素之间可由空格或“,”分隔，行与行之间要用“;”或按〈Enter〉键分隔。

2）可以不预先定义矩阵的大小。

3）矩阵的元素可以是运算表达式。

4）输入矩阵时要用中括号“[ ]”将矩阵元素括起来。

5）无任何元素的空矩阵是合法的。

6）如果不想获得中间结果可以用“;”结束。

【例 2-1】创建一个简单数值矩阵。

```
>> A=[1 2 3;4 5 6;7 8 9]
```

```
A =

1    2    3
4    5    6
7    8    9
```

【例 2-2】创建一个带有运算表达式的矩阵。

```
>> B=[sin(pi/3),cos(pi/4);log(3),tanh(6)]

B =

0.8660    0.7071
1.0986    1.0000
```

用户可以直接用函数来生成某些特定的矩阵，常用的函数有：

- eye（n）：创建 $n \times n$ 单位矩阵。
- eye（m，n）：创建 $m \times n$ 的单位矩阵。
- eye（size（A））：创建与 A 维数相同的单位阵。
- ones（n）：创建 $n \times n$ 全 1 矩阵。
- ones（m，n）：创建 $m \times n$ 全 1 矩阵。
- ones（size（A））：创建与 A 维数相同的全 1 阵。
- zeros（m，n）：创建 $m \times n$ 全 0 矩阵。
- zeros（size（A））：创建与 A 维数相同的全 0 阵。
- rand（n）：在［0，1］区间内创建一个 $n \times n$ 均匀分布的随机矩阵。
- rand（m，n）：在［0，1］区间内创建一个 $m \times n$ 均匀分布的随机矩阵。
- rand（size（A））：在［0，1］区间内创建一个与 A 维数相同的均匀分布的随机矩阵。
- compan（P）：创建系数向量是 P 的多项式的伴随矩阵。
- diag（v）：创建一向量 v 中的元素为对角的对角阵。
- hilb（n）：创建 $n \times n$ 的 Hilbert 矩阵。

【例 2-3】执行以下指令创建矩阵。

```
>> zeros(2,3)

ans =

0    0    0
0    0    0
>>hilb(3)

ans =
1.0000    0.5000    0.3333
0.5000    0.3333    0.2500
0.3333    0.2500    0.2000
```

2. 创建 M 文件输入大矩阵

M 文件是一种可以在 MATLAB 环境下运行的文本文件，分为命令式文件和函数式文件两种。此处用到的是命令式文件，更详细的内容将在第 3 章介绍。

直接输入一个规模比较大的矩阵是很艰苦的工作，容易出错也不好修改。可以利用 M 文件的特点将所要输入的矩阵按格式先写到一个文本文件中，然后，将此文件以 m 为扩展名命名，这就是 M 文件。在 MATLAB 命令行窗口中输入此 M 文件名，则要输入的大型矩阵就被直接输入到内存中了。

【例 2-4】 编制一个名为 sample. m 的 M 文件。

首先，用任何一个字处理软件编写以下内容。

```
%sample.m
%创建一个 M 文件,用以输入大规模矩阵
gmatrix=[378 89 90  83 382 92 29;
3829 32 9283 2938 378 839 29;
388 389 200 923 920 92 7478;
3829 892 66 89 90 56 8980;
7827 67 890 6557 45  123 35]
```

然后，保存为以 sample. m 为文件名的文件。

在 MATLAB 命令行窗口中输入文件名，得到下面结果。

```
>> sample

gmatrix =

列 1 至 5

378         89          90          83          382
3829         32         9283         2938         378
388        389        200         923         920
3829        892          66           89           90
7827          67         890         6557          45

列 6 至 7

92          29
839          29
92         7478
56         8980
123           35
```

2.1.2 矩阵运算

本节简单介绍一些在后续章节中经常用到的基本运算和函数。

1. 矩阵的基本运算

1）$A+B$：相加。

```
>> A=[3 8 9;0 3 3;7 9 5]

A =

3    8    9
0    3    3
7    9    5

>> B=[8 3 9;2 8 1;3 9 1]

B =

8    3    9
2    8    1
3    9    1

>> A+B

ans =

11    11    18
 2    11     4
10    18     6
```

2）$A-B$：相减。

```
>> A-B

ans =

-5     5    0
-2    -5    2
 4     0    4
```

3）$A*B$：相乘。

```
>> A* B

ans =

67  154    44
15   51     6
89  138    77
```

4）$a*A$：数乘。

```
>> 2* A
```

```
ans =

 6   16   18
 0    6    6
14   18   10
```

5）$A.*B$：点乘。

```
>> A.* B

ans =

24   24   81
 0   24    3
21   81    5
```

6）$A.\hat{}n$：乘方。

```
>> A^2

ans =

72  129   96
21   36   24
56  128  115
```

7）$n\hat{}A$：n 的 A 次方。

```
>> 2^A

ans =

1.0e+004 *

0.6310    1.2582    1.0176
0.1701    0.3395    0.2744
0.6403    1.2768    1.0326
```

8）$A.\backslash B$：左除。

```
>> A.\B
Warning: Divide by zero.
ans =

2.6667    0.3750    1.0000
Inf    2.6667    0.3333
0.4286    1.0000    0.2000
```

9）$A./B$：右除。

```
>> A./B

ans =

0.3750    2.6667    1.0000
0    0.3750    3.0000
2.3333    1.0000    5.0000
```

10）inv（A）：求逆。

```
>> inv(A)

ans =

0.2105  -0.7193    0.0526
-0.3684    0.8421    0.1579
0.3684  -0.5088  -0.1579
```

另外，常用的运算还有指数函数、对数函数、平方根函数等，用户可查看相应的帮助获得使用方法和相关信息。

2. 基本的矩阵函数

1）norm（A）：矩阵或向量的二范数。

```
>> norm(A)

ans =

17.5341
```

2）normest（A）：矩阵的二范数（使用更先进的算法）。

```
>>normest(A)

ans =

17.5341
```

3）rank（A）：矩阵的秩。

```
>> rank(A)

ans =
3
```

4）det（A）：矩阵行列式的值。

```
>> det(A)

ans =
```

```
-57
```

5）trace（A）：矩阵的迹。

```
>> trace(A)

ans =

11
```

6）dot（A，B）：矩阵的点乘积（与 $A.*B$ 不同）。

```
>> dot(A,B)

ans =

45  129   89
```

7）eig（A）：矩阵的特征值。

```
>>eig(A)

ans =

14.2898
-4.2323
0.9425
```

3. 矩阵分解函数

（1）特征值分解　矩阵的特征值分解要调用函数 eig，为了分解，还要在调用时做一些形式上的变化。例如：函数调用格式：

$$[V,D]=\mathrm{eig}(X)$$

该函数格式的功能是得到矩阵 X 的特征值对角矩阵 D 和其列为相应特征值的特征向量矩阵 V，于是矩阵的特征值分解为 $X\times V=V\times D$。

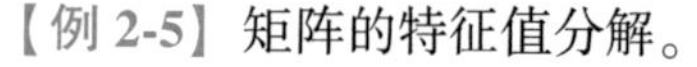

【例 2-5】矩阵的特征值分解。

```
>>A=[3 8 9;0 3 3;7 9 5];
>> [v,d]=eig(A)

v =

-0.6897  -0.5873    0.5909
-0.1860  -0.3101  -0.6653
-0.6998    0.7476    0.4563


d =
```

```
14.2898        0        0
0   -4.2323        0
0        0    0.9425
```

（2）奇异值分解　矩阵的奇异值分解由函数 svd 实现，调用格式如下。

1）函数调用格式 1：

s = svd（A）

该函数格式的功能是对矩阵 A 进行 LU 分解，其中 L 为单位下三角阵或其变换形式，U 为上三角阵。

2）函数调用格式 2：

［U,S,V］ = svd（A）

该函数格式的功能是返回矩阵 A 的奇异值分解因子 U、S、V。

3）函数调用格式 3：

［U,S,V］ = svd（A,0）

该函数格式的功能是返回 $m\times n$ 矩阵 A 的“经济型”奇异值分解。若 $m>n$ 则只计算出矩阵 U 的前 n 列，矩阵 S 为 $n\times n$ 矩阵，否则同［U，S，V］= svd（A）。

【例 2-6】矩阵的奇异值分解。

```
>> A=[3 8 9;0 3 3;7 9 5];
>> [U,S,V]=svd(A)

U =

-0.6918  -0.5976  -0.4054
-0.2216  -0.3586   0.9068
-0.6873   0.7171   0.1156

S =

17.5341        0        0
0    4.3589        0
0        0    0.7458


V =

-0.3927   0.7404  -0.5456
-0.7063   0.1371   0.6945
-0.5890  -0.6581  -0.4691
```

（3）LU 分解　L 为单位下三角阵，U 为上三角阵，P 为置换矩阵，满足 $LU=PA$。LU 分解由函数 lu 实现。具体的调用格式如下。

1）函数调用格式 1：

［L,U］=lu(A)

该函数格式的功能是对矩阵 A 进行 LU 分解，其中 L 为单位下三角阵或其变换形式，U 为上三角阵。

2）函数调用格式 2：

$$[L,U,P] = lu(A)$$

该函数格式的功能是对矩阵 A 进行 LU 分解，其中 L 为单位下三角阵，U 为上三角阵，P 为置换矩阵，满足 $LU=PA$。

【例 2-7】矩阵的 LU 分解。

```
>>A=[3 8 9;0 3 3;7 9 5];
>> [L,U]=lu(A)

L =

0.4286    1.0000         0
0    0.7241    1.0000
1.0000         0         0


U =

7.0000    9.0000    5.0000
0    4.1429    6.8571
0         0   -1.9655
```

（4）Cholesky 分解　A 为正定矩阵时可进行 Cholesky 分解，由函数 chol 实现，具体的调用格式如下。

1）函数调用格式 1：

$$R= chol(A)$$

该函数格式的功能是返回楚列斯基分解因子 R。

2）函数调用格式 2：

$$[R,p] = chol(A)$$

该函数格式的功能是该命令不产生任何错误信息。若 A 为正定矩阵，则 $p=0$，R 同上；若 X 非正定，则 p 为正整数，R 是有序的上三角阵。

【例 2-8】矩阵的 Cholesky 分解。

```
>> A=[98 3 2;3 89 2;2 1 45];
>>chol(A)

ans =

9.8995    0.3030    0.2020
0    9.4291    0.2056
0         0    6.7020
```

（5）QR 分解　E 为置换矩阵，使得 R 的对角线元素按绝对值大小降序排列，满足 $AE=QR$；QR 分解由函数 qr 实现，具体的调用格式如下。

1）函数调用格式1：

[Q,R] = qr(A)

该函数格式的功能是返回正交矩阵 Q 和上三角阵 R，Q 和 R 满足 $A=QR$；若 A 为 $m\times n$ 矩阵，则 Q 为 $m\times m$ 矩阵，R 为 $m\times n$ 矩阵。

2）函数调用格式2：

[Q,R,E] = qr(A)

该函数格式的功能是求得正交矩阵 Q 和上三角阵 R，E 为置换矩阵，使得 R 的对角线元素按绝对值大小降序排列，满足 $AE=QR$。

3）函数调用格式3：

[Q,R] = qr(A,0)

该函数格式的功能是产生矩阵 A 的“经济型”分解，即若 A 为 $m\times n$ 矩阵，且 $m>n$，则返回 Q 的前 n 列，R 为 $n\times n$ 矩阵；否则该命令等价于 [Q，R] = qr（A）。

4）函数调用格式4：

[Q,R,E] = qr(A,0)

该函数格式的功能是产生矩阵 A 的“经济型”分解，E 为置换矩阵，使得 R 的对角线元素按绝对值大小降序排列，且 $A(:,E)=QR$。

【例2-9】矩阵的QR分解。

```
>>A=[98 3 2;3 89 2;2 1 45];
>> [Q,R]=qr(A)

Q =

-0.9993    0.0308   -0.0201
-0.0306   -0.9995   -0.0106
-0.0204   -0.0099    0.9997


R =

-98.0663   -5.7410   -2.9776
0   -88.8709   -2.3844
0         0   44.9271
```

（6）Schur分解　Schur分解由函数schur实现。Schur分解在半定规划、自动化等领域有着重要而广泛应用，具体的调用格式如下。

1）函数调用格式1：

T = schur(A)

该函数格式的功能是产生schur矩阵 T，即 T 的主对角线元素为特征值的三角阵。

2）函数调用格式2：

T = schur(A,flag)

该函数格式的功能是若 A 有复特征根，则 flag='complex'，否则 flag='real'。

3）函数调用格式3：

[U,T] = schur(A,…)

该函数格式的功能是返回正交矩阵 U 和 schur 矩阵 T，满足 $A = U*T*U'$。

【例 2-10】矩阵的 Schur 分解。

```
>> H = [ 100 -20 876;387 390 189;37 -89 880]

H =
100   -20   876
387   390   189
37   -89   880

>> [U,T] =schur(H)

U =

    0.7302   -0.6789   -0.0769
   -0.6760   -0.7016   -0.2253
   -0.0990   -0.2165    0.9712


T =

   -0.3010  227.6284  487.9888
         0  603.4822 -810.4975
         0         0  766.8189
```

2.1.3 稀疏矩阵

如果矩阵中只含有少量的非零元素，则这样的矩阵称为稀疏矩阵。在最优化实际问题中，经常会碰到大型稀疏矩阵。对于一个用矩阵描述的联立线性方程组来说，含有 N 个未知数的问题会设计成一个 $N \times N$ 的矩阵，那么解这个方程组就需要 N 的平方个字节的内存空间和正比于 N 的立方的计算时间。但在大多数情况下矩阵往往是稀疏的，为了节省存储空间和计算时间，MATLAB 考虑到矩阵的稀疏性，在对它运算时有特殊的命令。本节简单介绍一些稀疏矩阵的基本技术。

1. 稀疏矩阵的创建

稀疏矩阵的创建由函数 sparse 来实现，具体的调用格式如下。

1）函数调用格式 1：

S = sparse(A)

该函数格式的功能是将矩阵 A 转化为稀疏矩阵形式，即由 A 的非零元素和下标构成稀疏矩阵 S。若 A 本身为稀疏矩阵，则返回 A 本身。

2）函数调用格式 2：

S = sparse(m,n)

该函数格式的功能是生成一个 $m \times n$ 的所有元素都是 0 的稀疏矩阵。

3）函数调用格式 3：

S = sparse(i,j,s)

该函数格式的功能是生成一个由长度相同的向量 i，j 和 s 定义的稀疏矩阵 S。其中 i，j 是整数向量，定义稀疏矩阵的元素位置（i，j），s 是一个标量或与 i，j 长度相同的向量，表示在（i，j）位置上的元素。

4）函数调用格式4：

S = sparse(i,j,s,m,n)

该函数格式的功能是生成一个 $m \times n$ 的稀疏矩阵，（i，j）对应位置元素为 si，m = max（i），且 n =max（j）。

5）函数调用格式5：

S = sparse(i,j,s,m,n,nzmax)

该函数格式的功能是生成一个 $m \times n$ 的含有 nzmax 个非零元素的稀疏矩阵 S，nzmax 的值必须大于或者等于向量 i 和 j 的长度。

【例2-11】创建稀疏矩阵。

```
>> S=sparse(1:10,1:10,1:10)
S =
(1,1)        1
(2,2)        2
(3,3)        3
(4,4)        4
(5,5)        5
(6,6)        6
(7,7)        7
(8,8)        8
(9,9)        9
(10,10)      10
>> S=sparse(1:10,1:10,5)
S =
(1,1)        5
(2,2)        5
(3,3)        5
(4,4)        5
(5,5)        5
(6,6)        5
(7,7)        5
(8,8)        5
(9,9)        5
(10,10)      5
```

2. 稀疏矩阵运算

在MATLAB中对一般矩阵的运算和函数同样可用在稀疏矩阵中，结果是稀疏矩阵还是一般满矩阵．取决于运算符或者函数及下面的操作数。

1）当函数用一个矩阵作为输入参数，输出参数为一个标量或者一个给定大小的向量时，输出参数的格式总是返回一个满阵形式，如命令 size。

2）当函数用一个标量或者一个向量作为输入参数，输出参数为一个矩阵时，输出参数的格式也总是返回一个满矩阵，如命令 eye。还有一些特殊的命令可以得到稀疏单位矩阵，如命令 speye。

3）对于单参数的其他函数来说，通常返回的结果和参数的形式是一样的，如 diag。

4）对于双参数的运算或者函数来说，如果两个参数的形式一样，那么也返回同样形式的结果。在两个参数形式不一样的情况下，除非运算的需要，均以一般矩阵的形式给出结果。

5）两个矩阵的组合 [A, B]，如果 A 或 B 中至少有一个是满矩阵，则得到的结果就是满矩阵。

6）表达式右边的冒号是要求一个参数的运算符，通守这些运算规则。

7）表达式左边的冒号不改变矩阵的形式。

【例 2-12】稀疏矩阵的运算。

```
>> A=eye(6)

A =

1     0     0     0     0     0
0     1     0     0     0     0
0     0     1     0     0     0
0     0     0     1     0     0
0     0     0     0     1     0
0     0     0     0     0     1

>> B=sparse(A)

B =

(1,1)        1
(2,2)        1
(3,3)        1
(4,4)        1
(5,5)        1
(6,6)        1

>> C=3* B

C =

(1,1)        3
(2,2)        3
(3,3)        3
(4,4)        3
(5,5)        3
(6,6)        3
```

```
>> D=A+B

D =

2    0    0    0    0    0
0    2    0    0    0    0
0    0    2    0    0    0
0    0    0    2    0    0
0    0    0    0    2    0
0    0    0    0    0    2
```

3. 稀疏矩阵的转换与分解

在许多实际应用中要求保留稀疏矩阵的结构，但是计算过程中的中间结果会减弱它的稀疏性，如 LU 分解。这就会导致增加浮点运算次数和存储空间。为了避免这种情况发生，在 MATLAB 中用命令对矩阵进行重新安排，简单介绍如下。函数调用格式：

colperm(A)

该函数格式的功能是返回一个矩阵 A 的列变换的向量，列按非零元素升序排列。

【例 2-13】稀疏矩阵的转换。

```
>> i=[1 2 3 4];
>> a=ones(1,4);
>> perm=randperm(4);  % 创建整数的随机序列
>> T=sparse(i,perm,a)

T =

(4,1)        1
(1,2)        1
(3,3)        1
(2,4)        1
```

2.2 符号运算功能

符号运算是 MATLAB 数值计算的扩展，在运算过程中以符号表达式或符号矩阵为运算对象，对象是一个字符，数字也被当作字符来处理。符号运算允许用户获得任意精度的解，在计算过程中解是精确的，只有在最后转化为数值解时才会出现截断误差，但能够保证计算精度。同时，符号运算可以把表达式转化为数值形式，也能把数值形式转化为符号表达式，实现了符号计算和数值计算的相互结合，使应用更灵活。

2.2.1 符号表达式的生成

符号表达式包括符号函数和符号方程，二者的区别在于前者不包括等号，而后者必须带等号，但是二者的创建方式是相同的，都是用单引号括起来。

【例 2-14】创建符号函数。

```
>> f='sin(x)+cos(2x)'

f =

'sin(x)+cos(2x)'
```

【例 2-15】创建符号方程。

```
>> g='x^3=-1'

g =

'x^3=-1'
```

2.2.2 创建符号矩阵

1. 直接输入

直接输入符号矩阵时，符号矩阵的每一行都要用方括号括起来，而且要保证同一列的各行元素字符串的长度相同。因此，在较短的字符串中要插入空格来补齐长度，否则，程序将会报错。

【例 2-16】直接输入创建符号矩阵。

```
>> sm=['[1/(a+b),x^3  ,cos(x)]';'[log(y) ,abs(x),c    ]']

sm =

2×23 char 数组

    '[1/(a+b),x^3  ,cos(x)]'
    '[log(y) ,abs(x),c    ]'
```

2. 用 sym 函数创建符号矩阵

用这种方法创建符号矩阵，矩阵元素可以是任何不带等号的符号表达式，各矩阵元素之间用逗号或空格分隔，各行之间用分号分隔，各元素字符串的长度可以不相等。

（1）函数调用格式 1

sym('x')

该函数格式的功能是创建符号变量 x。

（2）函数调用格式 2

sym('a', [n1 ... nM])

该函数格式的功能是创建一个 $n1$-by -…-by-nM 符号数组，充满自动生成的元素。

（3）函数调用格式 3

sym('A' n)

该函数格式的功能是创建一个 $n×n$ 符号矩阵，充满自动生成的元素。

（4）函数调用格式 4

sym('a',n)

该函数格式的功能是创建一个 n 个自动生成的元素符号数组。

(5) 函数调用格式 5

$$\text{sym}(\cdots,\text{set})$$

该函数格式的功能是通过 set 设置符号表达式的格式,$\%d$ 表示用元素的索引替换格式字符向量中的后缀，以生成元素名称。

(6) 函数调用格式 6

$$\text{sym}(\text{num})$$

该函数格式的功能是将 num 指定的数字或数字矩阵转换为符号数字或符号矩阵。

(7) 函数调用格式 7

$$\text{sym}(\text{num},\text{flag})$$

该函数格式的功能是使用 flag 指定的方法将浮点数转换为符号数，可设置为'r'(默认)(有理模式)、'd'(十进制模式)、'e'(估计误差模式)、'f'(浮点到有理模式)。

(8) 函数调用格式 8

$$\text{sym}(\text{strnum})$$

该函数格式的功能是将 strnum 指定的字符向量或字符串转换为精确符号数。

(9) 函数调用格式 9

$$\text{symexpr} = \text{sym}(h)$$

该函数格式的功能是从与函数句柄 h 相关联的匿名 MATLAB 函数创建符号表达式或矩阵 symexpr。

【例 2-17】用 sym 函数创建符号矩阵。

```
>> sm1=sym('[sin(x)^2 a+b;log(x) 1/(3+x^2)]')

sm1 =

[  sin(x)^2,      a+b]
[    log(x), 1/(x^2+3)]
```

3. 将数值矩阵转化为符号矩阵

在 MATLAB 中，数值矩阵不能直接参与符号运算，所以必须先转化为符号矩阵。

【例 2-18】将数值矩阵转化为符号矩阵。

```
>> A=[sin(pi/3),cos(pi/4);log(3),tanh(6)]

A =

0.8660    0.7071
1.0986    1.0000

>> B=sym(A)

B =

[                         3^(1/2)/2,                          2^(1/2)/2]
[ 2473854946935173/2251799813685248, 2251772142782799/2251799813685248]
```

2.2.3 高等数学中的符号计算

1. 符号极限

极限是高等数学的基础和出发点，高等数学几乎所有内容都是建立在极限理论的基础上的。在 MATLAB 中，极限是由函数 limit 来实现的，具体的调用格式如下。

（1）函数调用格式 1

limit(F,x,a)

该函数格式的功能是符号表达式 F 在 $x \to a$ 时的极限值。

（2）函数调用格式 2

limit(F,a)

该函数格式的功能是符号表达式 F 在独立变量趋向于 a 时的极限值。

（3）函数调用格式 3

limit(F)

该函数格式的功能是符号表达式 F 在独立变量趋向于 0 时的极限值。

（4）函数调用格式 4

limit(F,x,a,'right')或 limit(F,x,a,'left')

该函数格式的功能是符号表达式的左右极限。

【例 2-19】符号极限。

```
>>syms x a y
>> limit(cos(x))

ans =


1
>> limit(y* log(x)/x,x,inf)

ans =


0
```

2. 符号积分

在 MATLAB 中，符号积分是由积分函数 int 来实现的，它是 integral 的缩写，具体的调用格式如下。

（1）函数调用格式 1

int(S)

该函数格式的功能是计算符号表达式对 findsym 返回的符号自变量 S 的不定积分，其中 S 为符号矩阵或符号数量，若 S 为符号数量，则积分为关于 x 的积分。

（2）函数调用格式 2

int(S,x)

该函数格式的功能是计算符号表达式 S 关于符号自变量 x 的不定积分，其中，x 是一符号数量。

（3）函数调用格式 3

int(S,x,a,b)

该函数格式的功能是计算符号表达式 S 关于符号自变量 x 从 $a\sim b$ 的定积分。

（4）函数调用格式 4

int(⋯,Name,Value)

该函数格式的功能是计算符号表达式的定积分，使用 Name，Value 参数对设置附加选项。

【例 2-20】符号积分。

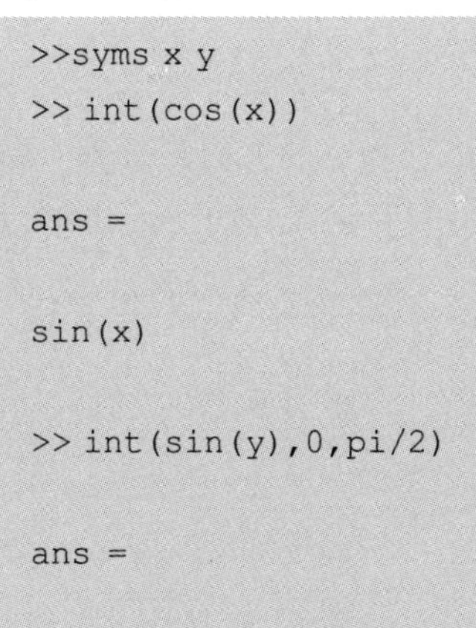

```
>>syms x y
>> int(cos(x))

ans =

sin(x)

>> int(sin(y),0,pi/2)

ans =

1
```

3. 符号微分和差分

微分和差分函数包括数值差分和符号微分。在 MATLAB 中，符号微分和差分由函数 diff 来实现，它由英文单词 differential 而来，具体的调用格式如下。

（1）函数调用格式 1

diff(F)

该函数格式的功能是对由 findsym 返回的自变量求符号表达式的微分。

（2）函数调用格式 2

diff(F,'v')

该函数格式的功能是对自变量 v 求符号表达式 F 的微分。

（3）函数调用格式 3

diff(F,n)

该函数格式的功能是对表达式 F 微分 n 次。

另外，diff（F，'v'）也可写成 diff（F，sym（'v'）），diff（F，'v'，n）和 diff（F，n，'v'），两种格式均可被识别。

【例 2-21】符号微分和差分。

```
>>syms x y
>> diff(cos(x^3))
ans =

-3* sin(x^3)* x^2

>> diff(sin(x)+y,'x',2)

ans =
```

```
-sin(x)
```

应用比较广泛的还有梯度。在 MATLAB 中，梯度是由函数 gradient 来实现的，函数 gradient 被称为近似梯度函数，其具体的调用格式如下。

（1）函数调用格式 1

[FX,FY] = gradient(F)

该函数格式的功能是返回矩阵 F 的数值梯度，FX 相当于 dF/dx，为 x 的方向差分值。FY 相当于 dF/dy，为 y 的方向差分值。各个方向的点间隔设为 1。当 F 为向量时，DF = gradient（F）为一维梯度。

（2）函数调用格式 2

[FX,FY] = gradient(F,H)

该函数格式的功能和函数意义同格式，其中 H 为各方向点间隔。

（3）函数调用格式 3

[FX,FY] = gradient(F,HX,HY)

该函数格式的功能是用于 F 是二维的情况。使用 HX 和 HY 指定点间距，HX 和 HY 可为数量和向量。如果 HX 和 HY 是向量，则它们的维数必须和 F 的维数一致。

（4）函数调用格式 4

[FX,FY,FZ] = gradient(F)

该函数格式的功能是返回一个三维的梯度。

（5）函数调用格式 5

[FX,FY,FZ] = gradient(F,HX,HY)

该函数格式的功能和函数意义同格式 4，使用 HX，HY 和 HZ 指定点间距。

【例 2-22】 利用 gradient 函数绘制一个矢量图。

```
>> [x,y]=meshgrid(-2:.2:2,-2:.2:2);
>> z=x.* exp(-x.^2-y.^2);
>> [px,py]=gradient(z,.2,.2);
>> contour(z)
>> hold on
>> quiver(px,py)
```

其中，meshgrid，contour，quiver 等命令可通过帮助系统来获得它们的精确含义和命令格式，在本书的下一节将介绍部分绘图函数的功能，这里不再赘述。通过 gradient 函数得到的结果如图 2-1 所示。

在多元函数中，仿照单元函数的极限、可微的概念引入了 Frechet 导数。多元函数的 Frechet 导数在非线性方程的求解过程中有着重要的应用，所以在最优化问题中有重要作用。

在 MATLAB 中，此问题的实现由函数 jacobian 完成，其具体的调用格式为：jacobian（F，x）。

这个函数格式的功能是计算数量或向量 F 对向量 x 的 Jacobi 矩阵，当 F 为数量时，函数返回 f 的梯度。

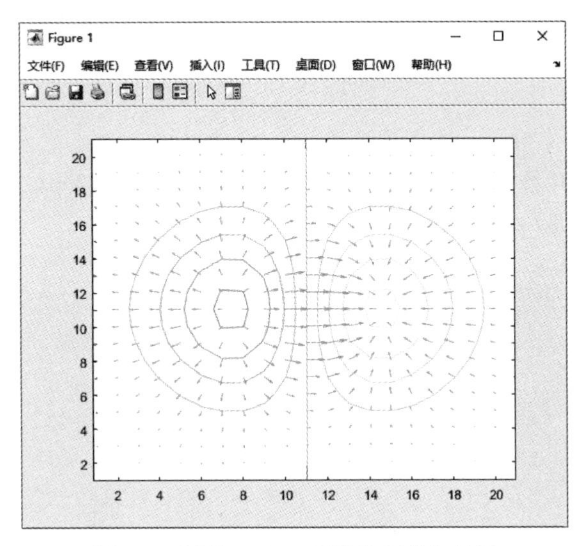

图 2-1　利用 gradient 函数绘制的矢量图

【例 2-23】求 $f=\begin{bmatrix} x_1 e^{x_2} \\ x_2 \\ \cos x_1 \sin x_2 \end{bmatrix}$ Jacobi 矩阵。

```
>>syms x1 x2 x3;
>> f=[x1* exp(x2);x2;cos(x1)* sin(x2)];
>> v=[x1 x2];
>>fjac=jacobian(f,v)

fjac =

[         exp(x2),          x1* exp(x2)]
[               0,                    1]
[  -sin(x1)* sin(x2), cos(x1)* cos(x2)]
```

4. 线性方程组的符号解法

在数值计算中，线性方程组的解是利用矩阵的求逆或矩阵除法来求得的，在符号计算中，MATLAB 用指令 solve 来解决，这样可以得到方程组的精确解。具体的调用格式如下。

（1）函数调用格式 1

solve(eqn1,eqn2,...,eqnN)

该函数格式的功能是求由方程 eqn1，eqn2，…，eqn$N$ 组成的方程组的符号解，使用 syms 函数定义。

（2）函数调用格式 2

solve(eqn1,eqn2,...,eqnN,var1,var2,...,varN)

该函数格式的功能是求由方程 eqn1，eqn2，……，eqn$N$ 组成的方程组的符号解，其中变量为 var1，var2，……，var$N$。

（3）函数调用格式 3

solve（…,Name,Value）

该函数格式的功能是计算方程的解，使用 Name，Value 参数对设置附加选项。

注意：

在方程中的变量不确定时，系统会用函数 findsym 来确定变量。

【例 2-24】 分别使用矩阵除法和 solve 函数求线性方程组 $d+n/2+p/2$，$n+d+q-p=10$，$q+d-n/4=p$，$q+p-n-8d=1$ 的解。

1）除法计算。

```
>> A=sym([1 1/2 1/2 -1;1 1 -1 1;1 -1/4 -1 1;-8 -1 1 1]);
>> b=sym([0;10;0;1]);
>> x=A\b

x =

1
8
8
9
```

2）符号解法。

```
>>syms d n p q;
>> eq1=d+n/2+p/2-q;
>> eq2=n+d+q-p-10;
>> eq3=q+d-n/4-p;
>> S=solve(eq1,eq2,eq3,d,n,p,q);
>> S.d
ans =

-2
>> S.n
ans =

8
>> S.p
ans =

-4
>> S.q
ans =
0
```

可以看到，符号运算得到的解在显示上跟数值有差异。

5. 非线性方程组的符号解法

对于非线性方程组，MATLAB 中同样可以通过使用函数 solve 来求解，具体的调用格式可以参见线性方程组中的符号解法介绍。下面简单用一个例子说明。

【例 2-25】 非线性方程组的符号解法。

求方程组 $uy^2+vz+w=0$，$y+z+w=0$ 关于 y，z 的解。

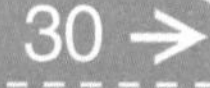

```
>>syms u v w y z
>> S=solve(u* y^2+v* z+w==0,y+z+w==0,y,z)

S =
包含以下字段的 struct:
y: [2x1 sym]
z: [2x1 sym]
```

这里可以利用函数 disp 来查看运算结果：

```
>>disp('S.y'),disp(S.y),disp('S.z'),disp(S.z)
S.y
(v + 2* u* w + (v^2 + 4* u* w* v - 4* u* w)^(1/2))/(2* u) - w
(v + 2* u* w - (v^2 + 4* u* w* v - 4* u* w)^(1/2))/(2* u) - w

S.z
-(v + 2* u* w + (v^2 + 4* u* w* v - 4* u* w)^(1/2))/(2* u)
-(v + 2* u* w - (v^2 + 4* u* w* v - 4* u* w)^(1/2))/(2* u)
```

6. 微分方程的符号解

在 MATLAB 中，微分方程的符号解由函数 dsolve 来实现。

（1） 函数调用格式 1

dsolve(eqn1,eqn2, ...)

该函数格式的功能是求解微分方程 eqn1，eqn2，... 的符号解，多个微分方程用逗号隔开，系统默认的符号变量为 t。

（2） 函数调用格式 2

dsolve(eqn1,eqn2,...,eqnN,var1,var2,...,varN)

该函数格式的功能是求由方程 eqn1，eqn2，…，eqn$N$ 组成的微分方程组的符号解，其中变量为 var1，var2，…，var$N$。

（3） 函数调用格式 3

dsolve (…,Name,Value)

该函数格式的功能是计算微分方程的解，使用 Name，Value 参数对设置附加选项。

【例 2-26】 微分方程的符号解。求 $dx/dt = y$，$dy/dt = -x$ 的解。

```
>>syms x(t) y(t)
>> S=dsolve(diff(x,t)==y, diff(y,t)==-x)

S =

包含以下字段的 struct:
    y: [1×1 sym]
    x: [1×1 sym]
```

2.2.4 图示化符号函数计算器

对于习惯使用计算器或者只想做一些简单的符号运算与图形处理的读者，MATLAB 提供了图示化符号函数计算器。该计算器功能虽然简单，但是操作方便，可视性强，对要求不高的用户来说使用起来非常方便。

在 MATLAB 命令行窗口中输入：funtool，即可进入如图 2-2 所示的图示化符号函数计算器用户界面。该计算器由三个独立的窗口组成：两个图形窗口（f 和 g）和一个函数运算控制窗口（funtool）。在任何时候，两个图形窗口只有一个处于被激活的状态。函数运算控制窗口上的任何操作只对被激活的函数图形窗口起作用。

图示化符号函数计算器的使用类似于普通计算器，这里不再做过多的解释。

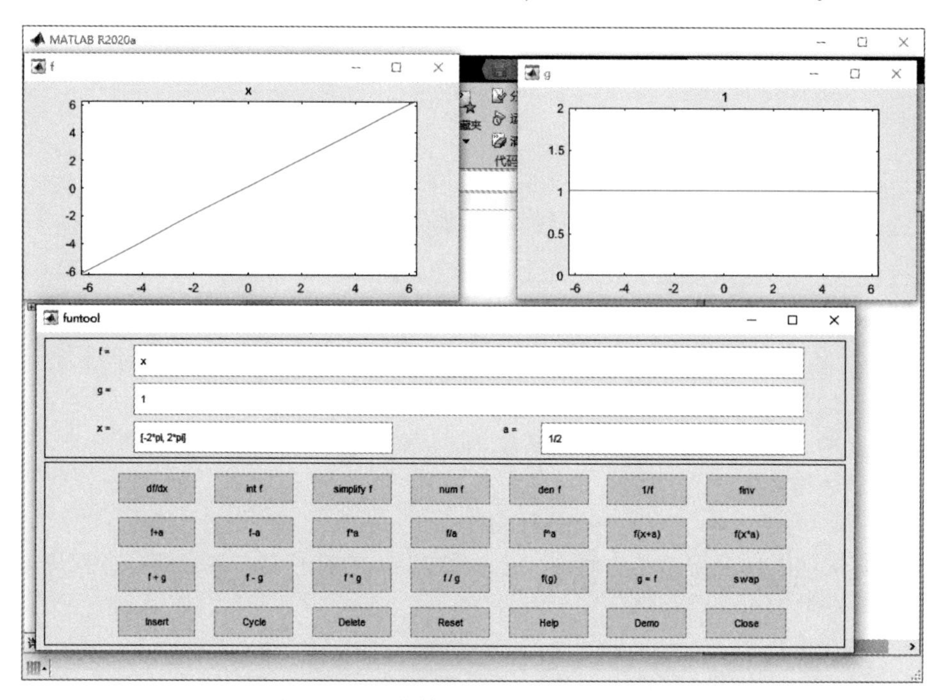

图 2-2 图示化符号函数计算器用户界面

第3章 程序设计

内容提要

本章主要介绍 MATLAB 的 M 文件、MATLAB 函数与 MATLAB 程序设计的要求、格式、语法规则、设计与调试命令等。

本章重点

- M 文件
- 控制语句
- 函数变量及其作用域
- 子函数与私有函数
- 程序设计的辅助函数
- 程序设计优化
- 文件调用记录

MATLAB 是一个高级的矩阵/阵列语言，包含控制语句、函数、数据结构、输入/输出和面向对象编程特点。

3.1 M 文件

MATLAB 作为一种高级计算机语言，不仅可以像第二章介绍的那样，以一种人机交互式的命令行方式工作，还可以像其他计算机高级语言一样进行控制流的程序设计。M 文件是使用 MATLAB 语言编写的程序代码文件。之所以称为 M 文件，是因为这种文件都以“.m”作为文件扩展名。用户可以通过任何文本编辑器或字处理器来生成或编辑 M 文件，但是在 MATLAB 提供的 M 文件编辑器中生成或编辑 M 文件是最为简单、方便而且高效的。M 文件可以分为两种类型：一种是函数式文件；另一种是命令式文件，也有人称之为脚本文件，因为它是由英文 Script 翻译而来的。

下面用一个简单的例子来说明 MATLAB 编程。

【例 3-1】通过 M 文件，画出下列分段函数所表示的曲面。

$$
p(x_1, x_2) = \begin{cases} 0.5457e^{-0.75x_2^2-3.75x_1^2-1.5x_1} & x_1 + x_2 > 1 \\ 0.7575e^{-x_2^2-6x_1^2} & -1 < x_1 + x_2 \leqslant 1 \\ 0.5457e^{-0.75_2^2-3.75_1^2+1.5x_1} & x_1 + x_2 \leqslant -1 \end{cases}
$$

单击 MATLAB 指令窗功能区上的“新建脚本”图标按钮，可以打开如图 3-1 所示的 MATLAB 文件编辑器（MATLAB Editor），用户可在空白窗口中编写程序。如输入下面一段程序。

```
%example.m 这是第一个示例.<1>
a=2;b=2;
%<2>
clf;
```

```
x=-a:0.2:a;y=-b:0.2:b;
z=zeros(length(y),length(x));
for i=1:length(y)
  for j=1:length(x)
      if x(j)+y(i)>1
        z(i,j)=0.5457* exp(-0.75* y(i)^2-3.75* x(j)^2-1.5* x(j));
      elseif x(j)+y(i)<=-1
        z(i,j)=0.5457* exp(-0.75* y(i)^2-3.75* x(j)^2+1.5* x(j));
      else
z(i,j)=0.7575* exp(-y(i)^2-6.* x(j)^2);
      end
  end
end
axis([-a,a,-b,b,min(min(z)),max(max(z))]);
colormap(flipud(winter));surf(x,y,z);
```

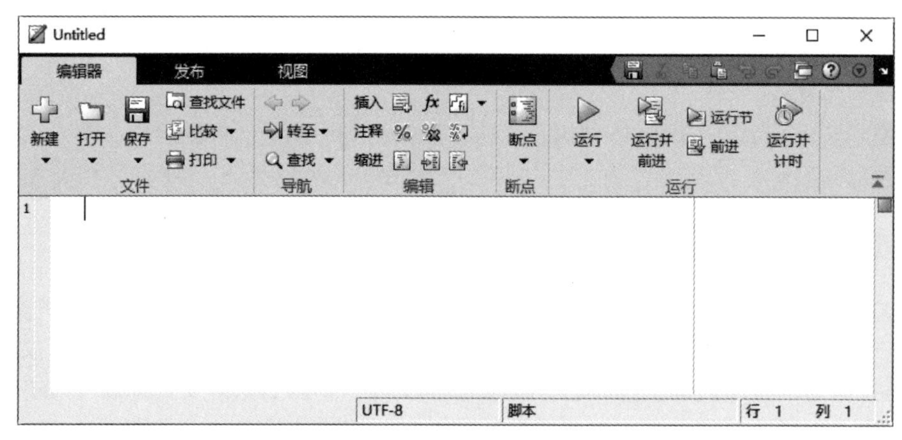

图 3-1　MATLAB Editor 窗口

单击【编辑器】工具条上图标（按钮），在弹出的 Windows 标准风格的“选择要另存的文件”对话框中，选择保存文件夹，单击“保存”按钮，就完成了文件保存。使 example. m 所在目录成为当前目录，或让该目录处在 MATLAB 的搜索路径上。然后在 MATLAB 命令行窗口中运行以下指令，便可得到图形，如图 3-2 所示。

>> example　% 输入 M 文件名称

3.1.1 命令式文件

在 MATLAB 中，实现某项功能的一串 MATLAB 语句命令与函数组合成的文件称为命令式文件。这种 M 文件在 MATLAB 的工作空间内对数据进行操作，能在 MATLAB 环境下直接执行。命令式文件不仅能够对工作空间内已存在的变量进行操作，并能将建立的变量及其执行后的结果保存在 MATLAB 工作空间里，供在以后的计算中使用。除此之外，命令文件执行后的结果既可以显示输出，也能够使用 MATLAB 的绘图函数来产生图形输出结果。

由于命令式文件的运行相当于在命令行窗口中逐行输入并运行，所以，用户在编制此类文件

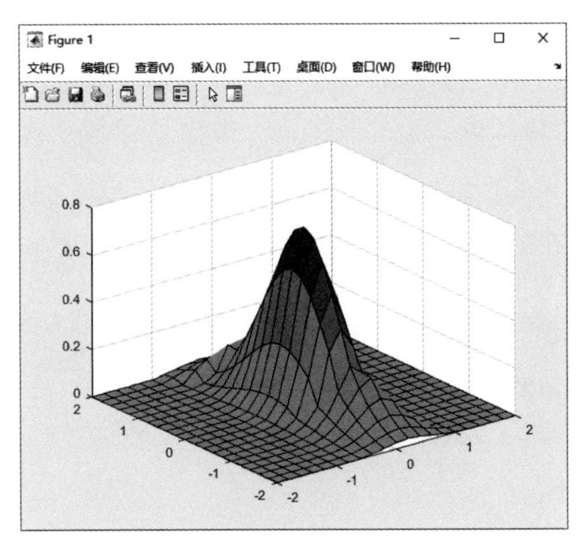

图 3-2 运行 example. m 得到的图形

时，只需把要执行的命令按行编辑到指定的文件中，且变量不需预先定义，也不存在文件名的对应问题。文件建立与执行的步骤如下。

首先，在 MATLAB 命令行窗口中输入 edit 调出 M 文件编辑器；然后，在文件编辑器中输入以下内容。

```
%这是一个演示文件;
x=0:2* pi/90:2* pi;
y1=sin(2* x);
y2=cos(x);
plot(x,y1,x,y2)
```

其中，“%” 后的内容为注释内容，在函数执行时不起作用，用 help 命令可见。

在 E 盘建立文件夹 matlabfile，以文件名 prac1. m 保存在 E:\matlabfile 文件夹中，然后，把 E:\matlabfile 添加到 MATLAB 的搜索路径中。

在 MATLAB 命令行窗口中输入：

```
>>prac1
```

即可得到如图 3-3 所示的图形。这就是上述 M 文件的输出结果。

在 MATLAB 命令行窗口中输入：

```
>> helpprac1
```

将得到：

```
这是一个演示文件;
```

这就是文件 prac1. m 的注释行的内容。

【例 3-2】 执行计算演示。

同上例。首先，在 MATLAB 命令行窗口中输入 edit 调出 M 文件编辑器；然后，在文件编辑器中输入以下内容：

```
%这是一个演示文件
%这个演示文件没有显示图形
%这个函数用来计算 sin(x)+cos(x)
%在点 x=pi/4 处计算
x=pi/4;
y=sin(x)+cos(x)
```

以文件名 prac2.m 保存在 E:\matlabfile 文件夹中。

在 MATLAB 命令行窗口中输入：

```
>>prac2
```

即可得到文件的输出结果如下：

```
>>prac2

y =

   1.4142
```

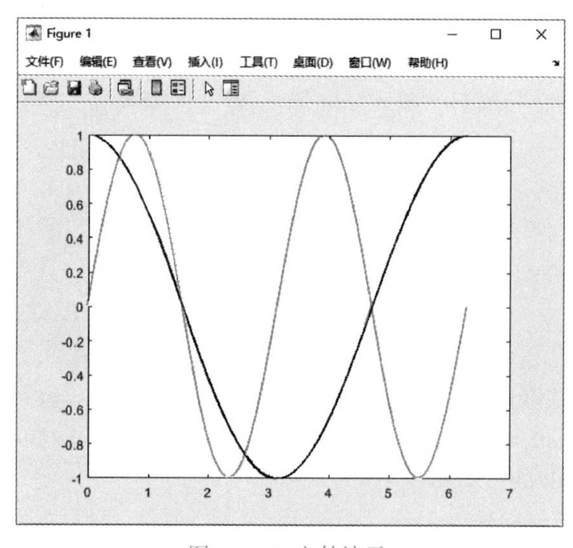

图 3-3　M 文件演示

注意：

1）在运行函数之前，一定要把函数文件所在的目录添加到 MATLAB 的搜索路径中，或者将函数文件所在的目录设置成当前目录。

2）“%”后面的内容为注释内容，函数运行时，这部分内容是不起作用的，可以使用 help 命令查询。

3）文件的扩展名必须是 .m。

4）为保持程序的可读性，应该建立良好的书写风格。

5）help 命令运行后所显示的是 M 文件注释语句的第一个连续块。被空行隔离的其他注释语句将被 MATLAB 的 help（帮助）系统忽略。

6）lookfor 命令运行后，显示出函数文件的第一注释行，所以，用户编制程序时，应在第一行尽可能多地包含函数的特征信息。

3.1.2 函数式文件

MATLAB 函数通常是指 MATLAB 系统中已设计好的完成某一种特定的运算或实现某一特定功能的一个子程序。MATLAB 函数或函数式文件是 MATLAB 语言中最重要的组成部分，MATLAB 提供的各种各样的工具箱几乎都是以函数形式给出的。MATLAB 的工具箱是内容极为丰富的函数库，可以实现各种各样的功能。这些函数使用时，是作为命令来对待的，所以，函数有时又称为函数命令。

MATLAB 中的函数即函数式文件，是 M 文件的最主要形式。函数是能够接受输入参数并返回输出参数的 M 文件。在 MATLAB 中，函数名和 M 文件名必须相同。

值得注意的是，命令式 M 文件在运行过程中可以调用 MATLAB 工作域内的所有数据，并且，所产生的所有变量均为全局变量。也就是说，这些变量一旦生成，就一直保存在内存空间中，直到用户执行命令 clear 或 quit 时为止。而在函数式文件中的变量除特殊声明外，均为局部变量。

函数式文件的标志为文件内容的第一行为 function 语句。函数式文件可以有返回值，也可以只执行操作而无返回值，大多数函数式文件有返回值。函数式文件在 MATLAB 中应用十分广泛，MATLAB 所提供的绝大多数功能都是由函数式文件实现的，这足以说明函数式文件的重要性。函数式文件执行之后，只保留最后的结果，不保留任何中间过程，所定义的变量也只在函数的内部起作用，并随着调用的结束而被清除。

【例 3-3】 魔方阵函数。

在 MATLAB 的库函数中，有魔方阵函数 magic（），该函数能生成一种特别的 N 阶方阵。这些方阵有一个共同的特性：每一行、每一列或者对角线上的元素的和都相等。下面简单设计一个程序，验证魔方矩阵的奇妙特性。将设计的函数命名为：magverifier. m。

```
functionmagverifier(n)
%该文件用于验证魔方矩阵的特征
%为了实现这一目标,在 Matlab 中使用 magic 函数
if n>2
    x=magic(n)
    for j=1:n
rowval=0;
        for i=1:n
rowval=rowval+x(j,i);
        end
rowval
    end
    for i=1:n
colval=0;
        for j=1:n
colval=colval+x(i,j);
        end
colval
```

```
    end
diagval=sum((diag(x)))
else
    return
end
```

在命令行窗口中输入函数名之后的结果：

```
>>magverifier(4)

x =

    16    2    3   13
    5   11   10    8
    9    7    6   12
    4   14   15    1


colval =

    34


colval =

    34


colval =

    34


colval =

    34


rowval =

    34


rowval =

    34


rowval =
```

```
    34


rowval =

    34


diagval =

34
```

说明各行元素的和、各列元素的和还有对角线上元素的和全为34。

注意:

在文件编辑器中，MATLAB 使用不同的颜色区分程序内容的类别：绿色代表注释部分，程序并不执行这部分内容；黑色代表程序主体部分；红色代表属性值设定或者调试标识部分；蓝色代表流程控制部分，如下面要介绍的 for，if…else 等语句。

3.2 控制语句

在 MATLAB 中，控制语句用于研究控制结构，包括是否、切换、中断、继续、输入/输出功能、读取和存储数据。

3.2.1 表达式、表达式语句与赋值语句

在 MATLAB 程序中，广泛使用表达式与赋值语句。

1. 表达式

对于 MATLAB 的数值运算，数字表达式是由常量、数值变量、数值函数或数值矩阵用运算符连接而成的数学关系式。而在 MATLAB 符号运算中，符号表达式是由符号常量、符号变量、符号函数用运算符或专用函数连接而成的符号对象。符号表达式有两类：符号函数与符号方程。MATLAB 程序中，既经常使用数值表达式，也大量使用符号表达式。

2. 表达式语句

单个表达式就是表达式语句。一行可以只有一个语句，也可以有多个语句。此时语句之间以英文输入状态下的分号或逗号或按〈Enter〉键换行而结束。MATLAB 语言中一个语句可以占多行，由多行构成一个语句时需要使用续行符“……”；以分号结束的语句执行后不显示运行结果，以逗号或按〈Enter〉键换行结束的语句执行后显示运行结果（即表达式的值）；表达式语句运行后，其表达式的值暂时保留在固定变量 ans 中。变量 ans 只保留最近一次的结果。

3. 赋值语句

将表达式的值赋值给变量构成赋值表达式。

3.2.2 程序流程控制语句

在 MATLAB 程序中，还广泛使用程序流程控制语句。MATLAB 程序设计也与其他高级计算机

程序设计语言一样，用基本结构控制语句来实现各种不同的运算功能。所以程序流程的控制必定是这种程序设计语言的重要组成部分，并且有自身的语法规则。

需要指出，在解决实际问题的 MATLAB 程序设计中，选择与循环语句在结构中往往相互嵌套使用，以提高设计程序的有效性与质量。

1. 循环语句

在实际问题中，会遇到许多有规律的重复运算，如有些程序中需要反复地执行某些语句，这时就需要用到循环语句进行控制。在循环语句中，一组被重复执行的语句被称为循环体。每循环一次，都必须做出判断，是继续循环执行还是终止执行跳出循环，这个判断的依据称为循环的终止条件。MATLAB 语言中提供了两种循环方式：for 循环和 while 循环。

（1）for 循环语句

for 循环语句的使用格式为：

```
for v=expression
  statements
end
```

v 为循环变量，expression 表达式为循环变量的起始值、步长和终止值，三者之间用英文状态下的冒号分隔。statememt 为循环语句中的循环体。

for 循环语句的执行规则是：循环语句第一次先将循环变量的起始值赋值给循环变量，然后执行 for 与 end 之间的循环体，第二次则将循环变量的起始值与一个步长之和赋值给循环变量，再执行 for 和 end 之间的循环体，直到终了值为止，循环终止，系统的控制转向循环语句 end 之后继续执行。可见，循环体被执行的次数是确定的。在这种场合下，采用 for 循环语句结构是最佳选择。

除此之外，还需要说明，for 循环语句的循环变量可以是一个数组；当步长为 1 时，可以省略；for 循环语句可以嵌套使用；for 循环语句的循环体内对循环变量的重新赋值不会终止循环的执行，也不会改变循环执行的结果；for 循环语句可被等价的数组运算代替；为了提高运行效率，对循环体内所使用的数组应该预先分配其存储单元。

【例 3-4】生成矩阵。

运行下面的简单程序。

```
function f=mm
%这个文件用来演示 for 函数的应用
%创建一个简单的矩阵
for i=1:4
    for j=1:4
        a(i,j)=1/(i+j-1);
    end
end
a
```

可以得到下述矩阵：

```
>> mm
a =
    1.0000    0.5000    0.3333    0.2500
    0.5000    0.3333    0.2500    0.2000
```

```
    0.3333    0.2500    0.2000    0.1667
    0.2500    0.2000    0.1667    0.1429
```

注意：

1）for 语句一定要有 end 作为结束标志，否则下面的输入都被认为是 for 循环体之内的内容。

2）循环语句中的分号可以防止中间结果的输出。

（2）while 循环语句

while 循环语句的使用格式为：

```
while expression
    statements

end
```

expression 为关系表达式，statememts 为循环语句中的循环体。

while 循环语句的执行规则是：当关系表达式为真时，执行循环体，执行后再判断关系表达式的值是否还为真，若表达式为真，继续执行循环体，直到判断出关系表达式的值为假时为止，跳出循环体，继续执行下面的语句。

由 while 语句的执行规则可见：一是 while 循环语句执行循环体的次数是不确定的，在这种循环次数不定的场合下，使用 while 循环语句结构是合适的；二是循环体的执行一定会改变 while 后面所跟表达式的值，否则，该 while 循环是一个死循环。另外，while 语句的关系表达式可以是一个逻辑判断语句，因此，它的适用范围比 for 语句稍广一些。

【例 3-5】用 MATLAB 计算 1+2+…+100。

编制如下程序。

```
function f=mm2
%这个文件用来演示 while 函数的应用
%这个文件中的函数用来计算 1~100 的和
i=1;sum=0;
while i<=100
    sum=sum+i;
        i=i+1;
end
sum
```

在命令行窗口中运行可得：

```
>> mm2

sum =

        5050
```

2. 选择语句

复杂的计算中常常需要根据表达式的情况是否满足条件来确定下一步该做什么，为此 MATLAB 提供了 if else end 语句来进行判断选择。MATLAB 的 if 语句同其他计算机语句中的选择语句类似。

（1）使用格式 1

if expression
  statements
end

expression 为关系表达式，statements 为执行语句。这种条件语句的执行规则是：判断或计算 if 后面的关系表达式的值，当关系表达式的值为真时，执行 if 与 end 之间的执行语句，执行完之后继续向下执行；当关系表达式的值为假时，跳过 if 与 end 之间的执行语句继续向下执行。

【例 3-6】由小到大排列。

编制如下程序。

```
function f=mm3(a,b)
%这个文件是用来演示如何使用 if 函数
%该文件中的函数用来排列 a 和 b 的值
if a>b
    t=a;
    a=b;
    b=t;
end
a
b
```

在命令行窗口中运行可得：

```
>> mm3(2,3)


a =
    2
b =
    3
>> mm3(7,3)
a =
    3
b =
7
```

（2）使用格式 2

if expression
    statements1
else
    statements2
end

expression 为关系表达式，statements1 为执行语句 1，statements2 为执行语句 2。这种格式的执行规则是：当关系表达式的值为真时，执行语句 1，然后跳过执行语句 2 向下执行；当关系表达式的值为假时，执行语句 2 然后向下继续执行。

【例 3-7】对数组做特殊排列。

编制如下程序。

```
function f=mm4
%这个文件是用来演示如何使用 if else
%该文件中的函数用来创建特殊矩阵
for i=1:9
    if i<=5
        a(i)=i;
    else
        a(i)=10-i;
    end
end
a
```

在命令行窗口中运行可得：

```
>> mm4
a =
1    2    3    4    5    4    3    2    1
```

（3）使用格式 3

```
if  expression1
     statements1
elseif  expression2
     statements2
……
else
     statements n
end
```

这是选择语句最完整的使用格式，该语句的执行规则是：若关系表达式 1 的值为真，执行语句 1；如果为假，判断关系表达式 2 的值是真还是假，如果为真，执行语句 2，否则，判断关系表达式 3，…，直到又满足真的关系表达式，执行相应的语句，然后向下执行。

【例 3-8】根据要求处理矩阵。

编制如下程序。

```
function f=mm5
%这个文件是用来演示如何使用 if elseif
%该文件中的函数用来计算矩阵
A=[1 2 4;8 9 3;2 4 7];
i=3;j=3;
if i==j
    A(i,j)=0;
elseif abs(i-j)==2
    A((i-1),(j-1))=-1;
else
```

```
    A(i,j)=-10;
end
A
```

在命令行窗口中运行可得：

```
>> mm5

A =

    1     2     4
    8     9     3
2     4     0
```

注意：

1）if 语句嵌套时，if 和 else 必须对应，否则容易出错。

2）else 中嵌套 if 时，形成了 elseif 结构（例 3-8），可以实现多路选择。

3. 分支语句

为了让熟悉 C++等高级语言的用户更方便地使用 MATLAB 实现分支功能，MATLAB 中增加了 switch 语句来实现多种情况下的开关控制。使用格式如下：

```
switch  switch_expr
  case  case_expr,
        statement
  case  {case_expr1,case_expr2,……}
……
  otherwise,
  statement
end
```

switch_ expr 为开关条件。这种语句的执行规则是：当 case_ expr 与开关条件匹配时，执行相应的 statement 操作，否则，执行 otherwise 后面的语句。在执行过程中，只执行一个 case 后面的语句并跳出开关语句，程序在 otherwise 后继续执行。

【例 3-9】判断使用方法。

编制如下程序。

```
function f=mm6(method)
%这个文件是用来演示如何使用 switch
%该文件中的函数用来判断适用方法
switch method
    case {'linear','bilinear'},disp('we use the linear method')
    case 'quadratic',disp('we use the quadratic method')
    case 'interior point',disp('we use the interior point method')
    otherwise,disp('unknown')
end
```

在命令行窗口中运行可得：

```
>> mm6('quadratic')
we use the quadratic method
```

3.2.3 程序流程控制指令

MATLAB 中还有几个程序流程控制指令，也就是不带输入参数的命令。

1. 中断指令 break

break 指令的作用是中断循环语句的执行。中断的循环语句可以是 for 语句，也可以是 while 语句。当满足在循环体内设置的条件时，可以通过使用 break 指令使之强行退出循环，而不是达到循环终止条件时再退出循环。在很多情况下，这种判断是十分必要的。显然，循环体内设置的条件必须在 break 指令之前。对于嵌套的循环结构，break 指令只能退出包含它的最内层循环。

【例 3-10】计算圆的面积。

编制如下程序。

```
function f=mm7
%这个文件是用来演示如何使用 break
%该文件中的函数用来计算>100 的圆的面积
for r=1:10
    area=pi* r* r;
    if area>100
        break;
    end
end
area
```

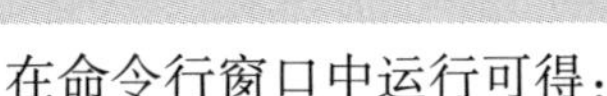

在命令行窗口中运行可得：

```
>> mm7
area =
  113.0973
```

计算 $r=1\sim r=10$ 时圆的面积，直到面积 area>100 为止。从上面的 for 循环可以看到：当 area>100 时，执行 break 语句，提前结束循环，即不再继续执行其余的几次循环。

2. return 指令

return 指令的作用是中断函数的运行，返回到上级调用函数。return 指令既可以用在循环体内，也可以用在非循环体内。

3. 等待用户反应指令 pause

pause 指令是暂停指令。运行程序时，到 pause 指令执行后，程序将暂停，等待用户按任意键后再继续执行。pause 指令在程序的调试过程中或者用户需要查看中间结果时是十分有用的。该指令有如下几种使用格式。

- pause：暂停程序等待回应。
- pause（n）：程序运行过程中，等待 n 秒后继续运行。
- pause on：显示其后的 pause 指令，并执行 pause 指令。
- pause off：显示其后的 pause 指令，但不执行该指令。

3.2.4 人机交互语句

用户可以通过交互式指令协调 MATLAB 程序的执行，通过使用不同的交互式指令不同程度地响应程序运行过程中出现的各种提示。

1. echo 命令

一般情况下，M 文件执行时，文件中的命令不会显示在命令行窗口中。echo 命令可以使文件中的命令在执行时可见，这对程序的调试和演示很有用。对命令式文件和函数式文件，echo 的作用稍微有些不同。

（1）对命令式文件　echo 的使用比较简单，有如下几种格式。

- echo on：打开命令式文件的回应命令。
- echo off：关闭命令式文件的回应命令。
- echo：切换回显示状态。
- echo file：文件在执行中的回应显示开关。
- echo file on：使指定的 file 文件的命令在执行中被显示出来。
- echo file off：关闭指定文件的命令在执行中的回应。
- echo on all：显示其后所有执行文件的执行过程。
- echo off all：关闭其后所有执行文件的显示。

（2）对函数式文件　当执行 echo 命令时，运行某函数式文件，则此文件将不被编译执行，而是被解释执行。这样，文件在执行过程中，每一行都可以被看到，但是由于这种解释执行速度慢，效率低，因此，一般情况下只用于调试。

2. input 命令

input 命令用来提示用户从键盘输入数据、字符串或者表达式，并接收输入值。下面是几种常用的格式。

（1）格式 1

v = input('string')

该格式的功能是以文本字符串 string 为信息给出用户提示，将用户输入的内容赋值给变量 v。

（2）格式 2

v = input('string','s')

该格式的功能是以文本字符串 string 给出用户提示，将用户输入的内容作为字符串赋值给变量 v。

【例 3-11】input 演示。

```
>> v=input('How much does this pencil cost? ')
How much does this pencil cost? 5

v =

    5

>> v=input('How much does this pencil cost? ','s')
How much does this pencil cost? 50fen

v =
'50fen'
```

3. keyboard 命令

keyboard 是调用键盘命令。

当 keyboard 命令出现在一个 M 文件中时，执行该命令则程序暂停，控制权落到键盘上。此时用户通过操作键盘可以输入各种合法的 MATLAB 指令。当用户输入 return 并按〈Enter〉键后，控制权交还给 M 文件。在 M 文件中使用该命令，对程序的调试及在程序运行中修改变量都很方便。

4. listdlg 命令

此函数的功能为创建一个“列表选择”对话框供用户选择输入。

（1）使用格式 1

[indx,tf] = listdlg('ListString',list)

此命令格式的功能是创建一个模态对话框，从指定的列表中选择一个或多个项目。list 值是将显示在对话框中的项目列表。返回两个输出参数 indx 和 tf，其中包含有关用户选择了哪些项目的信息。对话框中包括“全选”“取消”和“确定”按钮。可以使用名称-值对组 'SelectionMode' 'single' 将选择限制为单个项目。

（2）使用格式 2

[indx,tf] = listdlg('ListString',list,Name,Value)

此命令格式的功能是使用一个或多个名称-值对组参数指定其他选项。

【例 3-12】listdlg 演示。

在命令行窗口中输入：

```
>> [indx,tf] =listdlg('PromptString', {'Choose a color'}, 'ListString', {'Red','Green','Blue'});
```

得到如下图形菜单，如图 3-4 所示。

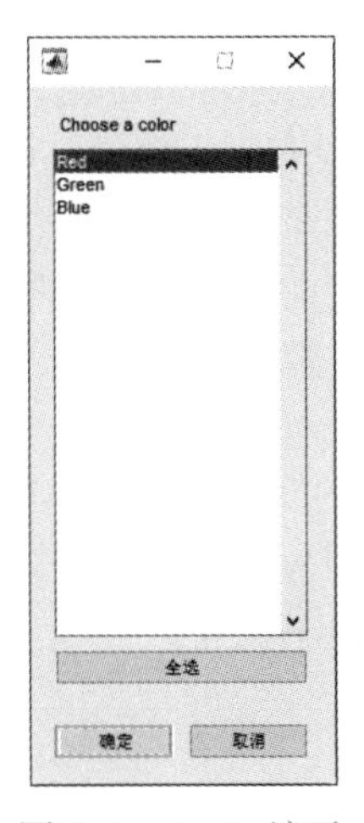

图 3-4 listdlg 演示

3.2.5 MATLAB 程序的调试命令

MATLAB 程序设计完成后，也并非没有任何问题的，甚至有些设计的 MATLAB 程序根本不能正常运行。此时，一方面可以按程序的功能逐一检查其正确性；另一方面，可以用 MATLAB 程序的调试命令对程序进行调试。MATLAB 有多个调试函数命令。

注意，调试命令不能用于非函数文件；在调试模式下程序中断后命令行窗口的提示符为 k。

1. dbstop 命令

该命令的功能是设置断点。用来临时中断一个函数文件的执行，给用户提供一个考察函数局部变量的机会。

2. dbcont 命令

该命令的功能是用来恢复对于执行 dbstop 命令而导致中断（中断后的提示符为 k）的程序。用 dbcont 命令恢复程序执行，一直到遇到它已经设置的断点或者出现错误，或者返回基本工作空间。

3. dbstep 命令

该命令用于执行一行或多行代码。在调试模式下，dbstep 允许用户实现逐行跟踪。

4. dbstack 命令

该命令用来列出调用关系。

5. dbstatus 命令

该命令用来列出全部断点。

6. dbclear 命令

该命令用来删除全部断点。

7. dbtype 命令

该命令用来显示带行号的文件内容，以协助用户设置断点。

8. dbquit 命令

该命令用来退出调试模式。在调试模式下，dbquit 命令可立即强制终止调试模式，将控制转向基本工作空间。此时，函数文件的执行没有完成，也不产生返回值。

3.3 函数变量及其作用域

在 MATLAB 语言的函数中，变量主要有输入变量、输出变量及函数内部变量。

输入变量相当于函数的入口数据，也是一个函数操作的主要对象。从某种程度上讲，函数的作用就是对输入变量进行操作以实现一定的功能。如前所述，函数的输入变量为局部变量，函数对输出变量的一切操作和修改如果不依靠输出变量传出的话，将不会影响工作空间中该变量的值。

在 MATLAB 语言中，函数内部定义的变量除特殊声明外均为局部变量，即不加载到工作空间中。如果需要使用全局变量，则应当使用命令 global 定义，而且在任何时候使用该全局变量的函数中都应该加以定义。在命令行窗口中也不例外。

3.4 子函数与私有函数

1. 子函数

与其他的高级程序设计语言类似，MATLAB 中也可以定义子函数，用来扩充函数的功能。在函数文件中题头定义的函数为主函数，而在函数体内定义的其他函数均被视为子函数。子函数只能被主函数或同一主函数下其他的子函数所调用。

2. 私有函数

MATLAB 语言中把放置在目录 private 下的函数称为私有函数，这些函数只有 private 目录的父目录中的函数才能调用，其他目录的函数不能调用。

3. 子函数和私有函数的区别

私有函数与子函数所不同的是：

1）局部函数可以被其父目录下的所有函数调用，子函数则只能被其所在的 M 文件的主函数或同一主函数下其他的子函数所调用。所以，私有函数在可用范围上大于子函数。

2）在函数编辑的结构上，私有函数与一般的函数文件的编辑相同，而子函数则只能在主函数文件中编辑。

3）当在 MATLAB 的 M 文件中调用函数时，将首先检测该函数是否为此文件的子函数，若否，再检测是否为可用的私有函数，仍然否定时，检测该函数是否为 MATLAB 搜索路径上的其他 M 文件。

3.5 程序设计的辅助函数

在 MATLAB 语言的程序设计中有几组辅助函数可以用来支持 M 文件的编辑，包括执行函数、容错函数和时间控制函数等，合理使用这些函数可以丰富函数的功能。

1. 执行函数

在 MATLAB 中提供了一系列的执行函数，这些执行函数分别在不同的领域执行不同的功能。具体见表 3-1。

表 3-1 执行函数及功能

函数名	功能	函数名	功能
eval	字符串调用	evalc	执行 MATLAB 表达式
feval	字符串调用 M 文件	evalin	计算工作空间中的表达式
builtin	外部加载调用内置函数	assignin	工作空间中分配变量
run	运行脚本文件		

2. 容错函数

一个程序设计的好坏在很大程度上取决于其容错能力的大小，MATLAB 语言中也提供了相应的报错及警告的函数。

函数 error 可以在命令行窗口中显示错误信息，以提示用户输入错误或调用错误等。调用格式为：

```
error('MESSAGE')
```

这种格式的功能是：如果调用 M 文件时触发函数 error，则将中断程序的运行，显示错误信息。其他调用格式和相关函数可以查询 MATLAB 中的联机帮助。

3. 时间控制函数

在程序设计中，尤其是在数值计算的程序设计中，计时函数很多时候起到很大的作用，在比较各种算法的执行效率中可起到决定性的作用。MATLAB 系统提供了如下的一些相关函数。

（1）函数 cputime　以 cpu 时间方式计时。调用格式为：

```
t=cputime;
your_operation;
cputime-t
```

其中，your_operation 为需要计时的程序段。

这种格式的功能是显示运行程序段 your_operation 所占用的 cpu 时间。

(2) 函数 tic，toc　同时使用函数 tic 和函数 toc 来计时。调用格式为：

```
tic
  operations
toc
```

这种格式的功能是显示程序 operations 所用的时间，显示的时间以秒为单位。

另外，MATLAB 还提供了一些其他的时间控制函数，见表 3-2，此处不再做进一步解释。

表 3-2　其他的时间控制函数

函数名	作用	函数名	作用
etime	计算两个时刻的时间差	date	以字符型显示当前日期
now	以数值型显示当前的时间和日期	clock	以向量形式显示当前的时间及日期
datenum	转换为数值型格式显示日期	calendar	当月的日历表
datetick	指定坐标轴的日期表达形式	datestr	转换为字符型格式显示日期
weekday	当前日期对应的星期表达	eomday	给出指定年月的当月最后一天
datevec	转换为向量形式显示日期		

3.6　程序设计优化

尽管 MATLAB 具有强大的各项功能，但是对于 MATLAB 程序的设计仍然有许多需要注意的地方，特别是程序的运行效率。同时，这些方面也是进一步提高 MATLAB 各项功能的方法。

1. 内存的管理

众所周知，对于存储的合理操作和管理会提高程序的运行效率。各种系统都是如此，MATLAB 也不例外。为此，MATLAB 语言提供了一系列的函数用来管理内存，见表 3-3。

表 3-3　内存函数

函数名	作用
load	从磁盘中调出指定变量
pack	重新分配内存
clear	从内存中清除所有变量及函数
save	把指定的变量存储至磁盘
quit	退出 MATLAB 环境，释放所有内存

2. 数据的预定义

虽然在 MATLAB 语言中没有规定使用变量时必须预先定义，但是对于未定义的变量，如果操作过程中出现越界赋值，系统将不得不对变量进行扩充，这样的操作会大大降低程序的运行效率。所以，对于可能出现变量维数不断扩大的问题，应当预先估计变量可能出现的最大维数，进行预定义。

3.7　文件调用记录

为了分析程序执行过程中各个函数的耗时情况，MATLAB 提供了记录 M 文件调用过程的功能，以此来了解文件执行过程中出现的瓶颈问题。

3.7.1 profile 函数

实现 M 文件调用记录的函数为 profile，具体的调用格式为：

profile+控制参数

其中的控制参数有多种，见表 3-4。另外，profile 还有其他的调用格式。

（1）调用格式 1

s=profile('status')

该格式的功能是显示当前的调用状态，具体参数见表 3-4。

（2）调用格式 2

stats=profile('info')

该格式的功能是中断调用并返回记录结果。

表 3-4 调用记录的函数参数

参数	功能
on	开始记录调用，并清除以前的记录
off	中断调用
report	中断调用，以 html 格式输出记录
plot	中断调用，以条状图格式输出记录
-detail 层次	对 M 文件调用的记录层次
-history	记录确定序列的函数调用
resume	重新开始记录，并保存原来的记录
clear	清除记录
viewer	停止探查器并在“探查器”窗口中显示结果
info	停止探查器并返回包含结果的结构体
Status	返回包含探查器状态信息的结构体
文件名	中断调用，将记录保存在制定文件内

3.7.2 调用记录结果的显示

本节用一个例子说明如何调用记录的结果。

【例 3-13】调用记录的结果。

编制如下 M 文件。

```
function f=mprof
% 这个函数用来演示如何使用 profile
profile on
plot(magic(35))
profile viewer
profsave(profile('info'),'profile_results')
```

```
profile on-history
plot(magic(4));
p = profile('info');
for n = 1:size(p.FunctionHistory,2)
  if p.FunctionHistory(1,n)==0
       str = 'entering function: ';
  else
       str = 'exiting function: ';
  end
disp([str p.FunctionTable(p.FunctionHistory(2,n)).FunctionName]);
end
```

在命令行窗口中运行后得到:

```
>>mprof
entering function:mprof
entering function: magic
exiting function: magic
entering function:newplotwrapper
entering function:newplot
entering function:gobjects
exiting function:gobjects
entering function:gobjects
exiting function:gobjects
entering function:newplot>ObserveFigureNextPlot
exiting function:newplot>ObserveFigureNextPlot
entering function:newplot>ObserveAxesNextPlot
entering function:cla
entering function: graphics\private\claNotify
entering function:clearNotify
exiting function:clearNotify
exiting function: graphics\private\claNotify
entering function: graphics\private\clo
entering function: BaseAxesInteractionContainer>BaseAxesInteractionContainer.
set.is2d
exiting function: BaseAxesInteractionContainer>BaseAxesInteractionContainer.
set.is2d
exiting function: graphics\private\clo
exiting function:cla
exiting function:newplot>ObserveAxesNextPlot
exiting function:newplot
exiting function:newplotwrapper
```

得到如下几个页面：

图 3-5 所示页面包括：函数名称（包括内置函数、函数和子函数等）列表、调用次数、总时间、私用时间和总耗时的图形记录，图 3-6 所示为程序结果。

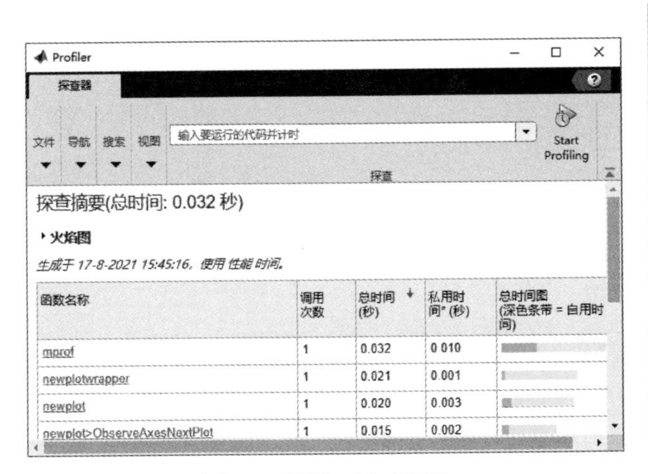

图 3-5　调用、耗时记录

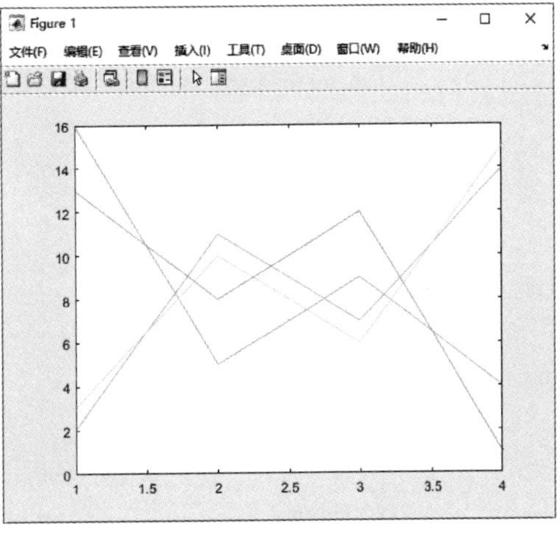

图 3-6　程序结果

下图是图 3-5 所示 html 格式的静态复制。

“函数名称”列表中包含了调用的所有函数。

“总时间”给出了函数列表中每个函数总的调用时间，也包括函数内部的子函数所耗用的时间。

“私用时间”给出了每个函数执行过程中在本函数体内的时间，不包括花费在子函数上的时间，但是包括由于调用 profile 函数而花费的时间。

通过对调用记录结果的分析，可以掌握 M 文件在执行过程中的信息，对于进一步优化编程是非常有意义的。图 3-7～图 3-9 所示是几个有代表性的页面。

探查摘要

D:/yuanwenjian/222/profile_results/file0.html

探查摘要

基于performance时间于 17-Aug-2021 15:45:13 生成。

函数名称	调用次数	总时间	私用时间*	总时间图(深色条带 = 自用时间)
mprof	1	0.114 s	0.017 s	
newplotwrapper	1	0.094 s	0.001 s	
newplot	1	0.091 s	0.037 s	
...asPlugin>CanvasPlugin.createCanvas	1	0.034 s	0.002 s	
...tup>CanvasSetup.createScribeLayers	1	0.021 s	0.002 s	
...anager>ScribeStackManager.getLayer	4	0.020 s	0.003 s	
...ger>ScribeStackManager.createLayer	3	0.016 s	0.004 s	
newplot>ObserveAxesNextPlot	1	0.009 s	0.002 s	

图 3-7　profile 报告页面

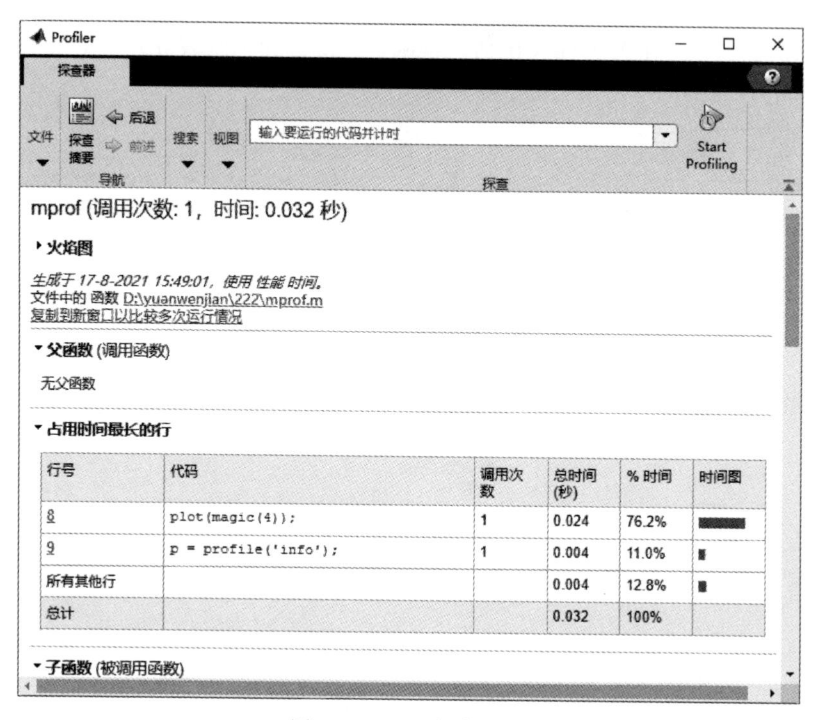

图 3-8　mprof 报告页面

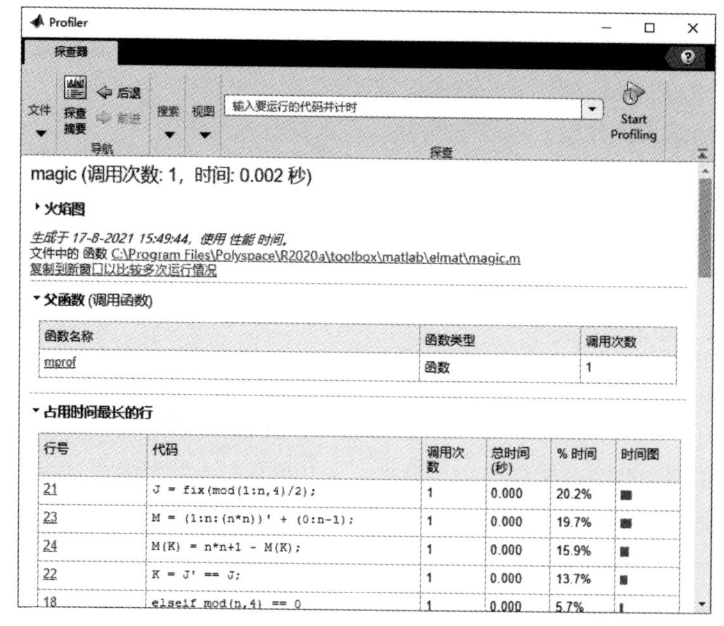

图 3-9　私有函数页面

第 4 章　最优化理论概述

内容提要

本章简要介绍最优化理论及其应用，最优化问题的最初实现和常用优化算法介绍。

本章重点

- 最优化理论及其应用
- 最优化问题的实现
- 优化算法介绍

优化问题无所不在，目前最优化方法的应用和研究已经深入到了生产和科研的各个领域，如土木工程、机械工程、化学工程、运输调度、生产控制、经济规划和经济管理等，并取得了显著的经济效益和社会效益。

4.1　最优化理论及其应用

在生活和工作中，人们对于同一个问题往往会提出多个解决方案，并通过各方面的论证从中提取最佳方案。最优化方法就是专门研究如何从多个方案中科学合理地提取出最佳方案的学科。

4.1.1 最优化理论发展概述

最优化是一门研究如何科学、合理、迅速地确定可行方案并找到其中最优方案的学科。同时，最优化也是一门应用相当广泛的学科，它讨论决策问题的最佳选择之特性，构造寻求最佳解的计算方法，研究这些计算方法的理论性质及实际计算表现，伴随着计算机的高速发展和优化计算方法的进步，规模越来越大的优化问题得到了解决。因为最优化问题广泛见于经济规划、工程设计、生产管理、交通运输和国防等重要领域，已受到政府部门、科研机构和产业部门的高度重视。

虽然最优化可以追溯到十分古老的极值问题，然而，它成为一门独立的学科是在 20 世纪 40 年代末，即 Dantzig 在 1947 年提出求解一般线性规划问题的单纯形法之后。现在，求解线性规划、非线性规划、随机规划、非光滑规划、多目标规划、几何规划、整数规划等多种最优化问题的理论研究发展迅速，新方法不断出现，实际应用日益广泛。在电子计算机的推动下，最优化理论与方法在经济规划、工程设计、生产管理、交通运输等方面得到了广泛的应用，成为一门十分活跃的学科。

作为 20 世纪应用数学的重要研究成果，最优化理论在工业生产与管理、计算机和信息科学、系统科学、国民经济等许多领域产生了很大效益。

4.1.2 最优化问题基本模型

最优化问题的一般形式为：

$$\min f(x)$$

subject to

$$x \in X$$

其中，x 是决策变量，$f(x)$ 为目标函数，X 为约束集或可行域。特别地，如果约束集 X 为 n 维欧几里得空间，则上述最优化问题称为无约束最优化问题：

$$\min f(x)$$

$$x \in \mathrm{R}^n$$

约束最优化问题通常写为：

$$\min f(x)$$

subject to

$$c_i(x) = 0,\ i \in E$$

$$c_i(x) \geqslant 0,\ i \in I$$

这里 E 和 I 分别是等式约束的指标集和不等式约束的指标集。

当目标函数和约束函数都是线性函数时，问题称为线性规划。当目标函数和约束函数中至少有一个是变量 x 的非线性函数时，问题称为非线性规划问题。此外，根据决策变量、目标函数和要求的不同，最优化问题还分成了整数规划、动态规划、网络规划、非光滑规划、随机规划、几何规划、多目标规划等若干分支。当然，根据分法的不同，同一类型的问题也有不同的叫法。

4.1.3 最优化问题举例

最优化方法的应用范围十分广泛，有的十分复杂，本节根据 MATLAB 优化工具箱的分法举几个简单的例子。

1. 线性规划问题

某车间用三种不同型号的机床甲、乙、丙加工 A、B 两种零件。机床台数、生产效率（每台机床每个工作日完成零件的个数）见表 4-1，试确定如何合理安排机床的加工任务，才能使生产的零件总数最多？

表 4-1 零件加工明细表（一）

	A/个	B/个	机床台数
甲	30	40	40
乙	55	30	40
丙	23	37	20

设表 4-2 中决策变量分别表示生产零件相应机床的台数。

表 4-2 零件加工明细表（二）

	A	B
甲	x_{11}	x_{12}
乙	x_{21}	x_{22}
丙	x_{31}	x_{32}

上述问题可归结为如下线性规划问题：

$$\max 30x_{11}+40x_{12}+55x_{21}+30x_{22}+23x_{31}+37x_{32}$$

subject to

$$x_{11}+x_{12} \leqslant 40$$

$$x_{21}+x_{22} \leqslant 40$$

$$x_{31}+x_{32}\leqslant 20$$

$$x_{ij}\geqslant 0,\ i=1,\ 2,\ 3;\ j=1,\ 2$$

线性规划问题的标准型要求：

1）所有的约束必须是等式约束。

2）所有的变量为非负变量。

3）目标函数的类型为极小化。

根据上述要求，此问题不是标准型。

非标准型线性规划问题过渡到标准型线性规划问题的处理方法有：

1）将极大化目标函数转化为极小化负的目标函数值。

2）把不等式约束转化为等式约束，可在约束条件中添置松弛变量。

3）若决策变量无非负要求，可用两个非负的新变量之差代替。

根据上述方法，问题转化为如下标准型：

$$\min -30x_{11}-40x_{12}-55x_{21}-30x_{22}-23x_{31}-37x_{12}$$

subject to

$$x_{11}+x_{12}+s_1=40$$

$$x_{21}+x_{22}+s_2=40$$

$$x_{31}+x_{32}+s_3=20$$

$$x_{ij}\geqslant 0,\ i=1,\ 2,\ 3;\ j=1,\ 2$$

$$s_1,\ s_2,\ s_3\geqslant 0$$

2. 二次规划

二次规划是最简单的约束非线性规划问题，是在目标函数为二次函数，约束函数为线性函数时的特殊情形，即可写成：

$$\min_{x\in \mathrm{R}^n} Q(x)=\frac{1}{2}x^{\mathrm{T}}Hx+g^{\mathrm{T}}x$$

subject to

$$a_i^{\mathrm{T}}x=b_i,\ i=1,\ 2,\ \cdots,\ m_e$$

$$a_i^{\mathrm{T}}x\geqslant b_i,\ i=m_e+1,\ \cdots,\ m$$

通过逐步二次规划能使一般的非线性规划问题的求解过程得到简化。因此，二次规划迭代法也是目前求解最优化问题时常用的方法。另外，由于二次规划问题本身也是一大类实际应用中经常遇到的问题，所以，二次规划问题在最优化理论和应用各方面都占有非常重要的位置。

3. 最小二乘问题

最小二乘问题的一般形式为：

$$\min_{x\in \mathrm{R}^n} f(x)=\frac{1}{2}r(x)^{\mathrm{T}}r(x)$$

如果 $r(x)$ 是 x 的非线性函数，则称为非线性最小二乘问题；如果 $r(x)$ 是 x 的线性函数，则问题是线性最小二乘问题。

非线性最小二乘问题既可以看作为无约束极小化的特殊情形，又可以看作为求解如下方程组：

$$r_i(x)=0,\ i=1,\ \ldots,\ m$$

上述函数被称为残量函数。

非线性最小二乘问题在数据拟合，参数估计和函数逼近等方面有着广泛应用。例如，要拟合数据：

$$(t_i, y_i), i = 1, \ldots, m$$

拟合函数为：

$$\varphi(t, x)$$

这是 x 的非线性函数。要求选择 x 使得拟合函数在残差平方和意义上尽可能好地拟合数据，其中残量为：

$$r_i(x) = \varphi(t_i, x) - y, i = 1, \ldots, m$$

这样就得到非线性最小二乘问题了。

4.2 最优化问题的实现

用最优化方法解决最优化问题的技术称为最优化技术，它包含两个方面的内容。

1. 建立数学模型

即用数学语言来描述最优化问题。模型中的数学关系式反映了最优化问题所要达到的目标和各种约束条件。

2. 数学求解

数学模型建好以后，选择合理的最优化方法进行求解。

最优化方法的发展很快，现在已经包含有多个分支，如线性规划、整数规划、非线性规划、动态规划、多目标规划等。

4.2.1 古老实现方法

远古以来，人类就显示出认识世界和改造世界的能力。在自然发展的过程中，人类又逐渐形成了进行最有效活动的思维方法，这导致了新发现、新发明和新改革。它们给人类带来了巨大的利益、进步和挑战。

古代的最优化方法完全凭决策人的主观直觉判断，这种方法在我国的各个活动领域内至今还占据着重要的地位。方法的成功与否，在很大程度上取决于决策人是否有丰富的知识和经验，能否对事物做出正确的判断和推测。由于这种方法受到决策人素质的影响太大，并且缺乏科学性，因此，在环境和条件比较复杂的情况下容易遭受失败。

如上所述，最优化方法成为一种科学方法，一般认为是从 18 世纪开始的，当时主要是微分法和变分法，但进展缓慢。它成为一门独立的学科是在 20 世纪 40 年代末，Dantzig 在 1947 年提出求解一般线性规划问题的单纯形法之后，这时，人们可以用手工的方法利用单纯形表来解决一些小型的线性规划问题。对于一些简单的非线性规划问题，数学家们也提出了一些初等的方法，例如，在 20 世纪 60 年代，由于我国经济比较落后，缺少先进的大型计算设备，华罗庚教授提出过通俗易懂的优选法，在全国推广以后，“0.618 法”深入人心，曾获得了很好的效果。

这些方法是手工时代的优秀方法，但是，这些方法仅适用于变化因素不多的简单情况，而这种情况往往是经验决策便能解决的。

4.2.2 计算机实现方法

电子计算机出现后，最优化问题受到科学家们的重视。电子计算机的特点是存储量大，计算速度快，能准确地长期不间断工作，这些特点为最优化问题的实现提供了一片崭新的天地。另外，各个方面的研究成果使最优化方法逐渐丰富起来，形成了一门称作规划论的数学分支。由于人类活动的各个领域都有最优化问题，最优化问题的多样性就很自然了。不同的目标函数，不同的约束条件，计算机算法的发展促使数学规划的内容日趋庞大，从而逐渐出现许多分支。

各学科的交互发展使得人们面临的优化问题越来越大，从而对计算机的依赖也越来越大，同时，对计算机运算能力和存储能力的要求也越来越高。近年来，计算机技术的飞速发展给最优化问题的实现构筑了坚实的平台。科学家们用各种高级语言来编写计算机程序，这同时也促进了最优化算法的发展。

最初，科学家们使用被认为计算能力最强的 FORTRAN 语言来实现算法；随着 C 语言计算能力的增强和它在其他方面的优势，科学家们更多地使用 C 语言来实现自己的算法。正是计算机的出现才使得大型优化问题得到解决。

4.3 优化算法介绍

通过 MATLAB 程序可以实现绝大多数优化算法，本节系统地介绍了经典优化算法的基本理论和方法。

4.3.1 参数优化问题

参数优化就是求一组设计参数 $x=(x_1,x_2,...,x_n)$，以满足在某种意义下最优。一个简单的情况就是对某依赖于 x 的问题求极大值或极小值。复杂一点的情况是欲进行优化的目标函数 $f(x)$ 受到以下限定条件：

1）等式约束条件：$c_i(x)=0$，$i=1$，2，$...$，m。

2）不等式约束条件：$c_i(x)\leqslant 0$，$i=m_e+1$，$...$，m。

3）参数有界约束：这类问题的一般数学模型如下：

$$\min_{x\in \mathrm{R}^n} f(x)$$

$$\text{subject to}$$

$$c_i(x)=0,\ i=1,\ 2,\ ...,\ m_e$$

$$c_i(x)\leqslant 0,\ i=m_e+1,\ ...,\ m$$

$$lb\leqslant x\leqslant ub$$

其中，x 是变量，$f(x)$ 是目标函数，$c(x)$ 是约束条件向量，lb，ub 分别是变量 x 的上界和下界。

要有效而且精确地解决这类问题，不仅依赖于问题的大小，即约束条件和设计变量的数目，而且依赖于目标函数和约束条件的性质。当目标函数和约束条件都是变量 x 的线性函数时，这类问题被称为线性规划问题。在线性约束条件下，最大化或最小化二次目标函数被称为二次规划问题。对于线性规划问题和二次规划问题都能得到可靠的解，而解决非线性规划问题要困难得多。此时的目标函数和限定条件可能是设计变量的非线性函数，非线性规划问题的求解一般是通过求解线性规划、二次规划或者没有约束条件的子问题来解决的。

4.3.2 无约束优化问题

无约束优化问题是在描述数学模型中没有约束条件的情况。无约束最优化是一个十分古老的课题，至少可以追溯到 Newton 发明微积分的时代。无约束优化问题在实际应用中也非常常见。

搜索法是对非线性或不连续问题求解的合适方法，当欲优化的函数具有连续一阶导数时，梯度法一般说来更为有效，高阶法（如牛顿法）仅适用于目标函数的二阶信息能计算出来的情况。

梯度法使用函数的斜率信息来给出搜索的方向。一个简单的方法是沿负梯度方向$-\nabla f(x)$搜索，其中，$-\nabla f(x)$是目标函数的梯度。当欲最小化的函数具有窄长形的谷值时，这一方法的收敛速度极慢。

1. 拟牛顿法（Quasi-Newton Method）

在使用梯度信息的方法中，最为有效的方法是拟牛顿方法。此方法的实质是建立每次迭代的曲率信息，以此来解决如下形式的二次模型问题：

$$\min_{x \in \mathbf{R}^n} f(x) = \frac{1}{2}x^{\mathrm{T}}Hx + b^{\mathrm{T}}x + c$$

其中，H为目标函数的黑塞矩阵（Hessian），H对称正定；b为常数向量；c为常数。这个问题的最优解在x的梯度为零的点处：

$$\nabla f(x^*) = Hx^* + b = 0$$

从而最优解为：

$$x^* = -H^{-1}b$$

对应于拟牛顿法，牛顿法直接计算H，并使用线搜索策略沿下降方向经过一定次数的迭代后确定最小值，为了得到矩阵H需要经过大量的计算。拟牛顿法则不同，它通过使用$f(x)$和它的梯度来修正H的近似值。

拟牛顿法发展到现在已经出现了很多经典实用的黑塞矩阵修正方法。当前来说，Broyden，Fletcher，Goldfarb和Shanno等人提出的BFGS方法被认为是解决一般问题最为有效的方法，修正公式如下：

$$H_{k+1} = H_k + \frac{q_k q_k^{\mathrm{T}}}{q_k^{\mathrm{T}} s_k} - \frac{H_k^{\mathrm{T}} S_k^{\mathrm{T}} s_k H_k}{s_k^{\mathrm{T}} H_k s_k}$$

其中：

$$s_k = x_{k+1} - x_k$$

$$q_k = \nabla f(x_{k+1}) - \nabla f(x_k)$$

另外一个比较著名的构造黑塞矩阵的方法是由Davidon，Fletcher，Powell提出来的DFP方法，该方法的计算公式如下：

$$H_{k+1} = H_k + \frac{s_k s_k^{\mathrm{T}}}{s_k^{\mathrm{T}} q_k} - \frac{H_k^{\mathrm{T}} q_k^{\mathrm{T}} q_k H_k}{q_k^{\mathrm{T}} H_k q_k}$$

2. 多项式近似

该法用于目标函数比较复杂的情况。在这种情况下寻找一个与它近似的函数来代替目标函数，并用近似函数的极小点作为原函数极小点的近似。常用的近似函数为二次多项式和三次多项式。

（1）二次内插　二次内插涉及用数据来满足如下形式的单变量函数问题：

$$f(x) = ax^2 + bx + c$$

其中，步长极值为：

$$x^* = -\frac{b}{2a}$$

此点可能是最小值或者最大值。当执行内插或a为正时是最小值。只要利用三个梯度或者函数方程组即可以确定系数a和b，从而可以确定x^*。得到该值以后，进行搜索区间的收缩。

二次内插的一般问题是，在定义域空间给定三个点x_1，x_2，x_3和它们所对应的函数值f

(x_1)，$f(x_2)$，$f(x_3)$，由二阶匹配得出最小值如下：

$$x_{k+1}=\frac{1}{2}\frac{\beta_{23}f(x_1)+\beta_{13}f(x_2)+\beta_{12}f(x_3)}{\gamma_{23}f(x_1)+\gamma_{31}f(x_2)+\gamma_{12}f(x_3)}$$

其中：

$$\beta_{ij}=x_i^2-x_j^2$$

$$\gamma_{ij}=x_i-x_j$$

二次插值法的计算速度比黄金分割搜索法快，但是对于一些强烈扭曲或者可能多峰的函数，该方法的收敛速度变得很慢，甚至失败。

（2）三次插值　三次插值法需要计算目标函数的导数，优点是计算速度快。同类的方法还有牛顿切线法、对分法、割线法等。优化工具箱中使用比较多的是三次插值法。

三次插值的基本思想和二次插值一致。它是用四个已知点构造一个三次多项式来逼近目标函数，同时以三次多项式的极小点作为目标函数极小点的近似。一般来讲，三次插值法比二次插值法的收敛速度快，但是每次迭代需要计算两个导数值。三次插值法的迭代公式为：

$$x_{k+1}=x_2-(x_2-x_1)\frac{\nabla f(x_2)+\beta_1-\beta_1}{\nabla f(x_2)-\nabla f(x_1)+2\beta_2}$$

其中：

$$\beta_1=\nabla f(x_1)+\nabla f(x_2)-3\frac{f(x_1)-f(x_2)}{x_1-x_2}$$

$$\beta_2=[\beta_1^2-\nabla f(x_1)\nabla f(x_2)]^{\frac{1}{2}}$$

如果导数容易求得，一般来说首先考虑使用三次插值法，因为它具有较高的效率。对于只需要计算函数值的方法中，二次插值是一个很好的方法，它的收敛速度较快，当极小点所在的区间较小时尤其如此。黄金分割法是一种十分稳定的方法，并且计算简单。由于上述原因，MATLAB优化工具箱中使用较多得是二次插值法、三次插值法以及二次三次混合插值法和黄金分割法。

4.3.3 拟牛顿法实现

在函数 fminunc 中使用拟牛顿法，算法的实现过程包括两个阶段：首先，确定搜索方向；其次，进行现行搜索过程。下面具体讨论这两个阶段。

1. 确定搜索方向

要确定搜索方向首先必须完成对黑塞矩阵的修正。牛顿法由于需要多次计算黑塞矩阵，所以计算量很大。拟牛顿法通过构建一个黑塞矩阵的近似矩阵来避开该问题。

搜索方向的选择由选择 BFGS 方法还是选择 DFP 方法来决定。在优化工具箱中，通过将 options 参数 HessUpdate 设置为 BFGS 或 DFP 来确定搜索方向。黑塞矩阵 H 总是保持正定，使得搜索方向总是保持为下降方向。这意味着，对于任意小的步长，在上述搜索方向上目标函数值总是减小的。只要 H 的初始值为正定并且计算出的 $q_k^{\mathrm{T}}s_k$ 总是正的，则 H 的正定性即得到保证。并且只要执行足够精度的线性搜索，$q_k^{\mathrm{T}}s_k$ 为正的条件总能得到满足。

2. 一维搜索过程

在优化工具箱中有两种线性搜索方法可以使用，这取决于是否可以得到梯度信息。当梯度值可以直接得到时，默认情况下使用三次多项式方法；当梯度值不能直接得到时，默认情况下，采用混合二次和三次插值法。

另外，在三次插值法中，每一个迭代周期都要进行梯度和函数的计算。

4.3.4 最小二乘优化

4.3.3 节介绍了在函数 fminunc 中使用的是拟牛顿法中介绍的线搜索法，在最小二乘优化程序 lsqnonlin 中也部分地使用这一方法。最小二乘问题的优化描述如下：

$$\min_{x \in \mathrm{R}^n} f(x) = \frac{1}{2} r(x)^{\mathrm{T}} r(x)$$

在实际应用中，特别是数据拟合时存在大量这种类型的问题。如非线性参数估计等；控制系统中也经常会遇见这类问题，如希望系统输出的 y（x，t）跟踪某一个连续的期望轨迹。该问题可以表示为：

$$\min \int_{t1}^{t2} (y(x, t) - \varphi(t))^2 \mathrm{d}t$$

将问题离散化得到：

$$\min f(x) = \sum_{i=1}^{m} \bar{y}(x, t_i) - \bar{\varphi}(t_i)$$

最小二乘问题的梯度和黑塞矩阵具有特殊的结构，定义 $f(x)$ 的雅可比矩阵，则 $f(x)$ 的梯度和 $f(x)$ 的黑塞矩阵定义为：

$$\nabla f(x) = 2J(x)^{\mathrm{T}} f(x)$$

$$H(x) = 4J(x)^{\mathrm{T}} J(x) + Q(x)$$

其中：

$$Q(x) = \sum_{i=1}^{m} \sqrt{2f_i(x) H_i(x)}$$

1. Gauss-Newton 法

在 Gauss-Newton 法中，每个迭代周期均会得到搜索方向 d。它是最小二乘问题的一个解。

Gauss-Newton 法用来求解如下问题：

$$\min \| J(x_k) d_k - f(x_k) \|$$

当 $Q(x)$ 有意义时，Gauss-Newton 法经常会遇到一些问题，而这些问题可以用下面介绍的 Levenberg-Marquadt 方法来解决。

2. Levenberg-Marquadt 法

Levenberg-Marquadt 法使用的搜索方向是一组线性等式的解：

$$J(x_k)^{\mathrm{T}} J(x_k) = \lambda_k I d_k = - J(x_k) f(x_k)$$

4.3.5 非线性最小二乘实现

1. Guass-Newton 实现

Gauss-Newton 法是用前面求解无约束问题中讨论过的多项式线搜索策略来实现的。使用雅可比矩阵的 QR 分解，可以避免在求解现行最小二乘问题中等式条件恶化的问题。

这种方法中包含一项鲁棒性检测技术，该技术步长低于限定值，或当雅可比矩阵的条件数很小时，将改为使用 Levenberg-Marquardt 法。

2. Levenberg-Marquardt 实现

实现 Levenberg-Marquardt 方法的主要困难是在每一次迭代中如何控制 λ 大小的策略问题，该控制可以使它对于宽谱问题有效。这种实现的方法是使用线性预测平方总和和最小函数值的三次插值估计，来估计目标函数的相对非线性，用这种方法 λ 的大小在每一次迭代中都能确定。

这种实现方法在大量的非线性问题中得到了成功的应用，并被证明比 Gauss-Newton 法具有更好的鲁棒性，比无约束条件方法具有更好的迭代效率。在使用 lsqnonlin 函数时，函数所使用的默认算法是 Levenberg-Marquardt 方法。当 options（5）= 1 时，使用 Gauss-Newton 法。

4.3.6 约束优化

在约束最优化问题中，一般方法是先将问题变换为较容易的子问题，然后再求解。前面所述方法的一个特点是可以用约束条件的罚函数将约束优化问题转化为基本的无约束优化问题，按照这种方法，条件极值问题可以通过参数化无约束优化序列来求解。但这种方法效率不高，目前已经被求解 Kuhn-Tucker 方程的方法所取代。Kuhn-Tucker 方程是条件极值问题的必要条件。如果欲解决的问题是所谓的凸规划问题，那么 Kuhn-Tucker 方程有解是极值问题有全局解的充分必要条件。

求解 Kuhn-Tucker 方程是很多非线性规划算法的基础，这些方法试图直接计算拉格朗日乘子。因为在每一次迭代中都要求解一次 QP 子问题，这些方法一般又被称为逐次二次规划方法。

给定一个约束最优化问题，求解的基本思想是基于拉格朗日函数的二次近似，求解二次规划子问题：

$$L(x,\ \lambda)=f(x)+\sum_{i=1}^{m}\lambda_i c_i(x)$$

从而得到二次规划子问题：

$$\min \frac{1}{2}d^{\mathrm{T}}H_k d+\nabla f(x_k)^{\mathrm{T}}d$$

这个问题可以通过任何求解二次规划问题的算法得到解。

使用序列二次规划方法，非线性约束条件的极值问题经常可以比无约束优化问题用更少的迭代得到解。造成这种现象的一个原因是：对于在可变域的限制，考虑搜索方向和步长后，优化算法可以有更好的决策。

4.3.7 SQP 实现

MATLAB 工具箱的 SQP 实现由三个部分组成：

1）修正拉格朗日函数的黑塞矩阵。

2）二次规划问题求解。

3）线搜索。

1. 修正黑塞矩阵

在每一次迭代中，均作拉格朗日函数的黑塞矩阵的正定拟牛顿近似，通过 BFGS 方法进行计算，其中 λ 是拉格朗日乘子的估计。用 BFGS 公式修正黑塞矩阵：

$$H_{k+1}=H_k+\frac{q_k q_k^{\mathrm{T}}}{q_k^{\mathrm{T}}s_k}-\frac{H_k^{\mathrm{T}}S_k^{\mathrm{T}}s_k H_k}{s_k^{\mathrm{T}}H_k s_k}$$

其中：

$$s_k=x_{k+1}-x_k$$

$$q_k=\nabla f(x_{k+1})-\sum_{i=1}^{m}\lambda_i\nabla g_i(x_{k+1})-\nabla f(x_k)+\sum_{i=1}^{m}\lambda_i\nabla g_i(x_k)$$

2. 求解二次规划问题

在逐次二次规划方法中，每一次迭代都要求解一个二次规划问题：

$$\min_x \frac{1}{2}x^{\mathrm{T}}Hx+f^{\mathrm{T}}x$$

subject to

$$Ax \leqslant b$$

$$Aeqx = beq$$

3. 初始化

此算法要求有一个合适的初始值，如果由逐次二次规划方法得到的当前计算点不合适，则通过求解线性规划问题可以得到合适的计算点：

$$\min_{\gamma \in \mathrm{R},\ \gamma \in \mathrm{R}^{n\gamma}}$$

subject to

$$Ax \leqslant b$$

$$Aeqx - \gamma \leqslant beq$$

如果上述问题存在要求的点，则可以通过将 X 赋值为满足等式条件的值来得到。

第 5 章 MATLAB 优化工具箱简介

内容提要

本章主要介绍 MATLAB 中的优化工具箱及其中的函数参数设置，一些优化算法，并用实例说明具体应用。

本章重点

- MATLAB 中的工具箱
- 优化工具箱中的函数
- 优化函数的变量
- 参数设置
- 模型输入时需要注意的问题
- @ 函数
- 实例分析

利用 MATLAB 的优化工具箱，可以求解线性规划、非线性规划和多目标规划问题。具体而言，包括线性、非线性最小化，最大最小化，二次规划，半无限问题，线性、非线性方程（组）的求解，线性、非线性的最小二乘问题。另外，MATLAB 工具箱还提供了线性、非线性最小化方程求解，曲线拟合，二次规划等问题中大型课题的求解方法，为优化方法在工程中的实际应用提供了更方便快捷的途径。

5.1 MATLAB 中的工具箱

MATLAB 工具箱已经成为一个系列产品。MATLAB 主工具箱和各种工具箱（TOOLBOX）功能型工具箱主要用来扩充 MATLAB 的数值计算、符号运算功能、图形建模仿真功能、文字处理功能以及与硬件实时交互功能，能够用于多种学科。

领域型工具箱是学科专用工具箱，其专业性很强。例如，控制系统工具箱（Control System Toolbox）；信号处理工具箱（Signal Processing Toolbox）；财政金融工具箱（ Financial Toolbox）和后面将重点介绍的优化工具箱（Optimization Toolbox）等。领域型工具箱只适用于本专业。

5.1.1 MATLAB 中常用的工具箱

MATLAB 中常用的工具箱有：

- Matlab Main Toolbox——MATLAB 主工具箱。
- Control System Toolbox——控制系统工具箱。
- Communication Toolbox——通信工具箱。
- Financial Toolbox——财政金融工具箱。
- System Identification Toolbox——系统辨识工具箱。
- Fuzzy Logic Toolbox——模糊逻辑工具箱。

- Higher-Order Spectral Analysis Toolbox——高阶谱分析工具箱。
- Image Processing Toolbox——图像处理工具箱。
- LMI Control Toolbox——线性矩阵不等式工具箱。
- Model predictive Control Toolbox——模型预测控制工具箱。
- μ-Analysis and Synthesis Toolbox——μ 分析工具箱。
- Neural Network Toolbox——神经网络工具箱。
- Optimization Toolbox——优化工具箱。
- Partial Differential Toolbox——偏微分方程工具箱。
- Robust Control Toolbox——鲁棒控制工具箱。
- Signal Processing Toolbox——信号处理工具箱。
- Spline Toolbox——样条工具箱。
- Statistics Toolbox——统计工具箱。
- Symbolic Math Toolbox——符号数学工具箱。
- Simulink Toolbox——动态仿真工具箱。
- Wavele Toolbox——小波工具箱。

5.1.2 工具箱和工具箱函数的查询

1. MATLAB 的目录结构

首先，简单介绍 MATLAB 的目录树。

- matlab \ bin—— 该目录包含了 MATLAB 系统运行文件，MATLAB 帮助文件及一些必需的二进制文件。
- matlab \ extern—— 包含了 MATLAB 与 C 语言、FORTRAN 语言交互所需的函数定义和连接库。
- matlab \ simulink—— 包含建立 simulink MEX-文件所必需的函数定义及接口软件。
- matlab \ toolbox—— 各种工具箱，Math Works 公司提供的商品化 MATLAB 工具箱有 30 多种。toolbox 目录下的子目录数量是随安装情况而变化的。

另外，MATLAB 工具箱在 Windows 下可由目录检索得到，也可以在 MATLAB 下得到。

2. 工具箱函数清单的获得

在 MATLAB 中，所有工具箱中都有函数清单文件 contents. m，可用多种方法得到工具箱函数清单。

（1）执行在线帮助命令

help　工具箱名称

该格式的功能是列出该工具箱中 contents. m 的内容，显示该工具箱中所有函数清单。

【例 5-1】列出优化工具箱的内容。

```
>> helpoptim
  Optimization Toolbox
  Version 8.5 (R2020a) 18-Nov-2019

  Nonlinear minimization of functions.
fminbnd       - Scalar bounded nonlinear function minimization.
```

```
fmincon       - Multidimensional constrained nonlinear minimization.
fminsearch    - Multidimensional unconstrained nonlinear minimization,
                  byNelder-Mead direct search method.
fminunc       - Multidimensional unconstrained nonlinear minimization.
fseminf       - Multidimensional constrained minimization, semi-infinite
                constraints.

  Nonlinear minimization of multi-objective functions.
fgoalattain   - Multidimensional goal attainment optimization
fminimax      - Multidimensional minimax optimization.

  Linear least squares (of matrix problems).
lsqlin        - Linear least squares with linear constraints.
lsqnonneg     - Linear least squares with nonnegativity constraints.

  Nonlinear least squares (of functions).
lsqcurvefit   - Nonlinear curvefitting via least squares (with bounds).
lsqnonlin     - Nonlinear least squares with upper and lower bounds.

  Nonlinear zero finding (equation solving).
fzero         - Scalar nonlinear zero finding.
fsolve        - Nonlinear system of equations solve (function solve).

  Minimization of matrix problems.
bintprog      - Binary integer (linear) programming.
linprog       - Linear programming.
quadprog      - Quadratic programming.

Controlling defaults and options.
optimoptions - Create or alter optimization OPTIONS

  Graphical user interface and plot routines
optimtool                    - Optimization Toolbox Graphical User
                               Interface
   optimplotconstrviolation    - Plot max. constraint violation at each
                               iteration
   optimplotfirstorderopt      - Plot first-order optimality at each
                               iteration
optimplotresnorm              - Plot value of the norm of residuals at
                               each iteration
optimplotstepsize             - Plot step size at each iteration

   Optimization Toolbox 文档
名为 optim 的文件夹
```

上述内容即为 MATLAB 优化工具箱的全部函数内容。

注意：

优化工具箱的名称为 optim. m。

（2）使用 type 命令得到工具箱函数的清单　例如：

type　　signal \ contents

type　　optim \ contents

注意：

这种方式得出的结果、内容与上面的方式相同，输出的格式稍有不同。

5.2　优化工具箱中的函数

利用 MATLAB 的优化工具箱，可以求解线性规划、非线性规划和多目标规划问题。具体而言，包括线性、非线性最小化，最大最小化，二次规划，半无限问题，线性、非线性方程（组）的求解，线性、非线性的最小二乘问题。另外，该工具箱还提供了线性、非线性最小化方程求解，曲线拟合，二次规划等问题中大型课题的求解方法，为优化方法在工程中的实际应用提供了更方便快捷的途径。

优化工具箱中的函数包括下面几类，具体见表 5-1~表 5-5。

表 5-1　最小化函数

函　　数	描　　述
fminsearch，fminunc	无约束非线性最小化
fminbnd	有边界的标量非线性最小化
fmincon	有约束的非线性最小化
linprog	线性规划
quadprog	二次规划
fgoalattain	多目标规划
fminimax	最大最小化
fseminf	半无限问题

表 5-2　最小二乘问题

函　　数	描　　述
\	线性最小二乘
lsqnonlin	非线性最小二乘
lsqnonneg	非负线性最小二乘
lsqlin	有约束线性最小二乘
lsqcurvefit	非线性曲线拟合

表 5-3 方程求解函数

函 数	描 述
\	线性方程求解
fzero	标量非线性方程求解
fsolve	非线性方程求解

表 5-4 中型问题方法演示函数

函 数	描 述
tutdemo	教程演示
optdemo	演示过程菜单
officeassign	求解整数规划
goaldemo	目标达到举例
dfildemo	过滤器设计的有限精度

表 5-5 大型问题方法演示函数

函 数	描 述
circustent	马戏团帐篷问题-二次规划问题
optdeblur	用有边界线性最小二乘法进行图形处理

5.3 优化函数的变量

在 MATLAB 的优化工具箱中，定义了一系列的标准变量，通过使用这些标准变量，用户可以使用 MATLAB 来求解在工作中遇到的问题。

MATLAB 优化工具箱中的变量主要有三类：输入变量、输出变量和优化参数中的变量。

1. 输入变量

调用 MATLAB 优化工具箱，需要首先给出一些输入变量，优化工具箱函数通过对这些输入变量的处理得到用户需要的结果。

优化工具箱中的输入变量大体上分成两类：输入系数和输入参数。见表 5-6 和表 5-7。

表 5-6 输入系数表

变 量 名	作用和含义	主要的调用函数
A，b	A 矩阵和 b 向量分别为线性不等式约束的系数矩阵和右端项	fgoalattain，fmincon，fminimax，fseminf，linprog，lsqlin，quadprog
Aeq，beq	Aeq 矩阵和 beq 向量分别为线性方程约束的系数矩阵和右端项	fgoalattain，fmincon，fminimax，fseminf，linprog，lsqlin，quadprog
C，d	矩阵 C 和向量 d 分别为超定或不定线性系统方程组的系数和进行求解的右端项	lsqlin，lsqnonneg
f	线性方程或二次方程中线性项的系数向量	linprog，quadprog
H	二次方程中二次项的系数	quadprog
lb，ub	变量的上下界	fgoalattain，fmincon，fminimax fseminf，linprog，quadprog，lsqlin lsqcurvefit，lsqnonlin

（续）

变量名	作用和含义	主要的调用函数
fun	待优化的函数	fgoalattain，fminbnd，fmincon，fminimax fminsearch，fminunc，fseminf，fsolve，fzero lsqcurvefit，lsqnonlin
nonlcon	计算非线性不等式和等式	fgoalattain，fmincon，fminimax
seminfcon	计算非线性不等式约束、等式约束和半无限约束的函数	fseminf

表 5-7　输入参数表

变量名	作用和含义	主要的调用函数
goal	目标试图达到的值	fgoalattain
ntheta	半无限约束的个数	fseminf
options	优化选项参数结构	所有
*P*1，*P*2，…	传给函数 fun、变量 nonlcon、变量 seminfcon 的其他变量	fgoalattain，fminbnd，fmincon，fminimax，fsearch，fminunc，fseminf，fsolve，fzero，lsqcurvefit，lsqnonlin
weight	控制对象未达到或超过的加权向量	fgoalattain
xdata，ydata	拟合方程的输入数据和测量数据	lsqcurvefit
*x*0	初始点	除 fminbnd 所有
*x*1，*x*2	函数最小化的区间	fminvnd

2. 输出变量

调用 MATLAB 优化工具箱的函数后，函数给出一系列的输出变量，提供给用户相应的输出信息。见表 5-8。

表 5-8　输出变量表

变量名	作用和含义
x	由优化函数求得的解
fval	解 *x* 处的目标函数值
exitflag	退出条件
output	包含优化结果信息的输出结构
lambda	解 *x* 处的拉格朗日乘子
grad	解 *x* 处函数 fun 的梯度值
hessian	解 *x* 处函数 fun 的黑塞矩阵
jacobian	解 *x* 处函数 fun 的雅可比矩阵
maxfval	解 *x* 处函数的最大值
attainfactor	解 *x* 处的达到因子
residual	解 *x* 处的残差值
resnorm	解 *x* 处残差的平方范数

3. 优化参数

使用优化工具箱时，由于优化函数要求目标函数和约束条件满足一定的格式，所以需要用户在进行模型输入时设置优化参数。见表 5-9。

表 5-9 优化参数表

参数名	含义
DerivativeCheck	对自定义的解析导数与有限差分导数进行比较
Diagnostics	打印进行最小化或求解的诊断信息
DiffMaxChange	有限差分求导的变量最大变化
DiffMinChange	有限差分求导的变量最小变化
Display	值为 off 时，不显示输出；为 iter 时，显示迭代信息；为 final 时，只显示结果。在新版本中，notify，当函数不收敛时输出
GoalsExactAchieve	精确达到的目标个数
GradConstr	用户定义的非线性约束的梯度
GradObj	用户定义的目标函数的梯度
Hessian	用户定义的目标函数的黑塞矩阵
HessPattern	有限差分的黑塞矩阵的稀疏模式
HessUpdate	黑塞矩阵修正结构
Jacobian	用户定义的目标函数的雅可比矩阵
JacobPattern	有限差分的雅可比矩阵的稀疏模式
LargeScale	使用大型算法（如果可能的话）
LevenbergMarquardt	用 Levenberg-Marquardt 方法代替 Gauss-Newton 法
LineSearchType	一维搜索算法的选择
MaxFunEvals	允许进行函数评价的最大次数
MaxIter	允许进行迭代的最大次数
MaxPCGIter	允许进行 PCG 迭代的最大次数
MeritFunction	使用多目标函数
MinAbsMax	最小化最坏个案例绝对值的 f（x）的个数
PrecondBandWidth	PCG 前提的上带宽
TolCon	违背约束的终止容限
TolFun	函数值的终止容限
TolPCG	PCG 迭代的终止容限
TolX	*X* 处的终止容限
TypicalX	典型 *x* 值

5.4 参数设置

对于优化控制，MATLAB 提供了 18 个参数。利用 optimset 函数，可以创建和编辑参数结构；利用 optimget 函数，可以获得 options 优化参数。

5.4.1 参数值

options 优化参数的意义见表 5-10。

表 5-10 options 优化参数意义

参　数	含　义
options（1）	参数显示控制（默认值为 0），等于 1 时显示一些结果
options（2）	优化点 x 的精度控制（默认值为 1e-4）
options（3）	优化函数 F 的精度控制（默认值为 1e-4）
options（4）	违反约束的结束标准（默认值为 1e-6）
options（5）	算法选择，不常用
options（6）	优化程序方法选择，为 0 则为 BFCG 算法，为 1 则采用 DFP 算法
options（7）	线性插值算法选择，为 0 则为混合插值算法，为 1 则采用立方插算法
options（8）	函数值显示（多目标规划问题中的 Lambda ）
options（9）	若需要检测用户提供的梯度，则设为 1
options（10）	函数和约束估值的数目
options（11）	函数梯度估值的个数
options（12）	约束估值的数目
options（13）	等式约束条件的个数
options（14）	函数估值的最大次数（默认值是 100×变量个数）
options（15）	用于多目标规划问题中的特殊目标
options（16）	优化过程中变量的最小有限差分梯度值
options（17）	优化过程中变量的最大有限差分梯度值
options（18）	步长设置（默认为 1 或更小）

注意：

在低版本的 MATLAB 中，使用 foptions 来对这些参数进行设置。

5.4.2 optimset 函数

optimset 函数的功能是创建或编辑优化选项参数结构。具体的调用格式如下。

1. 调用格式 1

options =optimset（'param1'，value1，'param2'，value2，...）

该格式的功能是创建一个称为 options 的优化选项参数，其中指定的参数具有指定值。所有未指定的参数都设置为空矩阵“[ ]”（将参数设置为“[ ]”表示当 options 传递给优化函数时给参数赋默认值）。赋值时只要输入参数前面的字母就行了。

2. 调用格式 2

options =optimset（oldopts，'param1'，value1，...）

该格式的功能是创建一个 oldopts 的拷贝，用指定的数值修改参数。

3. 调用格式 3

options =optimset（oldopts，newopts）

该格式的功能是将已经存在的选项结构 oldopts 与新的选项结构 newopts 进行合并。newopts 参数中的所有元素将覆盖 oldopts 参数中的所有对应元素。

4. 调用格式 4

optimset

该格式的功能是没有任何输入/输出参数，将显示如下一张完整的带有有效值的参数列表。

```
>>optimset
              Display: [ off | on | iter | notify | final ]
MaxFunEvals: [ positive scalar ]
MaxIter: [ positive scalar ]
TolFun: [ positive scalar ]
TolX: [ positive scalar ]
FunValCheck: [ {off} | on ]
OutputFcn: [ function | {[]} ]
BranchStrategy: [ mininfeas | {maxinfeas} ]
DerivativeCheck: [ on | {off} ]
          Diagnostics: [ on | {off} ]
DiffMaxChange: [ positive scalar {1e-1} ]
DiffMinChange: [ positive scalar {1e-8} ]
GoalsExactAchieve: [ positive scalar | {0} ]
GradConstr: [ on | {off} ]
GradObj: [ on | {off} ]
              Hessian: [ on | {off} ]
HessMult: [ function | {[]} ]
HessPattern: [ sparse matrix | {sparse(ones(NumberOfVariables))} ]
HessUpdate: [ dfp | steepdesc | {bfgs} ]
InitialHessType: [ identity | {scaled-identity} | user-supplied ]
InitialHessMatrix: [ scalar | vector | {[]} ]
            Jacobian: [ on | {off} ]
JacobMult: [ function | ([]) ]
JacobPattern: [ sparse matrix | {sparse(ones(Jrows,Jcols))} ]
          LargeScale: [ {on} | off ]
LevenbergMarquardt: [ on | off ]
LineSearchType: [ cubicpoly | {quadcubic} ]
MaxNodes: [ positive scalar | {1000* NumberOfVariables} ]
MaxPCGIter: [ positive scalar | {max(1,floor(NumberOfVariables/2))} ]
MaxRLPIter: [ positive scalar | {100* NumberOfVariables} ]
MaxSQPIter: [ positive scalar | {10* max(NumberOfVariables,NumberOfInequalities
+NumberOfBounds)} ]
MaxTime: [ positive scalar | {7200} ]
MeritFunction: [ singleobj | {multiobj} ]
MinAbsMax: [ positive scalar | {0} ]
NodeDisplayInterval: [ positive scalar | {20} ]
NodeSearchStrategy: [ df | {bn} ]
NonlEqnAlgorithm: [ {dogleg} | lm | gn ]
PrecondBandWidth: [ positive scalar | {0} | Inf ]
              Simplex: [ on | {off} ]
TolCon: [ positive scalar ]
```

```
TolPCG: [ positive scalar | {0.1} ]
TolRLPFun: [ positive scalar | {1e-6} ]
TolXInteger: [ positive scalar | {1e-8} ]
TypicalX: [ vector | {ones(NumberOfVariables,1)} ]
UseParallel: [ logical scalar | true | {false} ]
```

5. 调用格式 5

options =optimset

该格式的功能是创建一个选项结构 options，其中所有的元素被设置为“ [ ] ”。

6. 调用格式 6

options =optimset（optimfunction）

该格式的功能是创建一个含有所有参数名和与优化函数 optimfun 相关的默认值的选项结构 options。

【例 5-2】 optimset 使用举例 1。

```
>> options =optimset('Display','iter','TolFun',1e-8)
```

上面的语句可创建一个称为 options 的优化选项结构，其中显示参数设为 iter，TolFun 参数设置为 1e-8。结果如下。

```
options =


包含以下字段的 struct:

                Display: 'iter'
MaxFunEvals: []
MaxIter: []
TolFun: 1.0000e-08
TolX: []
FunValCheck: []
OutputFcn: []
PlotFcns: []
ActiveConstrTol: []
               Algorithm: []
   AlwaysHonorConstraints: []
DerivativeCheck: []
              Diagnostics: []
DiffMaxChange: []
DiffMinChange: []
FinDiffRelStep: []
FinDiffType: []
GoalsExactAchieve: []
GradConstr: []
GradObj: []
```

```
HessFcn: []
                Hessian: []
HessMult: []
HessPattern: []
HessUpdate: []
InitBarrierParam: []
    InitTrustRegionRadius: []
                Jacobian: []
JacobMult: []
JacobPattern: []
              LargeScale: []
MaxNodes: []
MaxPCGIter: []
MaxProjCGIter: []
MaxSQPIter: []
MaxTime: []
MeritFunction: []
MinAbsMax: []
NoStopIfFlatInfeas: []
ObjectiveLimit: []
      PhaseOneTotalScaling: []
Preconditioner: []
PrecondBandWidth: []
RelLineSrchBnd: []
    RelLineSrchBndDuration: []
ScaleProblem: []
SubproblemAlgorithm: []
TolCon: []
TolConSQP: []
TolGradCon: []
TolPCG: []
TolProjCG: []
TolProjCGAbs: []
TypicalX: []
UseParallel: []
```

【例 5-3】 optimset 使用举例 2。

```
>>optnew = optimset(options,'TolX',1e-4)
```

上面的语句可创建一个称为 options 的优化结构的拷贝，改变 TolX 参数的值，将新值保存到 optnew 参数中，得到的结果如下。

```
optnew =

包含以下字段的 struct:
```

```
                Display:'iter'
MaxFunEvals:[]
MaxIter:[]
TolFun:1.0000e-08
TolX:1.0000e-04
FunValCheck:[]
OutputFcn:[]
PlotFcns:[]
ActiveConstrTol:[]
              Algorithm:[]
    AlwaysHonorConstraints:[]
DerivativeCheck:[]
             Diagnostics:[]
DiffMaxChange:[]
DiffMinChange:[]
FinDiffRelStep:[]
FinDiffType:[]
GoalsExactAchieve:[]
GradConstr:[]
GradObj:[]
HessFcn:[]
                Hessian:[]
HessMult:[]
HessPattern:[]
HessUpdate:[]
InitBarrierParam:[]
    InitTrustRegionRadius:[]
                Jacobian:[]
JacobMult:[]
JacobPattern:[]
              LargeScale:[]
MaxNodes:[]
MaxPCGIter:[]
MaxProjCGIter:[]
MaxSQPIter:[]
MaxTime:[]
MeritFunction:[]
MinAbsMax:[]
NoStopIfFlatInfeas:[]
ObjectiveLimit:[]
      PhaseOneTotalScaling:[]
Preconditioner:[]
PrecondBandWidth:[]
RelLineSrchBnd:[]
```

```
    RelLineSrchBndDuration: []
ScaleProblem: []
SubproblemAlgorithm: []
TolCon: []
TolConSQP: []
TolGradCon: []
TolPCG: []
TolProjCG: []
TolProjCGAbs: []
TypicalX: []
UseParallel: []
```

【例 5-4】optimset 使用举例 3。

```
>> options =optimset('fminbnd')
```

上面的语句返回 options 优化结构，其中包含所有的参数名和与 fminbnd 函数相关的默认值，结果如下。

```
options =

包含以下字段的 struct:

              Display: 'notify'
MaxFunEvals: 500
MaxIter: 500
TolFun: []
TolX: 1.0000e-004
FunValCheck: 'off'
…
```

省略部分同例 5-3。

【例 5-5】optimset 使用举例 4。

```
>>optimset fminbnd
或
>>optimset('fminbnd')
```

若只希望看到 fminbnd 函数的默认值，只需要简单地输入举例 4 中的语句之一就可以了。它们的输出结果同例 5-4。

5.4.3 optimget 函数

optimget 函数的功能是获得 options 优化参数，具体的调用格式如下。

1. 调用格式 1

val =optimget (options, 'name')

该格式的功能是返回优化参数 options 中指定的参数的值。只需要用参数开头的字母来定义参数就行了。

2. 调用格式 2

val =optimget (options, 'name', default)

该格式的功能是若 options 结构参数中没有定义指定参数，则返回默认值。注意，这种形式的函数主要用于其他优化函数。

设置参数 options 后就可以用上述调用形式完成指定任务了。

【例 5-6】 optimget 函数使用 1。

```
>> options=optimset('fminbnd')
>> val =optimget(options,'Display')
```

上面的命令行将显示优化参数 options 返回到 options 结构中，得到结果如下：

```
val =

'notify'
```

【例 5-7】 optimget 函数使用 2。

```
>>optnew = optimget(options,'Display','final')
```

上面的命令行返回显示优化参数 options 到 my_ options 结构中（就像前面的例子一样），但如果显示参数没有定义，则返回值 final。结果如下：

```
optnew =

'notify'
```

5.5 模型输入时需要注意的问题

使用优化工具箱时，由于优化函数要求目标函数和约束条件满足一定的格式，所以需要用户在进行模型输入时注意以下几个问题。

1. 目标函数最小化

优化函数 fminbnd、fminsearch、fminunc、fmincon、fgoalattain、fminmax 和 lsqnonlin 都要求目标函数最小化。如果优化问题要求目标函数最大化，可以通过使该目标函数的负值最小化，即 $-f(x)$ 最小化来实现。近似地，对于 quadprog 函数提供 $-H$ 和 $-f$，对于 linprog 函数提供 $-f$。

2. 约束非正

优化工具箱要求非线性不等式约束的形式为 $Ci(x)\leqslant 0$，通过对不等式取负可以达到使 >0 的约束形式变为 <0 的不等式约束形式的目的。例如，$Ci(x)\geqslant 0$ 形式的约束等价于 $-Ci(x)\leqslant 0$；$Ci(x)\geqslant b$ 形式的约束等价于 $-Ci(x)+b\leqslant 0$。

3. 避免使用全局变量

在 MATLAB 语言中，函数内部定义的变量除特殊声明外均为局部变量，即不加载到工作空间中。如果需要使用全局变量，则应当使用命令 global 定义，而且在任何时候使用该全局变量的函数中都应该加以定义。在命令行窗口中也不例外。当程序比较大时，难免会在无意中修改全局变量的值，因而导致错误。更糟糕的是，这样的错误很难查找。因此，在编程时应该尽量避免使用全局变量。

5.6 @函数

MATLAB 6.0 以后的版本中可以用@ 函数进行函数调用。@ 函数返回指定 MATLAB 函数的句柄，其调用格式为：

handle = @ function

这类似于 C++语言中的引用。

利用@ 函数进行函数调用有下面几点好处。

1）用句柄将一个函数传递给另一个函数。

2）减少定义函数的文件个数。

3）改进重复操作。

4）保证函数计算的可靠性。

【例 5-8】 利用句柄传递数据。

为 humps 函数创建一个函数句柄，并将它指定为 fhandle 变量。

```
>>fhandle = @ humps;
```

同样传递句柄给另一个函数，也将同时传递所有变量。本例将刚刚创建的函数句柄传递给 fminbnd 函数，然后在区间［0，1］上进行最小化。

```
>> x =fminbnd (@ humps, 0, 1)

x =

    0.6370
```

5.7 实例分析

优化工具箱（Optimization Toolbox）是对 MATLAB 数值计算环境扩展得一组函数，由于最优化问题在近些年来得到了广泛的应用，所以 MATLAB 工具箱函数也同时有了飞速的发展。

【例 5-9】 人员安排问题。

某公司新建办公大楼，需要将 Marcelo，Rakesh，Peter，Tom，Marjorie 和 Mary 六个人安排到 7 间办公室中，每间办公室只能安排一个人，并且每个人只能有一间办公室。这六个人可以提出自己的要求，公司将根据他们的资历来考虑他们的要求。另外，由于 Peter 和 Tom 经常需要一起工作，所以他们的办公室之间不能超过一间办公室。同样，Marcelo 和 Rakesh 也有同样的情况。

办公室 1、2、3、4 是没有窗户的办公室，办公室 5、6、7 有窗户，但是办公室 5 的窗户比其他两个办公室的窗户小。用下面的程序给出个办公室的位置：

```
>> text(0.1, .73, 'office1');
>> text(.35, .73, 'office2');
>> text(.60, .73, 'office3');
>> text(.82, .73, 'office4');
>> text(.35, .42, 'office5');
```

```
>> text(.60, .42,'office6');
>> text(.82, .42,'office7');
>> title('Office layout: window offices are in the bottom row');
>> axis off
>> set(gcf,'color','w');
```

得到办公室的位置图如图 5-1 所示。

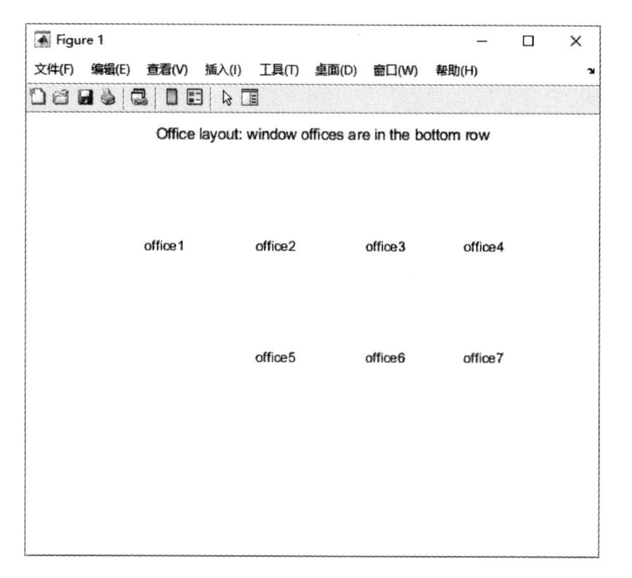

图 5-1　办公室位置图

设 x 为一个向量，有 42 个元素，将六个工作人员按如下顺序排列：Mary、Marjorie、Tom、Peter、Marcelo、Rakesh。x（1）~x（7）分别表示 Mary 被安排到办公室 1~7，x（8）~x（14）分别表示 Marjorie 被安排到办公室 1~7，依此类推。如果某个人被安排到某间办公室可设相应的变量为 1，否则为 0。

```
>> seniority = [9 10 5 3 1.5 2];                % 六个工作人员的工龄分别为 9,10,5,3,
1.5,2,用向量来表示
>> weightvector = seniority/sum(seniority);   % 他们的要求被领导考虑的权重可以用向
量 weightvector 来衡量
```

可以用一个矩阵来表示员工对办公室的偏好。其中，行对应于办公室，列对应于人。让每个人给出他对办公室的偏好，用数字来衡量，并且要求各数字的和为 100，数字越大说明越喜欢。这样，可以给出如下矩阵：

```
>> prefmatrix = [ 0  0  0  1  3 10 ;
                  0  0  0  3  4 10 ;
                  0  0  0  3  1 10 ;
                  0  0  0  3  2 10 ;
                  10 20 30 10 10 20 ;
                  40 40 40 40 40 20 ;
                  50 40 30 40 40 20 ];
```

综合考虑员工的资历和偏好得到下面的矩阵，为简单起见，用向量来考虑。

```
>> PM = prefmatrix * diag(weightvector);
>> c = PM(:);
```

由上面的过程不难给出目标函数：

```
max c'* x
```

或者等价的

```
min-c'* x
```

根据题目的要求，给出约束条件（直接用 MATLAB 语言表示），并且用图形来表示

1. 每个员工有一间办公室约束

```
>> numOffices = 7;
>> numPeople = 6;
>> numDim = numOffices * numPeople;
>> onesvector = ones(1,numOffices);
%Aeq 每行对应一个人
>> Aeq = blkdiag(onesvector,onesvector,onesvector,onesvector, ...
onesvector,onesvector);
>> beq = ones(numPeople,1);
%查看 Aeq 中非零元素的结构
>> figure;
>> spy(Aeq)
>> set(gcf,'color','w');
>> title('Equality constraints: each person gets exactly one office')
```

得到的图形如图 5-2 所示。

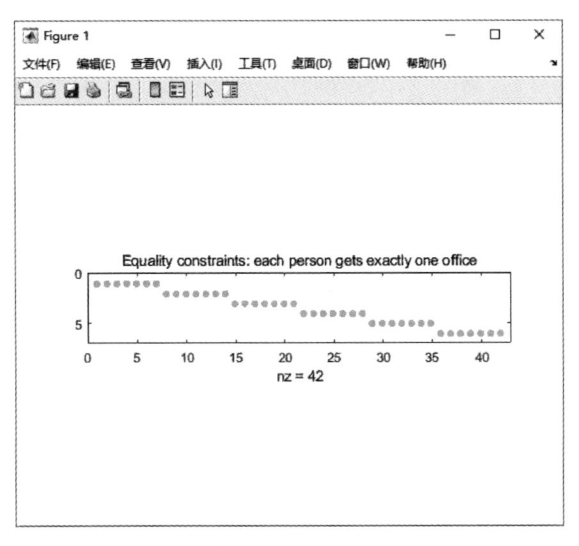

图 5-2 每个员工有一间办公室

2. 每个办公室至多只能有一个人约束

对于不等式约束有：

```
>> e = eye(1,numOffices);
>> A =repmat(e,numOffices,numPeople);
>> for i = 2:7
    A(i,:) =circshift(A(i-1,:),[0,1]);
end
>> b = ones(numOffices,1);
%显示 A 的结构，即线性不等式约束
>> figure;
>> spy(A)
>> set(gcf,'color','w');
>> title('Inequality constraints: no more than one person per office')
```

结果如图 5-3 所示。

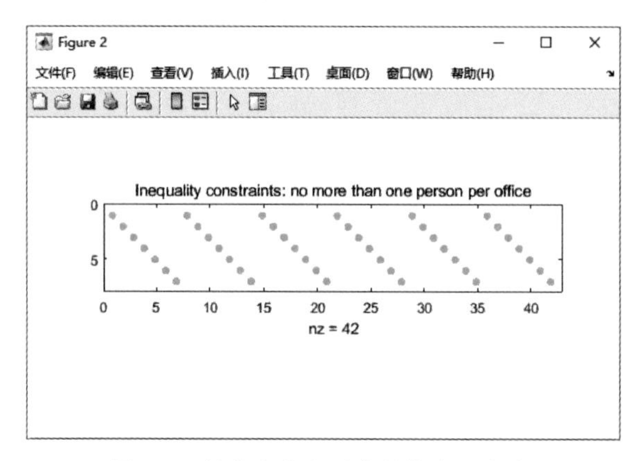

图 5-3 每个办公室至多只能有一个人

3. 特殊要求的约束

另外，由于 Peter 和 Tom 经常需要一起工作，所以他们的办公室之间不能有超过一间办公室。Marcelo 和 Rakesh 也有同样的情况。通过对具体情况的分析，有如下一系列的约束条件：

```
>> D = zeros(numOffices);
% 设置矩阵的右上角元素的值
>> D(1,2:end) = [1 2 3 2 3 4];
>> D(2,3:end) = [1 2 1 2 3];
>> D(3,4:end) = [1 2 1 2];
>> D(4,5:end) = [3 2 1];
>> D(5,6:end) = [1 2];
>> D(6,end)   = 1;
% 左半部分得值与右上角相同
>> D =triu(D)' + D;
% 找到不止一个人的办公室
>> [officeA,officeB] = find(D > 1);
>> numPairs = length(officeA)
```

运行得到：

```
numPairs =


   26
```

通过在 A 中添加足够行来添加约束，

```
>>numrows = 2* numPairs + numOffices;
>> A((numOffices+1):numrows, 1:numDim) = zeros(2* numPairs,numDim);
>> for i = 1:numPairs
    %  Tom is person 3 and Peter is person 4
    tom = 3;
    peter = 4;
tomInOfficeA = sub2ind([numOffices numPeople],officeA(i),tom);
peterInOfficeB = sub2ind([numOffices numPeople],officeB(i),peter);
    A(i+numOffices, [tomInOfficeA, peterInOfficeB]) = 1;

    % Repeat forMarcelo and Rakesh, adding more rows to A and b.
    %Marcelo is person 5 and Rakesh is person 6
marcelo = 5;
rakesh = 6;
marceloInOfficeA = sub2ind([numOffices numPeople],officeA(i),marcelo);
rakeshInOfficeB = sub2ind([numOffices numPeople],officeB(i),rakesh);
    A(i+numPairs+numOffices, [marceloInOfficeA, rakeshInOfficeB]) = 1;
end
>> b(numOffices+1:numOffices+2* numPairs) = ones(2* numPairs,1);
    % View the structure of the newly added constraints in A, that is,
    %  where there arenonzeros (ones)
>> figure;
>> spy( A((numOffices+1):numrows,:) )
>> set(gcf,'color','w');
>> title('Inequality constraints: Tom & Peter nearby;Marcelo & Rakesh nearby')
```

Peter 和 Tom，Marcelo 和 Rakesh 的要求如图 5-4 所示。

最后调用库函数求解问题：

```
% Let BINTPROG choose the start point.
>>x0 = [];
>>f = -c;
                              % Show the iterative output for each node displayed
in the branch and
                              % bound algorithm.
>>lb = zeros(size(f));
>>ub = lb + 1;
>>intcon = 1:length(f);       % 定义整数变量
>>[x,fval,exitflag,output] = intlinprog(f,intcon,A,b,Aeq,beq,lb,ub,x0);
```

从而得到问题的解：

```
LP:                Optimal objective value is-33.868852.

Cut Generation:     Applied 1Gomory cut.
                  Lower bound is-33.836066.
                  Relative gap is 0.00%.
```

```
Optimal solution found.

Intlinprog stopped at the root node because the
objective value is within a gap tolerance of the optimal value,
options.AbsoluteGapTolerance = 0 (the default value). The
intcon variables are integer within tolerance,
options.IntegerTolerance = 1e-05 (the default value).
```

计算求解质量，给出了求解过程的信息。

```
>>fval
fval =

  -33.8361

>>exitflag
exitflag =

    1

>>output =

包含以下字段的 struct:

relativegap: 0
absolutegap: 0
numfeaspoints: 1
numnodes: 0
constrviolation: 0
            message: 'Optimal solution found.Intlinprog stopped at the root node
because the objective value is within a gap tolerance of the optimal value, options.Ab-
soluteGapTolerance = 0 (the default value). The intcon variables are integer within
tolerance, options.IntegerTolerance = 1e-05 (the default value).'
```

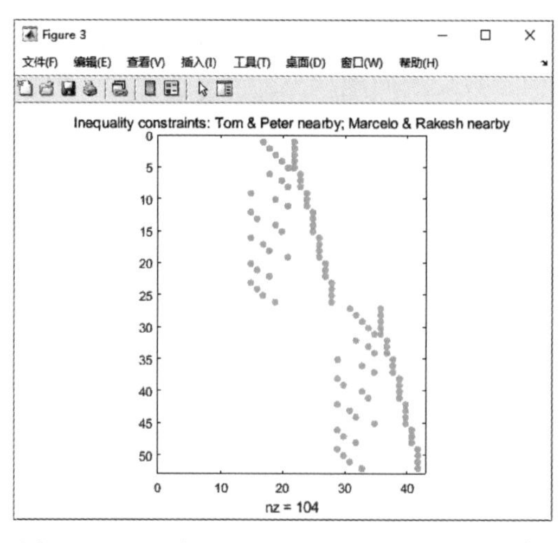

图 5-4　Peter 和 Tom，Marcelo 和 Rakesh 的要求

第 6 章　无约束优化问题

内容提要

本章介绍无约束最优化问题的 MATLAB 实现方法。首先从最简单的一维优化问题出发，然后介绍一般的无约束最优化问题，最后介绍一类特殊的最小二乘问题。

本章重点

- 一维优化问题
- 无约束非线性规划问题
- 最小二乘优化问题

无约束最优化问题（Unconstrained Optimizationproblem）是指从一个问题的所有可能的备选方案中，选择依某种指标来说是最优的解决方案。在有约束的问题求解过程中，大多数都是先确定一个方向，然后按照方向最小化来进行推进，这种线搜索的方式实际上就是无约束优化的问题。

6.1　一维优化问题

一般的优化问题，因受多种因素的影响与制约，目标函数一般都是多元函数，称为多维优化问题。求解多维优化问题，常常化为逐步地沿某一方向求单元函数的极值问题，也就是一维搜索问题，在这里称为一维优化问题。一维搜索方法的好坏直接影响优化算法的求解速度。

6.1.1 数学原理及模型

一维搜索的直接目的是寻求单变量函数的极小点，但是，在理论上，一维搜索主要是作为求多变量函数的极小点的手段而进行研究的。然而，在实际应用中，很多问题都需要直接使用一维搜索的方法，如工程中常见的参数反演问题。而且，应该指出，所选用的一维搜索方法是否得当，常常对于整个计算进程的影响极大。

1. 数学模型

一维优化问题的数学模型为：

$$\min f(x) \quad x_1 < x < x_2$$

其中的变量均为一维标量。

2. 算法介绍

对于一维优化问题来说，由于问题本身比较简单，所以可选择的方法也比较多。比较经典的方法有：进退法、Fibonacci 法（也称分数法）、黄金分割法（也称 0.618 法）、试位法以及各种插值法。一般来说，对于性态比较好、比较光滑的函数可以使用插值法，这样可以较快地逼近极小点；而对于性态比较差的函数，则可以使用黄金分割法。这也是 MATLAB 优化工具箱中的库函数使用的两种方法。

6.1.2 MATLAB 工具箱中的基本函数

在 MATLAB 中，一维优化问题，也就是一维搜索问题的实现是由函数 fminbnd 来进行的。应当注意：该函数所求得目标函数必须是连续的，并且只用于实数变量。同时该函数只能给出目标函数的局部最优解。对于问题的解位于区间边界上的情况，此函数收敛速度非常慢。具体的调用格式如下。

1. 调用格式 1

x = fminbnd (fun, x1, x2)

该格式的功能是返回在区间（$x1$，$x2$）中标量函数 fun 的最小值。

2. 调用格式 2

x = fminbnd (fun, x1, x2, options)

该格式的功能是用 options 参数指定的优化参数进行最小化。其中，options 可取值为：Display，TolX，MaxFunEval，PlotFcns 、MaxIter，FunValCheck 和 OutputFcn。options 参数各个取值的含义见表 6-1。

表 6-1 options 参数各个取值的含义

options 参数	含义		
Display	显示的水平	notify	默认值，仅在函数未收敛时显示输出
		off	不显示输出
		iter	显示每一步迭代输出
		final	显示最终结果
TolX	在点 x 处的终止容差		
PlotFcns	绘制执行算法过程中的各种测量值	@ optimplotx	绘制当前点
		@ optimplotfunccount	绘制函数计数
		@ optimplotfval	绘制函数值
MaxFunEval	函数评价的最大允许次数		
MaxIter	最大允许迭代次数		
FunValCheck	检查非法函数值		
OutputFcn	可加载输出函数名		

3. 调用格式 3

x = fminbnd (problem)

该格式的功能是用结构体 problem 定义参数，对这些参数指定的优化参数进行最小化。其中，problem 包含参数为目标函数 objective、左端点 $x1$、右端点 $x2$、求解器 solver（'fminbnd'）、优化参数 options。

4. 调用格式 4

[x, fval] = fminbnd (...)

该格式的功能是同时返回解 x 和在点 x 处的目标函数值。

5. 调用格式 5

[x, fval, exitflag] = fminbnd (...)

该格式的功能是返回同格式 4 的值，另外，返回 exitflag 值，描述极小化函数的退出条件。其中，exitflag 值和相应的含义见表 6-2。

表 6-2 exitflag 值和相应的含义

exitflag 值	含　义
1	函数收敛到目标函数最优解处
0	达到最大迭代次数或达到函数评价
-1	算法由输出函数终止
-2	下界大于上界

当 exitflag 为正时，x 是该问题的局部解。

6. 调用格式 6

[x, fval, exitflag, output] = fminbnd (...)

该格式的功能是返回同格式 5 的值，另外，返回包含 output 结构的输出。其中，output 包含的内容和相应含义见表 6-3。

表 6-3 output 包含的内容和相应含义

output 结构值	含　义
output. iterations	迭代次数
output. funccount	函数评价次数
output. algorithm	所用的算法

另外，FUN 可以使用函数句柄@ 。

【例 6-1】 fminbnd 用法演示。

在命令行窗口中输入：

```
>> X =fminbnd(@ cos,3,4)  % 计算余弦函数在[3,4]区间内的最小值
```

得到：

```
X =

    3.1416
```

更复杂一些的情况，计算并绘制余弦函数在［3，4］区间内的最小值，终止容差为 1e-12，不显示每次迭代输出结果。

在命令行窗口中输入：

```
>> option =optimset('TolX',1e-12,'Display','off', 'PlotFcns',@ optimplotfval);
                                                    % 设置优化参数,容差为 1e-12,不显
示迭代过程,绘制函数值
>> [x,fval,exitflag] = fminbnd(@ cos,3,4,option);% 根据优化参数的设置,计算余弦函数
在[3,4]区间内的最小值
```

得到：

```
x =

    3.1416


fval =
```

```
    -1


exitflag =

    1
```

得到结果如图 6-1 所示。

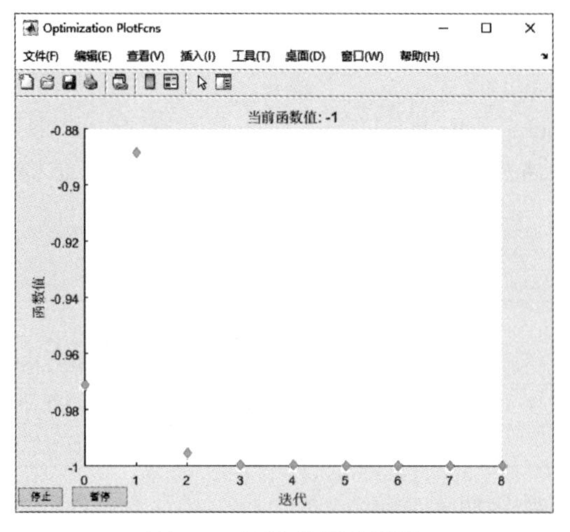

图 6-1　绘制求解过程图

[3, 4] 区间内，余弦函数在 x =3.1416 时有最小值，fval =-1。

另外，通过使用特殊的格式，还可以优化带参数的问题。

【例 6-2】带参数优化问题。

编辑如下 M 文件。

```
function f=myfun(x,a)
%该函数是为了演示最小化目标
%在其第二个参数中给出参数化函数 a
  f = (x - a)^2;
```

在命令行窗口中输入：

```
>> a = 1.5;
%定义参数
>> x =fminbnd(@ (x) myfun(x,a),0,1)
% 计算 0~1 函数的最小值
```

得到：

```
x =
    0.9999
```

注意：

fun 参数可以是一个包含函数名的字符串，对应的函数可以是 M 文件、内部函数或者 mex 文件。

6.1.3 应用实例分析

关于一维优化理论和应用方面的学术交流活动日益频繁，它可以解决中学数学中经常碰到的问题，在实际中也有很广泛的应用。

【例 6-3】 容积最大化问题。

对边长为 5m 的正方形钢板，在四个角处剪去相等的正方形以制成方形无盖的容器，问使用什么样的裁剪方法使得容器的容积最大？

假设剪去的正方形的边长为 x，则容器的容积计算公式为：

$$f(x)=(5-2x)^2x$$

根据要求，要在区间［0，1.5］中确定上述函数的最大值。在 MATLAB 工具箱中函数的调用格式要求求极小值，所以，这里需要将最大化问题转化为最小化问题，也就是求函数

$$f(x)=-(5-2x)^2x$$

的极小值。

首先，编制目标函数的函数文件。

```
function f=volf(x)
%此文件的目的是提供目标函数
%这是计算体积的函数
f=-(5-2* x).^2* x;
```

然后，调用 fminbnd 函数求解：

```
>> option =optimset('Display','iter');  % 显示迭代过程
>> [x,fval,exitflag,output] = fminbnd(@ volf,0,1.5, option)
                                        % 计算体积最小值
                                        % 显示每一步迭代输出
Func-count     x          f(x)        Procedure
    1      0.572949    -8.51064        initial
    2      0.927051    -9.17472        golden
    3        1.1459    -8.40444        golden
    4      0.849581    -9.25664        parabolic
    5      0.838448      -9.259        parabolic
    6      0.832896    -9.25926        parabolic
    7      0.833318    -9.25926        parabolic
    8      0.833352    -9.25926        parabolic
    9      0.833285    -9.25926        parabolic

优化已终止:
当前的 x 满足使用 1.000000e-04 的 OPTIONS.TolX 的终止条件


x =

    0.8333


fval =
```

```
  -9.2593


exitflag =

     1


output =

包含以下字段的 struct:

    iterations: 8
funcCount: 9
    algorithm:'golden section search, parabolic interpolation'
    message:'优化已终止:↵ 当前的 x 满足使用 1.000000e-04 的 OPTIONS.TolX 的终止条件↵'
```

由输出结果可知，经过 8 次迭代之后，函数达到最小值。从而，容积达到最大值。在 $x=0.8333$m 时，容积达到 9.2593m^3。

6.2 无约束非线性规划问题

无约束最优化是一个十分古老的课题，至少可以追溯到 Newton 发明微积分的时代。无约束优化问题在实际应用中也非常常见。另外，许多约束优化问题也可以转化成无约束优化问题求解，所以，无约束优化问题还是十分重要的。

6.2.1 数学原理及模型

1. 数学模型

设 $f(x)$ 是一个定义在 n 维欧式空间上的函数，把寻找 $f(x)$ 的极小点的问题称为一个无约束最优化问题。该问题可以用下列形式表示：

$$\min f(x),\ x=(x_1,\ x_2,\ \cdots,\ x_n)^{\mathrm{T}} \in R^n$$

其中，$f(x)$ 称为目标函数。

由于简单的无约束线性问题非常容易，这里提到的无约束最优化问题是指无约束非线性规划问题。

2. 算法介绍

早在 1847 年，Cauchy 就提出了最速下降法，也许这就是最早的求解无约束最优化问题的方法。对于变量不多的某些问题，该方法是可行的，但是对于变量较多的一般问题就常常不适用了。然而，在以后的很长一段时间里，这一古老的课题一直没有取得实质性的进展。近些年来，由于电子计算机的应用和实际需要的增长，这个古老的课题获得了新生。人们除了使用最速下降法之外，还使用并发展了 Newton 法，同时也出现了一些从直观几何图像导出的搜索方法。由 Daviden 发明的变尺度法（通常也称为拟 Newton 法），是无约束最优化计算方法中最杰出、最富有创造性的工作。最近出现的信赖域方法，在许多实际问题中也有非常好的表现。另外，还有 Powell 直接方法和共轭梯度法也都在无约束最优化计算方法中占有十分重要的地位。

直接搜索法适用于目标函数高度非线性，没有导数或导数很难计算的情况。由于实际工程中很多问题都是非线性的，直接搜索法不失为一种有效的解决办法。常用的直接搜索法为单纯形法，其缺点是收敛速度慢。

在函数的导数可求的情况下，梯度法是一种更优的方法。该法利用函数的梯度（一阶导数）和黑塞矩阵（二阶导数）构造算法，可以获得更快的收敛速度。函数$f(x)$的负梯度方向$-\nabla f(x)$即反映了函数的最大下降方向。当搜索方向取为负梯度方向时称为最速下降法。当需要最小化的函数有一狭长的谷形值域时，该法的效率很低。

常见的梯度法有最速下降法、Newton 法、Marquart 法、共轭梯度法和拟牛顿法（Quasi-Newton method）等。在所有这些方法中，用得最多的是拟牛顿法。拟牛顿法包括两个阶段，即确定搜索方向和一维搜索阶段。

3. 黑塞矩阵的修正

牛顿法由于需要多次计算黑塞矩阵，计算量很大，而拟牛顿法则通过构建一个黑塞矩阵的近似矩阵可避开此问题。

在优化工具箱中，通过将 options 参数 HessUpdate 设置为 BFGS 或 DFP 来决定搜索方向。当黑塞矩阵 H 始终保持正定时，搜索方向就总是保持为下降方向。

黑塞矩阵的修正方法很多，对于求解一般问题，Broyden，Fletcher，Goldfarb 和 Shanno 的方法（简称 BFGS 法）是最有效的。作为初值，$H0$ 可以设为任意对称正定矩阵。另一个有名的构造近似黑塞矩阵的方法是 DFP（Davidon-Fletcher-Powell）法。

4. 一维搜索

工具箱中有两套方案进行一维搜索。当梯度值可以直接得到时，用三次插值的方法进行一维搜索，当梯度值不能直接得到时，采用二次、三次混合插值法。

MATLAB 库函数中使用的方法为拟牛顿法（quasi-newton）和信赖域（trust-region）方法。

（1）大型优化算法　若用户在 fun 函数中提供了梯度信息，则默认时函数将选择大型优化算法，该算法是基于内部映射牛顿法的子空间置信域法。计算中的每一次迭代都涉及用 PCG 法求解大型线性系统得到的近似解。

（2）中型优化算法　此时 fminunc 函数的参数 options. LargeScale 设置为 off。该算法采用的是基于二次和三次混合插值一维搜索法的 BFGS 拟牛顿法。该法通过 BFGS 公式来修正黑塞矩阵。通过将 HessUpdate 参数设置为 dfp，可以用 DFP 公式来求得黑塞矩阵逆的近似。通过将 HessUpdate 参数设置为 steepdesc，可以用最速下降法来更新黑塞矩阵。但一般不建议使用最速下降法。

默认时的一维搜索算法，当 options. LineSearchType 设置为 quadcubic 时，将采用二次和三次混合插值法。将 options. LineSearchType 设置为 cubicpoly 时，将采用三次插值法。第二种方法需要的目标函数计算次数更少，但梯度的计算次数更多。这样，如果提供了梯度信息，或者能较容易地算得，则三次插值法是更佳的选择。

6.2.2 MATLAB 工具箱中的基本函数

在 MATLAB 优化工具箱函数中，用 fminunc 和 fminsearch 两个函数来求解上述问题。

1. fminunc

具体调用格式介绍如下。

（1）调用格式 1

x = fminunc（fun，x0）

该格式的功能是给定起始点 $x0$，求函数 fun 的局部极小点 x。其中，x0 可以是一个标量、向量或者矩阵。

（2）调用格式 2

X=fminunc（fun，x0，options)

该格式的功能是用 options 参数指定的优化参数进行最小化。其中，options 可取值为：Algorithm、CheckGradients、Diagnostics、DiffMaxChange、DiffMinChange、DisplayFiniteDifferencestepsiz、FiniteDifferenceType、FunValCheck、MaxFunctionEvaluations、MaxIterations、OptimalityTolerance、OutputFcn、PlotFcn、SpecifyobjectiveGradient、StepTolerance 和 Typicalx。

（3）调用格式 3

x =fminunc(problem)

该格式的功能是用结构体 problem 定义参数，对这些参数指定的优化参数进行最小化。其中，problem 包含参数为：目标函数 objective、初始点 x、求解器 solver（'fminunc'）和优化参数 options。

（4）调用格式 4

[x，fval] =fminunc（fun，x0，...)

该格式的功能是同时返回解 x 和在点 x 处的目标函数值。

（5）调用格式 5

[x，fval，exitflag] =fminunc（fun，x0，...)

这种格式的功能是返回同格式 4 的值，另外，返回 exitflag 值，描述极小化函数的退出条件。其中，exitflag 值和相应的含义见表 6-4。

表 6-4 exitflag 值和相应的含义

exitflag 值	含　义
1	函数收敛到目标函数最优解处
2	x 的变化小于规定的允许范围
3	目标函数值的变化小于规定的允许范围
0	达到最大迭代次数或达到函数评价
-1	算法由输出函数终止
-2	线搜索在当前方向找不到可接受的点

（6）调用格式 6

[x，fval，exitflag，output] =fminunc（fun，x0，...)

该格式的功能是返回同格式 5 的值，另外，返回包含 output 结构的输出。其中，output 包含的内容和相应含义见表 6-5。

（7）调用格式 7

[x，fval，exitflag，output，grad] =fminunc（...)

该格式的功能是返回函数 fun 在点 x 处的梯度。

表 6-5 output 包含的内容和相应含义

output 结构值	含　义
output. iterations	迭代次数
output. funccount,	函数评价次数

（续）

output 结构值	含　义
output. algorithm	所用的算法
output. cgiterations	共轭梯度法的使用次数
output. firstorderopt	一阶最优性条件
output. lssteplength	相对于搜索方向的线搜索步的步长（仅适用于 quasi-newton 算法）
output. stepsize	x 中的最终位移
output. message	跳出信息

（8）调用格式 8

[x, fval, exitflag, output, grad, hessian] =fminunc (...)

该格式的功能是返回函数 fun 在点 x 处的黑塞矩阵。

【例 6-4】利用 MATLAB 优化工具箱中的函数求函数 $F=\sin(x)+3$ 的最小值点。

首先，在 MATLAB 的 M 编辑器中建立函数文件用来保存所要求解最小值的函数。

```
function F =demfun(x)
% 这是一个演示函数
        F = sin(x) + 3;
```

然后，在命令行窗口中输入：

```
>> X =fminunc(@ demfun,2)
```

得到：

```
Local minimum found.

Optimization completed because the size of the gradient is less than
the value of the optimality tolerance.

<stopping criteria details>

X =

    4.7124
```

为了在给定的梯度下极小化函数，需要在保存的目标函数文件中加入梯度函数，使该函数有两个输出：

```
function [f,g]=demfun0(x)                              %这是一个演示函数
      f = sin(x) + 3;
      g = cos(x);
```

然后，在命令行窗口中输入：

```
>> options =optimset('GradObj','on');   %在函数中定义梯度
>> x =fminunc('demfun0',4,options)      %采用用户定义的目标函数梯度
Local minimum found.
```

```
Optimization completed because the size of the gradient is less than
the value of the optimality tolerance.

<stopping criteria details>

x =

    4.7124
```

得到最优解。

函数 fun 还可以是一个匿名函数，也就是说，不给函数命名

【例 6-5】求函数 $y=5x_1^2+x_2^2$ 的极小点。

在命令行窗口中输入：

```
>> x =fminunc(@ (x) 5* x(1)^2 + x(2)^2,[5;1])
```

得到：

```
Local minimum found.

Optimization completed because the size of the gradient is less than
the value of the optimality tolerance.

<stopping criteria details>

x =

  1.0e-06 *

  -0.7898
  -0.0702
```

另外，若函数 fun 带有参数，可以用下面的步骤来执行。

【例 6-6】求函数 $f=ax_1^2+2x_1x_3+x_2^2$ 的极小点。其中，a 为参数。

首先，在 MATLAB 的 M 编辑器中建立函数文件用来保存所要求解最小值的函数和相应的梯度函数。

```
function [f,g] =demfun00(x,a)                                   %这是一个演示函数

    f = a* x(1)^2 + 2* x(1)* x(2) + x(2)^2;                     %函数
    g = [2* a* x(1) + 2* x(2)                                   %梯度
          2* x(1) + 2* x(2)];
```

由于 a 为参数，首先要给 a 赋值，然后传递给目标函数，最后调用函数 fminunc 求解上述问题。

在命令行窗口中输入：

```
>> a = 3;
>> options =optimset('GradObj','on');  % 使用梯度函数
>> x =fminunc(@ (x) demfun00(x,a),[1;1],options)
```

得到：

```
Local minimum found.

Optimization completed because the size of the gradient is less than
the value of the optimality tolerance.

<stopping criteria details>

x =

  1.0e-06 *

    0.2690
  -0.2253
```

也就是得到了含参数函数的极小点。

(9) fminunc 函数的局限性

1) 目标函数必须是连续的。fminunc 函数有时会给出局部最优解。

2) fminunc 函数只对实数进行优化，即 x 必须为实数，而且 $f(x)$ 必须返回实数。当 x 为复数时，必须将它分解为实数部和虚数部。

3) 在使用大型算法时，用户必须在 fun 函数中提供梯度（options 参数中 GradObj 属性必须设置为 on）。

4) 目前，若在 fun 函数中提供了解析梯度，则 options 参数 DerivativeCheck 不能用于大型算法以比较解析梯度和有限差分梯度。可通过将 options 参数的 MaxIter 属性设置为 0 来用中型方法核对导数，然后重新用大型方法求解问题。

2. fminsearch

fminsearch 使用 Nelder-Mead 单纯形方法，一种直接搜索的方法。

(1) 调用格式 1

x =fminsearch (fun, x0)

该格式的功能是给定起始点 $x0$，求函数 fun 的局部极小点 x。其中，$x0$ 可以是一个标量、向量或者矩阵。

(2) 调用格式 2

x =fminsearch (fun, x0, options)

该格式的功能是用 options 参数指定的优化参数进行最小化，具体细节可参看 optimset。其中，options 可取值为：Display，Tolx，，TolTun，Maxfunevals，，MaxIter，Funvalcheck，，PlotFcns 和 OutputFcn。

(3) 调用格式 3

x = fminsearch (problem)

该格式的功能是用结构体 problem 定义参数，对这些参数指定的优化参数进行最小化。其中，problem 包含参数为：目标函数 objective、初始点 x、求解器 solver ('fminunc')、优化参数 options。

(4) 调用格式 4

[x, fval] =fminsearch (...)

该格式的功能是同时返回解 x 和在点 x 处的目标函数值 fval。

（5）调用格式 5

[x，fval，exitflag] = fminsearch（...）

该格式的功能是返回同该格式 4 的值，另外，返回 exitflag 值，描述极小化函数 fminsearch. 的退出条件。其中，exitflag 值和相应的含义见表 6-6。

表 6-6 exitflag 值和相应的含义

exitflag 值	含　义
1	函数收敛到目标函数最优解处
0	达到最大迭代次数或达到函数评价
-1	算法由输出函数终止

（6）调用格式 6

[x，fval，exitflag，output] = fminsearch（...）

该格式的功能是返回同格式 5 的值，另外，返回包含 output 结构的输出。其中，output 包含的内容有：output. iterations，output. funccount，output. algorithm，output. message。它们的具体含义，可参见表 6-5。

【例 6-7】求正弦函数在 3 附近的极小点。

为了简单起见，可以利用类似 C++语言中的引用格式。

在命令行窗口中直接输入：

```
>> X =fminsearch(@ sin,3)
```

得到：

```
X =


4.7124
```

也就是说在 $x=4.7124$ 时，正弦函数取得最小值。

对于带有参数的目标函数，可以使用类似函数 fminunc 的处理方式。

（7）fminsearch 函数的局限性

1）应用 fminsearch 函数可能会得到局部最优解。

2）fminsearch 函数只对实数进行最小化，即 x 必须由实数组成，$f(x)$ 函数必须返回实数。如果 x 是复数，必须将它分为实数部和虚数部两部分。

6.2.3 应用实例分析

在 MATLAB 优化工具箱函数中，fminunc、fminsearch 函数用来求解无约束非线性规划问题。

【例 6-8】利用 MATLAB 优化工具箱中的函数求函数 $y=2x_1^3+4x_1x_2^3-10x_1x_2+x_2^2$ 的最小值点。

这里，利用函数 fminsearch 来求解此问题。但是有多种使用方法。

（1）方法一　直接在 MATLAB 命令行窗口中输入：

```
>> [x,fval,exitflag,output] =fminsearch('2* x(1)^3+4* x(1)* x(2)^3-10* x(1)* x
(2)+x(2)^2',  [0,0])
```

得到：

```
x =

    1.0016    0.8335


fval =

  -3.3241


exitflag =

    1


output =

包含以下字段的 struct:

    iterations: 69
funcCount: 129
    algorithm: 'Nelder-Mead simplex direct search'
      message: '优化已终止:↵当前的 x 满足使用 1.000000e-04 的 OPTIONS.TolX 的终止条件,↵
F(X) 满足使用 1.000000e-04 的 OPTIONS.TolFun 的收敛条件↵'
```

由给出的信息可见，经过 69 次迭代之后在点（1.0016，0.8335）处，目标函数达到最小值-3.3241。

（2）方法二　首先，在 MATLAB 的 M 编辑器中建立函数文件用来保存所要求解最小值的函数。

```
function f=demfun1(x)
%这是一个演示函数
f=2*x(1)^3+4*x(1)*x(2)^3-10*x(1)*x(2)+x(2)^2;
```

保存为 demfun1.m。

然后，在命令行窗口中调用该函数，这里有两种调用方式。

1）调用方式一。在命令行窗口中输入：

```
>>[x,fval,exitflag,output]=fminsearch('demfun1', [0,0])
```

这种格式得到的结果为：

```
x =

    1.0016    0.8335


fval =
```

```
  -3.3241

exitflag =

    1

output =
包含以下字段的 struct:

    iterations: 69
funcCount: 129
    algorithm: 'Nelder-Mead simplex direct search'
    message: '优化已终止:↵ 当前的 x 满足使用 1.000000e-04 的 OPTIONS.TolX 的终止条件,↵F
(X) 满足使用 1.000000e-04 的 OPTIONS.TolFun 的收敛条件↵'
```

2）调用方式二。在命令行窗口中输入：

```
>> [x,fval,exitflag,output] = fminsearch(@ demfun1,  [0,0])
```

这种格式得到的结果为：

```
x =

    1.0016    0.8335

fval =

  -3.3241

exitflag =
    1

output =

包含以下字段的 struct:

    iterations: 69
funcCount: 129
    algorithm: 'Nelder-Mead simplex direct search'
```

```
        message: '优化已终止:↲当前的 x 满足使用 1.000000e-04 的 OPTIONS.TolX 的终止条件,↲
F(X) 满足使用 1.000000e-04 的 OPTIONS.TolFun 的收敛条件↲'
```

由上面的结果可知，不管使用什么样的调用方式，只要使用的函数和选取的算法一样，所得的结果是相同的。

【例 6-9】利用 MATLAB 优化工具箱中的函数求函数 $f(x)=3x_1^2+2x_1x_2+x_2^2$ 的最小值。

下面通过这个例子，简单说明 6.2.2 节中所述两个函数的区别。

(1) 利用函数 fminunc 来求解此问题　为方便起见，这里用最简单的调用方式。在命令窗口中输入：

```
>> fun='3* x(1)^2+2* x(1)* x(2)+x(2)^2';
>> x0=[1 1];
>> [x,fval,exitflag,output,grad,hessian]=fminunc(fun,x0)
```

得到：

```
Computing finite-difference Hessian using objective function.

Local minimum found.

Optimization completed because the size of the gradient is less than
the value of the optimality tolerance.

<stopping criteria details>

x =

  1.0e-006 *

    0.2541   -0.2029


fval =

  1.3173e-013
exitflag =

    1


output =

包含以下字段的 struct:

        iterations: 8
funcCount: 27
```

```
        stepsize: 3.9161e-05
    lssteplength: 1
    firstorderopt: 1.1633e-06
        algorithm: 'quasi-newton'
         message: '↵Local minimum found.↵↵Optimization completed because the size
of the gradient is less than↵the value of the optimality tolerance.↵↵<stopping crite-
ria details>↵↵Optimization completed: The first-order optimality measure, 1.292597e
-07, is less↵than options.OptimalityTolerance = 1.000000e-06.↵↵'

grad =

  1.0e-005 *

    0.1163
    0.0087


hessian =

    6.0000    2.0000
2.0000    2.0000
```

也就是说，函数经过 8 次迭代，得到目标函数的极小点和极小值。

注意：

由于使用的是线搜索方法，在调用格式中有梯度和黑塞矩阵的要求，所以，调用一开始给出了警告信息。但这并不会影响程序的执行，对结果也没有影响。如果在调用格式中给梯度和黑塞矩阵赋值就不会出现。

（2）利用函数 fminsearch 来求解此问题　在命令行窗口中输入：

```
>> [x,fval,exitflag,output]=fminsearch(fun,x0)
x =
  1.0e-004 *

  -0.0675    0.1715


fval =

  1.9920e-010


exitflag =

    1
```

```
output =
output =
包含以下字段的 struct:

    iterations: 46
funcCount: 89
    algorithm: 'Nelder-Mead simplex direct search'
      message: '优化已终止:↵当前的 x 满足使用 1.000000e-04 的 OPTIONS.TolX 的终止条件,↵
F(X) 满足使用 1.000000e-04 的 OPTIONS.TolFun 的收敛条件↵'
```

由上面的信息，经过 46 次迭代，得到最优解。

比较两个结果不难发现，当函数的阶数>2 时，使用 fminunc 比 fminsearch 更有效，而且更精确。事实证明，当所选函数高度不连续时，使用 fminsearch 效果较好。这里不再举例说明。

6.3 最小二乘优化问题

在实际遇到的目标函数中，有时具有某些特殊的形式，其中常见的一种是由若干个函数的平方和组成的目标函数，也就是最小二乘问题。

6.3.1 数学原理及模型

1. 数学模型

最小二乘问题的一般形式为：

$$\min_{x \in \mathrm{R}^n} f(x) = \frac{1}{2} r(x)^{\mathrm{T}} r(x)$$

如果 $r(x)$ 是 x 的非线性函数，则称为非线性最小二乘问题；如果 $r(x)$ 是 x 的线性函数，则问题是线性最小二乘问题。

非线性最小二乘问题既可以看作无约束极小化的特殊情形，又可以看作为解如下方程组：

$$r_i(x) = 0, \ i = 1, \ \dots, \ m$$

上述函数被称为残量函数。

非线性最小二乘问题在数据拟合，参数估计和函数逼近等方面有着广泛应用。例如，要拟合数据：

$$(t_i, \ y_i), \ i = 1, \ \dots, \ m,$$

拟合函数为：

$$\varphi(t, \ x)$$

这是 x 的非线性函数。要求选择 x 使得拟合函数在残差平方和意义上尽可能好地拟合数据，其中残量为：

$$r_i(x) = \varphi(t_i, \ x) - y_i, \ i = 1, \ \dots, \ m,$$

这样就得到非线性最小二乘问题。

2. 算法介绍

Gauss-Newton 法是一个古老的处理非线性最小二乘问题的方法。在此基础上，Levenberg 于 1944 年提出了一个新方法，但是在当时并未受到人们的重视，后来 Marquardt 又重新提出，并进行了理论上的探讨，得到了 Levenberg-Marquardt 方法。后来 Fletcher 又对其实现策略进行了改进，才成为行之有效的 LMF 算法。另外还有很多不同的实现策略，这里不再一一介绍。

在 MATLAB 优化工具箱函数中，在 OPTIONS. LargeScale = ' off ' 时，默认算法为 Levenberg-Marquardt 算法，当 OPTIONS. LargeScale = ' off ' 和 OPTIONS. LevenbergMarquardt = ' off ' 时，使用 Gauss-Newton 算法。

6.3.2 MATLAB 工具箱中的函数介绍

在 MATLAB 优化工具箱函数中，用函数 lsqnonlin 来求解非线性最小二乘问题。具体调用格式介绍如下。

1. 调用格式 1

x = lsqnonlin (fun, x0)

该格式的功能是给定起始点 $x0$，求函数 fun 的最小平方和。fun 返回一个数值向量或矩阵，但不是值的平方和。

注意：

fun 返回的是 fun (x) 不是 sum (fun (x) .^2)。

2. 调用格式 2

x = lsqnonlin (fun, x0, lb, ub)

该格式的功能是定义变量所在集合的上下界，如果没有上下界则用空矩阵代替。若无下界约束，令 $lb\ (i)$ = -Inf，同样，无上界约束，令 $ub\ (i)$ = inf。

3. 调用格式 3

x = lsqnonlin (fun, x0, lb, ub, options)

该格式的功能是用 options 参数指定的优化参数进行最小化。其中，options 可取值为：Algorithm、CheckGradients、Diagnostics、Display，OutputFcn、PlotFcn、FiniteDifferencestepsize、FiniteDifferenceType、FunctionTolerance、MaxFunctionEvaluations、TolX，TolFun，DerivativeCheck，Diagnostics，FunValCheck，Jacobian，JacobMult，JacobPattern，LineSearchType，LevenbergMarquardt，MaxFunEvals，MaxIter，DiffMinChange 以及 DiffMaxChange，LargeScale，MaxPCGIter，PrecondBandWidth，TolPCG，TypicalX 等。

4. 调用格式 4

x = lsqnonlin (problem)

该格式的功能是用结构体 problem 定义参数，对这些参数指定的优化参数进行最小化。其中，problem 包含参数为：目标函数 objective、左端点 $x1$、右端点 $x2$、求解器 solver (' fminbnd ')、优化参数 options。

5. 调用格式 5

[x, resnorm] = lsqnonlin (. . .)

该格式的功能是返回解 x 处残差的平方范数：sum (fun (x) .^2)。

6. 调用格式 6

[x, resnorm, residual, exitflag] = lsqnonlin (. . .)

该格式的功能是返回解 x 处残差值：residual = fun (x)。另外，返回 exitflag 值，描述极小化函数的退出条件；返回包含 output 结构的输出，其中，output 包含的内容及含义见表 6-5，exitflag 值和相应的含义见表 6-7。

表 6-7 exitflag 值和相应的含义

exitflag 值	含 义
1	函数收敛到目标函数最优解处
2	X 的变化小于规定的允许范围
3	残差的变化小于规定的允许范围
4	重要搜索方向小于规定的允许范围
0	达到最大迭代次数或达到函数评价
-1	算法由输出函数终止
-2	下界大于上界
-4	在当前搜索方向上线搜索不能充分减少残差

7. 调用格式 7

[x, resnorm, residual, exitflag, output, lambda, jacobian] =lsqnonlin (fun, x0, ...)

该格式的功能是返回 lambda 在解 x 处的结构参数，下界对应为：lambda. lower；上界对应为：lambda. upper。返回解 x 处的 fun 的雅可比矩阵。

函数 fun 的调用方式有多种，可以是函数文件。

【例 6-10】求函数 $f=\sin(x)$ 的最小二乘问题。

(1) 方法一 函数文件格式。

在 MATLAB 文件编辑器中，编辑如下内容。

```
function f=demfun01(x)
%这是一个演示函数
f=sin(x);
```

命令行窗口的调用可以有以下两种形式：

```
>> x =lsqnonlin(@ demfun01,[2 3 4])
>> x =lsqnonlin('demfun01',[2 3 4])
```

得到同样的结果：

```
Local minimum found.

Optimization completed because the size of the gradient is less than
the value of the optimality tolerance.

<stopping criteria details>

x =

    3.1416    3.1416    3.1416
```

(2) 方法二 匿名函数格式。类似于其他 MATLAB 工具箱函数的调用格式，函数 fun 也可以是匿名函数，也就是说，不给函数命名。

直接在命令行窗口中输入：

```
>> x =lsqnonlin(@ (x) sin(x),[2  3 4])
```

得到同方法一调用格式的结果。

对于带有参数的函数 fun，可以用下面的步骤来执行：

【例 6-11】求解函数 $F=\begin{cases}2x_1-e^{ax_1}\\-x_1-e^{ax_2}\\x_1-x_2\end{cases}$ 的最小二乘问题。

首先，建立函数文件。

```
function F =demfun02(x,a)
%这是一个演示函数
F = [ 2* x(1) - exp(a* x(1))
       -x(1) - exp(a* x(2))
       x(1) - x(2) ];
```

为了求解在特定参数 a 下的最小二乘问题，需要给 a 赋值，然后再将 a 的值传递给带参数的函数，最后，调用 MATLAB 工具箱函数，求解最小二乘问题。该过程需要在命令行窗口中输入以下内容。

```
>>  a = -1; %首先定义参数
>> [x,resnorm,residual,exitflag,output,lambda,jacobian]=lsqnonlin(@ (x) dem-
fun02(x,a),[1;1])
```

运行后，得到下面结果：

```
Local minimum possible.

lsqnonlin stopped because the final change in the sum of squares relative to
its initial value is less than the value of the function tolerance.

<stopping criteria details>

x =

    0.2983
    0.6960


resnorm =

    0.8143


residual =

  -0.1456
```

```
   -0.7969
   -0.3977


 exitflag =

     3


 output =

 包含以下字段的 struct:

 firstorderopt: 3.7949e-04
       iterations: 8
 funcCount: 27
 cgiterations: 0
         algorithm: 'trust-region-reflective'
         stepsize: 9.6744e-04
           message: '↵Local minimum possible.↵↵lsqnonlin stopped because the final
change in the sum of squares relative to ↵its initial value is less than the value of
the function tolerance.↵↵<stopping criteria details>↵↵Optimization stopped because
the relative sum of squares (r) is changing↵by less than options.FunctionTolerance =
1.000000e-06.↵↵'


 lambda =

 包含以下字段的 struct:
     lower: [2×1 double]
     upper: [2×1 double]


 jacobian =

   (1,1)       2.7421
   (2,1)      -1.0000
   (3,1)       1.0000
   (2,2)       0.4986
   (3,2)      -1.0000
```

各参数的具体分析参见工具箱函数的介绍。

6.3.3 应用实例分析

在科学实验的统计方法研究中，往往要从一组实验数据中寻找自变量和因变量之间的函数关系。由于观测数据往往不准确，因此不要求函数经过所有的观测点，而只要求在给定点上的误差按某种标准最小。

【例 6-12】求 x，使下式最小化：

$$\sum_{i=1}^{10} 1 + k - 2e^{kx_1} - 2e^{kx_2}$$

由于 MATLAB 优化工具箱中函数 lsqnonlin 提供的平方和不是显式表达的，所以传递给函数 lsqnonlin 的函数应该是向量值函数，也就是说，函数 fun 的返回值是一个向量。故上面问题应该使用如下形式：

$$F_k(x) = 1 + k - 2e^{kx_1} - 2e^{kx_2}$$

k=1，2，…，10。也就是说 F 为向量。

首先，编制函数文件计算向量函数 F。

```
function F=funlsq(x)
%这是一个目标函数文件
k=1:10;
F=1+k-2* exp(k* x(1))-2* exp(k* x(2));
```

给函数赋初值：

```
>> x0=[0.5;0.5];
```

调用优化函数求解：

```
>> [x,resnorm,residual,exitflag,output,lambda,jacobian]=lsqnonlin(@ funlsq,x0)

Local minimum found.

Optimization completed because the size of the gradient is less than
the value of the optimality tolerance.

<stopping criteria details>
x =

    0.1809
  -20.5693


resnorm =

    6.1004


residual =
```

```
列 1 至 6

  -0.3965    0.1284    0.5592    0.8771    1.0598    1.0804

列 7 至 10

    0.9069    0.5008   -0.1840   -1.2029


exitflag =

    1


output =

包含以下字段的 struct:

firstorderopt: 4.6734e-08
      iterations: 59
funcCount: 180
cgiterations: 0
        algorithm: 'trust-region-reflective'
        stepsize: 2.5000
          message: '↵Local minimum found.↵↵Optimization completed because the size
of the gradient is less than↵the value of the optimality tolerance.↵↵<stopping crite-
ria details>↵↵Optimization completed: The first-order optimality measure, 4.673373e-
08,↵is less than options.OptimalityTolerance = 1.000000e-06.↵↵'


lambda =
包含以下字段的 struct:

    lower: [2×1 double]
    upper: [2×1 double]


jacobian =

  (1,1)      -2.3965
  (2,1)      -5.7431
  (3,1)     -10.3224
  (4,1)     -16.4916
  (5,1)     -24.7011
```

```
  (6,1)    -35.5174
  (7,1)    -49.6514
  (8,1)    -67.9934
  (9,1)    -91.6564
  (10,1)    -122.0292
  (1,2)      -0.0000
```

问题的解为：

```
x =


   0.1809
  -20.5693
```

相应的残差为：

```
resnorm =


   6.1004
```

由 exitflag 的值可知：函数收敛于解 x。

【例 6-13】求函数

$$f(x_1,\ x_2) = 16x_1^2 + x_2^2$$

的极小点，初始点取为［1，1］。

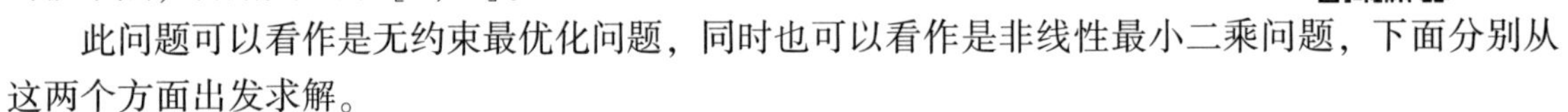

此问题可以看作是无约束最优化问题，同时也可以看作是非线性最小二乘问题，下面分别从这两个方面出发求解。

1）非线性最小二乘途径如下。

首先，编制函数文件：

```
function f=funlsq1(x)
                                                    %这是一个目标函数文件
f=16* x(1)^2+x(2)^2;
```

初始化参数：

```
>> x0=[1 1];
```

调用函数求解：

```
>> options= optimset ('Algorithm','levenberg-marquardt');% 选择 LMF 算法
>> [x,resnorm,residual,exitflag,output,lambda,jacobian]=lsqnonlin(@ funlsq1,x0)
警告: Trust-region-reflective algorithm requires at least as
many equations as variables; usingLevenberg-Marquardt
algorithm instead.
> Inlsqncommon (line 53)
  Inlsqnonlin (line 262)

Local minimum found.

Optimization completed because the size of the gradient is less than
```

```
1e-4 times the value of the function tolerance.

<stopping criteria details>

x =

  -0.0002    0.0028


resnorm =

  7.1157e-11


residual =

  8.4355e-06


exitflag =

    1

output =
包含以下字段的 struct:

      iterations: 27
funcCount: 102
        stepsize: 5.4995e-04
cgiterations: []
firstorderopt: 4.7639e-08
        algorithm: 'levenberg-marquardt'
          message: '↵Local minimum found.↵↵Optimization completed because the size of the gradient is less than ↵1e-4 times the value of the function tolerance.↵↵<stopping criteria details>↵↵Optimization completed: The relative first-order optimality measure, 8.757235e-11,↵is less than 1e-4* options.FunctionTolerance = 1.000000e-10.↵↵'


lambda =

包含以下字段的 struct:

    upper: [2×1 double]
```

```
    lower: [2×1 double]
jacobian =


  -0.0056    0.0056
```

经过 27 次迭代，达到最小值点［-0.0002　　0.0028］。

2）通过无约束最优化途径求解。函数文件同上，设定初值同上。

调用无约束优化函数求解：

```
>> [x,fval,exitflag,output] =fminsearch(@ funlsq1, x0)

x =

  1.0e-004 *

  -0.1257  -0.0789


fval =

  2.5884e-009


exitflag =
    1


output =

包含以下字段的 struct:

    iterations: 45
funcCount: 85
    algorithm: 'Nelder-Mead simplex direct search'
      message: '优化已终止:↲ 当前的 x 满足使用 1.000000e-04 的 OPTIONS.TolX 的终止条件,↲
F(X) 满足使用 1.000000e-04 的 OPTIONS.TolFun 的收敛条件↲'
```

经过 45 次迭代，达到问题极小点（1.0e-004　* -0.1257，1.0e-004　* -0.0789）。

3）用提供的梯度 g 使函数最小化。建立函数文件如下：

```
function f=funlsq11(x)
%这是一个目标函数文件
f=16* x(1)^2+x(2)^2;
ifnargout>1
      g(1)=32* x(1);
      g(2)=2* x(2);
end
```

设置选项并调用函数得：

```
>> options=optimset('GradObj','on');
>> x0=[1,1];
>> [x,fval,exitflag,output] =fminsearch(@ funlsq11, x0,options)

x =

  1.0e-004 *

  -0.1257  -0.0789


fval =

  2.5884e-009


exitflag =

     1

output =

包含以下字段的 struct:

     iterations: 45
 funcCount: 85
     algorithm: 'Nelder-Mead simplex direct search'
       message: '优化已终止:↵当前的 x 满足使用 1.000000e-04 的 OPTIONS.TolX 的终止条件,↵
F(X) 满足使用 1.000000e-04 的 OPTIONS.TolFun 的收敛条件↵'
```

由上可见，利用无约束最优化途径解决上述问题得到的解更接近问题的真解。

第 7 章　约束优化问题

内容提要

本章介绍约束优化问题的数学原理，各种经典算法以及在 MATLAB 中的实现，并用大量的实际应用来说明。

本章重点

- 线性规划问题
- 二次规划问题
- 带约束线性最小二乘问题
- 一般的约束非线性最优化问题

工程中的最优化设计问题绝大多数都是有约束的。有约束的最优化设计问题可以分为两类：一是目标函数和约束函数均为线性函数，称为线性规划问题；另一类是目标函数和约束函数中至少有一个函数是非线性的，称为非线性规划问题。工程优化设计中的问题多属于非线性规划问题，然而非线性规划有时也可以用线性规划逐次逼近来求解。

7.1　线性规划问题

线性规划是最优化问题中研究较早、应用较广、比较成熟的一个重要分支。它的数学模型可以表述为：在满足一组线性约束的条件下，求多变量线性函数的最优值。本节首先通过一个例子介绍线性规划问题的数学模型，然后通过大量的例子来介绍 MATLAB 在求解线性规划问题中的应用。

7.1.1 数学原理及模型

描述线性规划问题的常用和最直观形式是标准型。标准型包括：

- 需要极大化的线性函数。
- 特定形式的问题约束。
- 非负变量。

下面通过一个简单的例子具体介绍线性规划问题的数学原理及模型。

某化肥厂生产 A、B 两种化肥。按照工厂的生产能力，每小时可生产化肥 A 14t 或者化肥 B 7t。从运输距离来讲，每小时能运化肥 A 7t 或者化肥 B12t。按工厂的运输能力，不论何种化肥，每小时只能运出 8t。已知生产化肥 A 所创造的经济价值为 5 元/t，化肥 B 为 10 元/t。试问该厂每小时能创造的最大经济价值为多少？这时每小时生产的化肥 A、B 各为多少？

设 x_1，x_2 分别为每小时生产的化肥 A、B 的数量，故设计变量为：

$$X = (x_1, x_2)^T$$

目标函数是每小时能创造的经济价值，即：

$$f(X) = 5x_1 + 10x_2$$

根据工厂的生产能力、运输距离和运输能力等所建立起来的约束条件为：

$$\frac{x_1}{14}+\frac{4}{7}\leqslant 1$$

$$\frac{x_1}{7}+\frac{x_2}{12}\leqslant 1$$

$$x_1+x_2\leqslant 8$$

$$x_1,\ x_2\geqslant 0$$

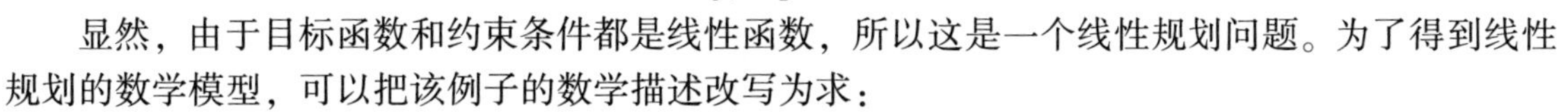

显然，由于目标函数和约束条件都是线性函数，所以这是一个线性规划问题。为了得到线性规划的数学模型，可以把该例子的数学描述改写为求：

$$X=(x_1,\ x_2)^{\mathrm{T}}$$

使得：

$$f(X)=-5x_1-10x_2\rightarrow \min$$

并满足：

$$\frac{x_1}{14}+\frac{4}{7}+x_3=1$$

$$\frac{x_1}{7}+\frac{x_2}{12}+x_4=1$$

$$x_1+x_2+x_5=8$$

$$x_1,\ x_2,\ \ldots,\ x_5\geqslant 0$$

经过这样的改写，把约束条件由不等式变为等式。需要着重指出的是：x_3，x_4，x_5 并不是所需要的设计变量，而纯粹是为了把不等式约束变成等式约束所增加的变量，称为松弛变量。若不等式约束为“≥”，则在改写等式约束时，所增加的变量前面的符号应该为负，这时所增加的变量称为剩余变量。

改写后的数学表达式就是例子中线性规划问题的数学模型。由此可以写出线性规划数学模型的一般形式：

$$\min f(x)=C_1x_1+C_2x_2+\cdots+C_nx_n$$

并满足：

$$a_{11}x_1+a_{12}x_2+\cdots+a_{1n}x_n=b_1$$

$$a_{21}x_1+a_{22}x_2+\cdots+a_{2n}x_n=b_2$$

$$a_{m1}x_1+a_{m2}x_2+\cdots+a_{mn}x_n=b_m$$

$$x_i\geqslant 0 \qquad i=1,\ 2,\ \cdots,\ n$$

其中，m 和 n 为正整数。m 为独立的约束方程的个数，n 为变量个数。

线性规划的数学模型也可以用矩阵的形式简单记为：

$$\min f(x)=c^{\mathrm{T}}x$$

满足：

$$Ax=b$$

$$x\geqslant 0$$

其中，c 为目标函数中相应的系数组成的列向量，$c=(c_1,c_2,\cdots,c_n)^{\mathrm{T}}$；$A$ 为约束方程组的系数矩阵；b 为常数列向量；x 中所有元素≥0。

7.1.2 算法介绍

解线性规划问题最经典的算法是单纯形方法。线性规划工作者在单纯形方法出现以后做了大量的工作，使得单纯形方法不断完善，而且在实际应用中单纯形方法也被认为是解决线性规划问题最好、最有效的方法。但是，1972 年两名美国学者构造了一个线性规划问题，用单纯形方法来解这个问题具有指数阶的复杂性，这一发现使得大量的优化工作者将精力投入到寻求解线性规划问题的多项式时间算法中。其中，椭球法、Karmarkar 方法、仿射均衡尺度方法等都是这一阶段的成果，但是，很多算法虽然在理论上有很好的效果，在实际应用中却不如单纯形方法。近年来，内点方法在优化领域大放异彩，该方法在线性规划中的应用也使得人们有了更好的方法去求解大型的线性规划问题。

在 MATLAB 工具箱中，线性规划问题使用内点算法、单纯形方法和积极集法结合来求解。其中，内点算法（默认方法，这里主要是原始-对偶方法）用来解大型问题，而单纯形方法和积极集法则根据实际情况来求解中小型问题。

7.1.3 MATLAB 工具箱中的基本函数

在 MATLAB 工具箱中，线性规划问题是通过函数 linprog 来求解的。根据具体模型形式的不同或者要求的不同，调用函数的不同形式。

1. 函数调用格式 1

x=linprog（f，A，b）

该函数格式的功能是用来求解最简单、最常用的模型：

$$\min_x f^{\mathrm{T}} x$$

subject to

$$Ax \leqslant b$$

下面考虑一般形式的线性规划问题的求解。

假设线性规划问题的数学模型为：

$$\min_x f^{\mathrm{T}} x$$

subject to

$$Ax \leqslant b$$

$$Aeqx = beq$$

$$lb \leqslant x \leqslant ub$$

其中，bf，x，beq，lb 和 ub 为向量，A 和 Aeq 为矩阵。

2. 函数调用格式 2

x=linprog（f，A，b，Aeq，beq）

该函数格式的功能是求解上述模型在对 x 没有上下界限制条件情况下的解。若没有不等式存在，则令 A=［］，b=［］；同理，若没有等式约束存在，则令 Aeq=［ ］，beq=［ ］。

3. 函数调用格式 3

x=linprog（f，A，b，Aeq，beq，lb，ub）

该函数格式的功能是求解上述模型在对 x 有上下界限制条件情况下的解，调用此函数之前，应首先定义变量 x 的上下界。

4. 函数调用格式 4

x=linprog（f，A，b，Aeq，beq，lb，ub ，options）

该函数格式的功能是求解上述模型并用 options 指定优化参数进行最小化。

5. 函数调用格式 5

x =linprog（problem）

该格式的功能是用结构体 problem 定义参数，对这些参数指定的优化参数进行最小化。其中，problem 包含参数为：线性目标函数向量 f、线性不等式约束的矩阵 Aineq、线性不等式约束的向量 bineq、线性等式约束的矩阵 Aeq、线性等式约束的向量 beq、由下界组成的向量 lb、由上界组成的向量 ub、求解器 solver（'linprog'）和优化参数 options。

6. 函数调用格式 6

[x, fval] =linprog（…）

该函数格式的功能是返回解 x 处的目标函数值 fval。

7. 函数调用格式 7

[x, fval, exitflag, output] =linprog（…）

该函数格式的功能是返回 exitflag 值，描述函数计算的退出条件。返回包含优化信息的输出变量 output。

8. 函数调用格式 8

[x, fval, exitflag, output, lambda] =linprog（f, A, b）

该函数格式的功能是将解 x 处的拉格朗日乘子返回到参数 lambda 中。

7.1.4 应用实例分析

线性规划在生产管理领域、军事、经济、工业、农业、教育、商业和社会科学等许多方面都有着广泛的应用，线性规划在最优化问题中占有十分重要的地位。

【例 7-1】生产决策问题。

某水泥厂生产甲、乙两种水泥，已知生产 1t 甲需要资源 A 6t，资源 B 8t；生产 1t 乙需要资源 A 4t，资源 B 12t，资源 C 14t。如果 1t 水泥甲和乙的经济价值分别为 14 万元和 10 万元，三种资源的限制量分别为 180t、400t 和 420t，试问应生产这两种水泥各多少吨才能创造最高的经济效益？

首先，建立数学模型：假设生产甲和乙的数量分别为 x_1，x_2，可以建立如下模型：

$$\max 14x_1+10x_2$$

subject to

$$6x_1 + 4x_2 \leqslant 180$$
$$8x_1 + 12x_2 \leqslant 400$$
$$14x_2 \leqslant 420$$
$$x_1 \geqslant 0,\ x_2 \geqslant 0$$

将目标函数改写为：

$$\min -14x_1 - 10x_2$$

下面就可以利用 MATLAB 来求解这个生产决策问题了。

首先输入初始数据：

```
>> f=[-14;-10]  %定义目标函数系数
f =

   -14
   -10

>> A=[6 4;8 12;0 14]
```

```
A =

    6    4
    8   12
    0   14

>> b=[180;400;420]

b =

  180
  400
  420

>> lb=zeros(2,1)

lb =

    0
    0
```

然后根据设置的初始数据，调用函数 linprog 求解线性规划问题：

```
>> [x,fval,exitflag,output,lambda]=linprog(f,A,b,[ ],[ ],lb)
Optimization terminated.

x =

  14.0000
  24.0000


fval =

-436


exitflag =
    1

output =

包含以下字段的 struct:

        iterations: 3
```

```
constrviolation: 0
        message: 'Optimal solution found.'
      algorithm: 'dual-simplex'
firstorderopt: 1.7764e-15

lambda =

包含以下字段的 struct:

      lower: [2×1 double]
      upper: [2×1 double]
eqlin: []
ineqlin: [3×1 double]
```

由计算结果可知，生产水泥甲 14t，水泥乙 24t 可以创造最高的经济效益。最高经济效益为 436 万元。注意，MATLAB 所解的模型是负的最小值，而实际模型是正的最大值，所以，fval = −436，而实际需要是 436。

【例 7-2】 原材料的合理利用问题。

某工厂为洗衣机厂配套生产洗衣机的水轮轴、带轮轴和微型电动机轴，这三种轴均用某厂圆钢下脚料制成，这种下脚料圆钢每根长 0.6m。鉴于这三种轴库存量不同，需要下料的根数见表 7-1。问最少需要多少根下脚料圆钢才能制造这些轴?

表 7-1 需要下料的根数

名　称	代　号	规格/m	所需根数
微型电动机轴	A	0.32	15000
带轮轴	B	0.22	20000
水轮轴	C	0.13	40000

现有下料方案见表 7-2。

表 7-2 现有下料方案

方案	A 轴	B 轴	C 轴	余料/m
1	1	1	0	0.06
2	1	0	2	0.02
3	0	2	1	0.03
4	0	1	2	0.12
5	0	0	4	0.08

根据上述两个表格，可以建立如下线性规划模型：

设表 7-2 中所示五种方案所需要的圆钢的根数分别为 x_1，x_2，x_3，x_4，x_5，其线性化模型为：

$$\min f(x) = 0.06x_1 + 0.02x_2 + 0.03x_3 + 0.12x_4 + 0.08x_5$$

subject to

$$x_1 + x_2 = 15000$$

$$x_1 + 2x_3 + x_4 = 20000$$

$$2x_2 + x_3 + 2x_4 + 4x_5 = 40000$$
$$x_i \geqslant 0, \quad i = 1, 2, 3, 4, 5$$

下面用 MATLAB 对例 7-3 的问题进行求解。首先输入目标函数的系数、约束矩阵、右端项和下界，为了保证输入的正确性便于检查，要求所有输入都有输出：

```
>> f=[0.06;0.02;0.03;0.12;0.08]  %定义目标函数系数

f =

    0.0600
    0.0200
    0.0300
    0.1200
    0.0800

>>Aeq=[1 1 0 0 0;1 0 2 1 0;0 2 1 2 4]

Aeq =

    1    1    0    0    0
    1    0    2    1    0
    0    2    1    2    4

>>beq=[15000;20000;40000]

beq =

      15000
      20000
      40000

>> lb=zeros(5,1)

lb =

    0
    0
    0
    0
    0
```

调用函数 linprog 求解上述问题：

```
>> [x,fval,exitflag,output,lambda]=linprog(f,[ ],[ ],Aeq,beq,lb)
Optimization terminated.
```

```
x =

  1.0e+004 *

         0
    1.5000
    1.0000
         0
         0


fval =

   600


exitflag =

     1


output =

包含以下字段的 struct:

        iterations: 2
constrviolation: 1.8190e-12
            message: 'Optimal solution found.'
          algorithm: 'dual-simplex'
firstorderopt: 1.3878e-17

lambda =

包含以下字段的 struct:

      lower: [5×1 double]
      upper: [5×1 double]
eqlin: [3×1 double]
ineqlin: []
```

由上述输出可知，至少要 25000 根下脚料圆钢才能制造这些轴。

【例 7-3】生产计划问题。

某厂生产甲、乙两种产品，这两种产品一季度预测的需要量见表 7-3。

表 7-3　一季度预测的需要量

	1 月	2 月	3 月
产品甲	1500	3000	4000
产品乙	1000	500	4000

财务部门对产品的生产费用和库存费用的估算见表 7-4。

表 7-4　产品的生产费用和库存费用的估算　（单位：元）

	产　品　甲	产　品　乙
生产费用	0.3	0.15
库存费用	0.2	0.10

为了简化计算，假设上年年底和三月底产品无库存，同时估计生产费用每月要增长 10%。产品加工由一、二车间来完成，每个产品加工时间见表 7-5。

表 7-5　每个产品加工时间　（单位：h）

	产品甲	产品乙	可利用时间
一车间	0.1	0.05	400
二车间	0.09	0.075	600

可利用时间（h）每月将下降 5%，工厂的总库存量是 3500m^3，每个产品需要的库存空间为 1.5m^3。现要求拟定一个使总成本最小的生产计划。

设 x_{ij}为在 j 月内生产产品 i 的数量，y_{ij}为在 j 月末产品 i 的库存数量。其线性规划模型是：

$$\min f(x) = 0.3x_{11} + 0.15x_{21} + 0.3 \times (1 + 0.1)x_{12} + 0.15 \times (1 + 0.1)x_{22}$$
$$+ 0.3 \times (1 + 0.1)^2 x_{13} + 0.15 \times (1 + 0.1)^2 x_{23} + 0.2y_{11} + 0.1y_{21} + 0.2y_{12} + 0.1y_{22}$$

subject to

$$x_{11} - y_{11} = 1500$$
$$x_{21} - y_{21} = 1000$$
$$y_{11} + x_{12} - y_{12} = 3000$$
$$y_{21} + x_{22} - y_{22} = 500$$
$$y_{12} + x_{31} = 4000$$
$$y_{22} + x_{23} = 4000$$
$$0.1x_{11} + 0.05x_{21} \leqslant 400$$
$$0.1x_{12} + 0.05x_{22} \leqslant 400 \times (1 - 0.05)$$
$$0.1x_{13} + 0.05x_{23} \leqslant 400 \times (1 - 0.05)^2$$
$$0.09x_{11} + 0.075x_{21} \leqslant 600$$
$$0.09x_{12} + 0.075x_{22} \leqslant 600 \times (1 - 0.05)$$
$$0.09x_{13} + 0.075x_{23} \leqslant 600 \times (1 - 0.05)^2$$
$$1.5(y_{11} + y_{21}) \leqslant 3500$$
$$1.5(y_{12} + y_{22}) \leqslant 3500$$
$$x_{ij} \geqslant 0, \quad i = 1, 2; \; j = 1, 2, 3$$
$$x_{ij} \geqslant 0, \quad i = 1, 2; \; j = 1, 2$$

下面用 MATLAB 对上面的问题进行求解。首先输入目标函数的系数、约束矩阵、右端项和下界。

```
>> f=[0.3;0.15;0.3* (1+0.1);0.15* (1+0.1);0.3* (1+0.1)^2;0.15* (1+0.1)^2;0.2;
0.1;0.2;0.1];
>> A=[0.1 0.01 0 0 0 0 0 0 0 0
0 0 0.1 0.05 0 0 0 0 0 0
0 0 0 0 0.1 0.05 0 0 0 0
0.09 0.075 0 0 0 0 0 0 0 0
0 0 0.09 0.075 0 0 0 0 0 0
0 0 0 0 0.09 0.075 0 0 0 0
0 0 0 0 0 0 1.5 1.5 0 0
0 0 0 0 0 0 0 0 1.5 1.5];
>>Aeq=[1 0 0 0 0 0 -1 0 0 0
0 1 0 0 0 0 0 -1 0 0
0 0 1 0 0 0 0 1 0 -1
0 0 0 1 0 0 0 1 0 -1
0 0 0 0 1 0 0 0 1 0
0 0 0 0 0 1 0 0 0 1];
>> b=[400;400* (1-0.05);400* (1-0.05)^2;600;600* (1-0.05);600* (1-0.05)^2;
3500;3500];
>>beq=[1500;1000;3000;500;4000;4000];
>> lb=zeros(10,1);
```

调用函数 linprog 求解上述问题：

```
>> [x,fval,exitflag,output,lambda]=linprog(f,A,b,Aeq,beq,lb)


No feasible solution found.

Linprog stopped because no point satisfies the constraints.


x =

   []

fval =

   []


exitflag =

   -2
```

```
output =

包含以下字段的 struct:

        iterations: 6
            message: 'No feasible solution found.↵↵ Linprog stopped because no
point satisfies the constraints.'
          algorithm: 'dual-simplex'
    constrviolation: []
    firstorderopt: []


lambda =

    []
```

由计算结果可知，本模型没有可行解。在用数学模型描述所要研究的系统时，由于真实系统往往非常复杂，因此很难做到完全等价地用数学模型加以描述，而人们又希望模型描述系统有一定的精度，所以在构造模型时，既要对实际情况做相应的抽象和简化，又要对影响系统的主要因素和问题在数学上给以尽量确切和详细的描述。

【例 7-4】投资问题。

某集团公司有一批资金用于集团内四个工程项目的投资，各工程项目所得到的净收益见表 7-6。

表 7-6　各工程项目所得到的净收益

项目	甲	乙	丙	丁
收益	27	19	22	18

由于公司领导的偏好和项目本身的特点，决定用于项目甲的投资不大于其他各项投资之和；用于项目乙和项目丙的投资之和要大于项目丁的投资。要求确定使该公司受益最大的投资方案。

首先来建立数学模型：

设项目甲、乙、丙、丁所占总投资的百分比分别为：x_1，x_2，x_3，x_4，则为了充分利用资金有：

$$x_1+x_2+x_3+x_4=1$$

从而，其线性规划模型为：

$$\max\ 0.27x_1+0.19x_2+0.18x_4$$

subject to

$$\begin{gathered} x_1-x_2-x_3-x_4 \leqslant 0 \\ x_2+x_3-x_4 \geqslant 0 \\ x_1+x_2+x_3+x_4=1 \\ x_i \geqslant 0,\ i=1,\ 2,\ 3,\ 4 \end{gathered}$$

转化成 MATLAB 中的形式：

$$\min\ -0.27x_1-0.19x_2-0.22x_3-0.18x_4$$

subject to

$$x_1 - x_2 - x_3 - x_4 \leqslant 0$$
$$-x_2 - x_3 + x_4 \leqslant 0$$
$$x_1 + x_2 + x_3 + x_4 = 1$$
$$x_i \geqslant 0,\ i = 1,\ 2,\ 3,\ 4$$

下面调用 MATLAB 中的函数来求解上述问题。

首先，还是要输入目标函数的系数、约束矩阵、右端项和下界。

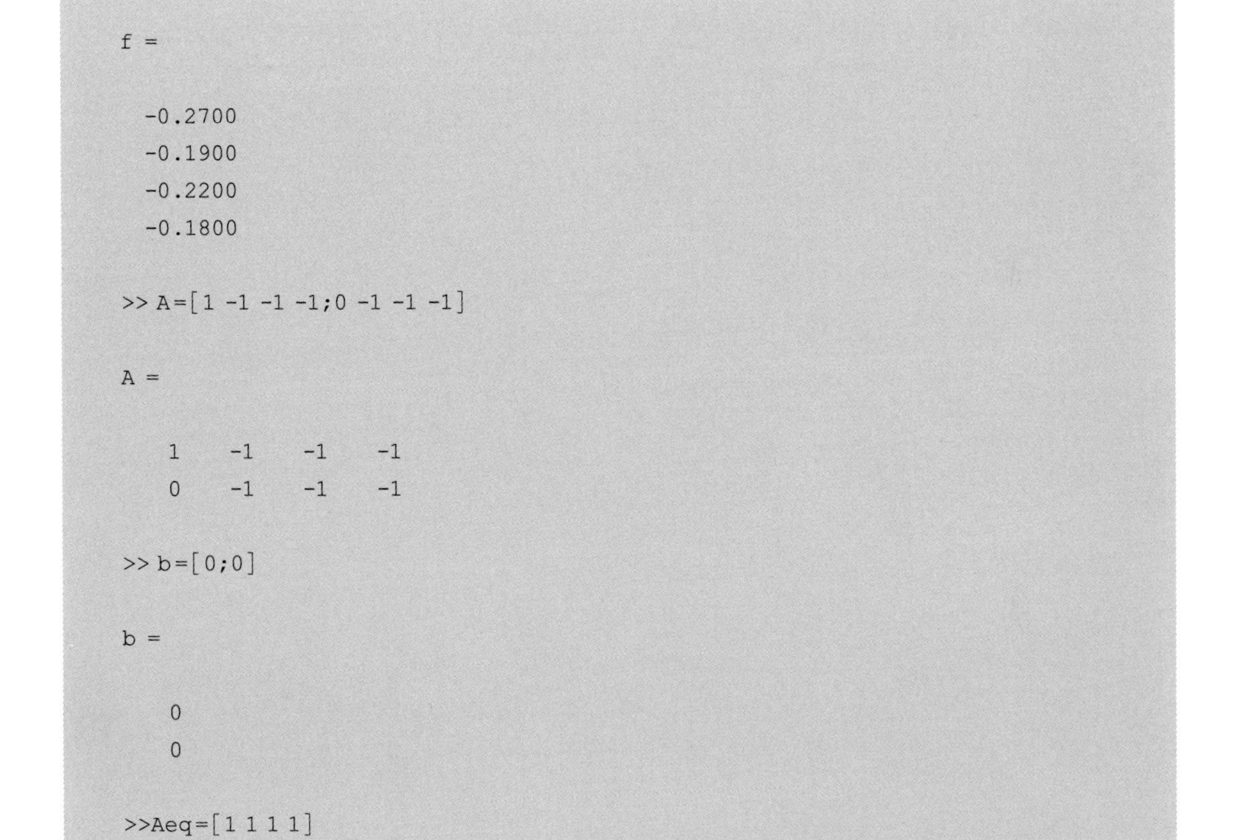

```
>> f=[-0.27;-0.19;-0.22;-0.18]

f =

  -0.2700
  -0.1900
  -0.2200
  -0.1800

>> A=[1 -1 -1 -1;0 -1 -1 -1]

A =

    1    -1    -1    -1
    0    -1    -1    -1

>> b=[0;0]

b =

    0
    0

>>Aeq=[1 1 1 1]

Aeq =
    1    1    1    1

>>beq=[1]

beq =

    1

>> lb=zeros(4,1)
```

```
lb =

     0
     0
     0
     0
```

然后根据设置的初始数据，调用函数 linprog 求解线性规划问题：

```
>> [x,fval,exitflag,output,lambda]=linprog(f,A,b,Aeq,beq,lb)
Optimization terminated.


x =

    0.5000
         0
    0.5000
         0


fval =

   -0.2450


exitflag =

     1


output =

包含以下字段的 struct:
        iterations: 2
constrviolation: 0
           message: 'Optimal solution found.'
         algorithm: 'dual-simplex'
firstorderopt: 2.7756e-17


lambda =
```

```
包含以下字段的 struct:

      lower: [4×1 double]
      upper: [4×1 double]
eqlin: 0.2450
ineqlin: [2×1 double]
```

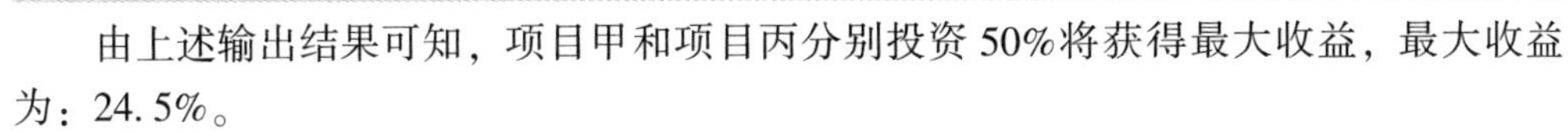

由上述输出结果可知，项目甲和项目丙分别投资 50%将获得最大收益，最大收益为：24.5%。

【例 7-5】运装计划。

某航空公司的运输机分前、后舱两部分装运客货。前舱容积为 160m^3，最大装载量为 10t，后舱容积为 320m^3，最大装载量为 15t。今有客货两种，其单位体积及总质量见表 7-7，表中还列出了两种客货的运输单价。装载时要求前后舱的载重量保持在 1∶1.5 的比例，若货物一次装不完，剩下的货物可随其他客货第二次运出。试为公司安排一个装货计划，使该次航班的收益最大。

表 7-7 单位体积及总质量

货　品	总质量/t	单位体积/（m^3/t）	运费/（元/t）
甲	20	20	200
乙	12	40	300

首先建立数学模型：

设 x，y 分别为第一次航班运出货品甲、乙的质量，下标 1、2 分别代表运输机的前、后舱。由题意可知，此模型的目标函数为：

$$200(x_1+x_2)+300(y_1+y_2)$$

按要求，运输机对装载量和容积都有要求，不能超过规定值，所以有下列约束条件：

$$x_1+y_1\leqslant 10,\ x_2+y_2\leqslant 15$$

$$20x_1+40y_1\leqslant 160,\ 20x_2+40y_2\leqslant 320$$

装载货物的总质量不可能超过交运货物的总质量，且货品的质量不可能为负值，所以还有：

$$x_1\geqslant 0,\ x_2\geqslant 0,\ x_1+x_2\leqslant 20$$

$$y_1\geqslant 0,\ y_2\geqslant 0,\ y_1+y_2\leqslant 12$$

同时，运输机对装载要求前后舱的装载量保持 1∶1.5 的比例，即要求：

$$1.5(x_1+y_1)=x_2+y_2$$

从而，这个问题的数学模型为：

$$\max\ 200(x_1+x_2)+300(y_1+y_2)$$

subject to

$$x_1+x_2\leqslant 20$$

$$y_1+y_2\leqslant 12$$

$$x_1+y_1\leqslant 10$$

$$x_2+y_2\leqslant 15$$

$$20x_1+40y_1\leqslant 160$$

$$20x_2+40y_2\leqslant 320$$

$$1.5(x_1+y_1)=x_2+y_2$$

$$x_i \geqslant 0,\ y_i \geqslant 0,\ i=1,\ 2$$

转化以下形式得：

$$\min -200(x_1+x_2)-300(y_1+y_2)$$

subject to

$$x_1+x_2 \leqslant 20$$
$$y_1+y_2 \leqslant 12$$
$$x_1+y_1 \leqslant 10$$
$$x_2+y_2 \leqslant 15$$
$$20x_1+40y_1 \leqslant 160$$
$$20x_2+40y_2 \leqslant 320$$
$$1.5(x_1+y_1)=x_2+y_2$$
$$x_i \geqslant 0,\ y_i \geqslant 0,\ i=1,\ 2$$

输入目标函数的系数、约束矩阵、右端项和下界。

```
>> f=[-200;-200;-300;-300];
>> A=[1 1 0 0;0 0 1 1;1 0 1 0;0 1 0 1;20 0 40 0;0 20 0 40];
>>Aeq=[1.5 -1 1.5 -1];
>> b=[20;12;10;15;160;320];
>>beq=[0];
>> lb=zeros(4,1);
```

然后根据设置的初始数据，调用函数 linprog 求解线性规划问题。

```
>> [x,fval,exitflag,output,lambda]=linprog(f,A,b,Aeq,beq,lb)
Optimal solution found.

x =

    8.0000
    8.0000
         0
    4.0000


fval =
     -4400


exitflag =

    1


output =
```

```
包含以下字段的 struct:

        iterations: 6
constrviolation: 1.7764e-15
           message: 'Optimal solution found.'
         algorithm: 'dual-simplex'
firstorderopt: 5.6843e-14


lambda =

包含以下字段的 struct:

       lower: [4×1 double]
       upper: [4×1 double]
eqlin: -100.0000
ineqlin: [6×1 double]
```

由上述结果可知：

运送货物的最小成本为4400元，运输机前舱装货甲8t，不装载货乙，后舱装货甲8t，货乙4t。本题在MATLAB中利用解大型规划问题的内点算法，总共经过6次迭代，在最优解处终止。

【例7-6】能源混合问题。

近年来，能源的紧缺迫使人们更多地考虑合理利用能源和充分利用能源。一种汽油的特性可用两个指标描述，其点火性用辛烷比率来描述，其挥发性用蒸汽压来描述。某石油炼制厂生产两种汽油，这两种汽油的特性及产量见表7-8。

表7-8 某石油炼制厂生产两种汽油的特性及产量

	辛烷比率	蒸汽压	可供数量
第一种汽油	104	4	3
第二种汽油	94	9	7

用这两种汽油可以合成航空汽油与车用汽油两种最终产品，其性能要求见表7-9。

根据油品混合工艺知道，当两种汽油混合时，其产品汽油的蒸汽压及辛烷比率与其组成成分的体积及相应指标成正比。现问该炼制厂应该如何混合油品才能获得最大的产值。

表7-9 两种最终产品的性能要求

	辛烷最小比率	最大蒸汽压	最大需要量	售价
航空汽油	102	5	2	1.2
车用汽油	96	8	不限	0.7

根据问题给出的技术要求，首先建立数学模型。

设混合的航空汽油中所用的第一种、第二种汽油的数量和混合的车用汽油中所用的第一种、第二种汽油的数量依次为：x_1，x_2，x_3，x_4。

建立该问题的目标函数：

$$\max\ 1.2\ (x_1+x_2)\ +0.7\ (x_3+x_4)$$

该问题的约束条件有以下四类。

1）航空汽油销路的限制约束

$$x_1+x_2\leqslant 2$$

2）两种混合用的汽油可供应量的限制约束

$$x_1+x_3\leqslant 3$$

$$x_2+x_4\leqslant 7$$

3）航空汽油对辛烷比率和蒸汽压性能的要求

$$\frac{104x_1+94x_2}{x_1+x_2}\geqslant 102$$

$$\frac{4x_1+9x_2}{x_1+x_2}\leqslant 5$$

4）车用汽油对辛烷比率和蒸汽压性能的要求

$$\frac{104x_3+94x_4}{x_3+x_4}\geqslant 96$$

$$\frac{4x_3+9x_4}{x_3+x_4}\leqslant 8$$

另外，每种汽油的数量不能为负值：

$$x_i\geqslant 0,\ i=1,\ 2,\ 3,\ 4$$

化简转化后得：

$$\min\ -1.2(x_1+x_2)-0.7(x_3+x_4)$$

subject to

$$x_1+x_2\leqslant 2$$

$$x_1+x_3\leqslant 3$$

$$x_2+x_4\leqslant 7$$

$$-2x_1+8x_2\leqslant 0$$

$$-x_1+4x_2\leqslant 0$$

$$-8x_3+2x_4\leqslant 0$$

$$-4x_3+x_4\leqslant 0$$

$$x_i\geqslant 0,\ i=1,\ 2,\ 3,\ 4$$

利用 MATLAB 求解。首先，还是要输入目标函数的系数、约束矩阵、右端项和下界。

```
>> f=[-1.2;-1.2;-0.7;-0.7];
>> A=[1 1 0 0
1 0 1 0
0 1 0 1
-2 8 0 0
-1 4 0 0
0 0 -8 2
0 0 -4 1];
>> b=[2;3;7;0;0;0;0];
>> lb=zeros(4,1);
```

调用函数 linprog 求解上述问题。

```
>> [x,fval,exitflag,output,lambda]=linprog(f,A,b,[ ],[ ],lb)
Optimization terminated.

Optimal solution found.


x =

    1.3333
    0.3333
    1.6667
    6.6667


fval =

  -7.8333


exitflag =

    1


output =

包含以下字段的 struct:

        iterations: 5
constrviolation: 0
           message: 'Optimal solution found.'
         algorithm: 'dual-simplex'
firstorderopt: 7.0314e-16
lambda =

包含以下字段的 struct:

      lower: [4×1 double]
      upper: [4×1 double]
eqlin: [ ]
ineqlin: [7×1 double]
```

由各参数的值可见，经过 5 次迭代，利用内点方法，运算在最优点处终止。

混合的航空汽油中所用的第一种、第二种汽油的数量和混合的车用汽油中所用的第一种、第二种汽油的数量依次为：1.3333，0.3333，1.6667，6.6667；最大的产值为：7.8333。这里忽略了所有单位。

【例 7-7】营养问题。

某饲养场所用的混合饲料由四种配料组成，要求这种混合饲料必须含有四种不同的营养成分，并且每一份混合饲料中四种营养成分的含量不能低于表 7-10所给数据。

表 7-10　某饲养场营养成分最少含量

	营养成分甲	营养成分乙	营养成分丙	营养成分丁
最少含量	6	4	14	10

每单位的各种配料所含的营养成分的量见表 7-11。

表 7-11　每单位的各种配料所含的营养成分的量

营养成分	配料 A	配料 B	配料 C	配料 D
营养成分甲	1	1	1	2
营养成分乙	0	1	2	3
营养成分丙	4	2	1	3
营养成分丁	1	2	1	1

每单位的各种配料的价格见表 7-12。

表 7-12　每单位的各种配料的价格

	配料 A	配料 B	配料 C	配料 D
价格	4	5	3	4

试问，在保证营养的条件下，应如何配方，使混合饲料的费用最少？

首先建立数学模型。

设每一份混合饲料中配料 A、B、C、D 的含量分别为 x_1，x_2，x_3，x_4，此问题的线性规划模型为：

$$\min\ 4x_1+5x_2+3x_3+4x_4$$

subject to

$$x_1+x_2+x_3+2x_4 \geqslant 6$$
$$x_2+2x_3+3x_4 \geqslant 4$$
$$4x_1+2x_2+x_3+3x_4 \geqslant 14$$
$$x_1+2x_2+x_3+x_4 \geqslant 10$$
$$x_i \geqslant 0,\ i=1,\ 2,\ 3,\ 4$$

为了与 MATLAB 中函数的格式相同，上述问题可以改写为：

$$\min\ 4x_1+5x_2+3x_3+4x_4$$

subject to

$$-x_1-x_2-x_3-2x_4 \leqslant -6$$
$$-x_2-2x_3-3x_4 \leqslant -4$$

$$-4x_1-2x_2-x_3-3x_4 \leqslant -14$$
$$-x_1-2x_2-x_3-x_4 \leqslant -10$$
$$x_i \geqslant 0,\ i=1,2,3,4$$

下面调用 MATLAB 中的函数来求解上述问题。

首先，还是要输入目标函数的系数、约束矩阵、右端项和下界。

```
>> f=[4;5;3;4]

f =

    4
    5
    3
    4

>> A=[-1 -1 -1 -2
0 -1 -2 -3
-4 -2 -1 -3
-1 -2 -1 -1]

A =

    -1     -1     -1     -2
    0     -1     -2     -3
    -4     -2     -1     -3
    -1     -2     -1     -1

>> b=[-6;-4;-14;-10]

b =

    -6
    -4
  -14
  -10

>> lb=zeros(4,1)

lb =

    0
    0
    0
    0
```

调用函数 linprog 求解上述问题。

```
>> [x,fval,exitflag,output,lambda]=linprog(f,A,b,[ ],[ ],lb)
Optimization terminated.

Optimal solution found.


x =

    1.1429
    4.2857
         0
    0.2857


fval =

  27.1429


exitflag =

    1


output =

包含以下字段的 struct:

        iterations: 3
constrviolation: 0
           message: 'Optimal solution found.'
         algorithm: 'dual-simplex'
firstorderopt: 3.2989e-15
lambda =

包含以下字段的 struct:

      lower: [4×1 double]
      upper: [4×1 double]
eqlin: []
ineqlin: [4×1 double]
```

由上面的结果可知，最佳配料方案为：配料 A：1.1429；配料 B：4.2857；配料 C：0.0000；

配料 D：0. 2857。混合饲料的最少费用为 27. 1429。

7.2 二次规划问题

二次规划问题是最简单的非线性规划问题，是指约束为线性，目标函数为二次函数的优化问题，这类优化问题在非线性规划中研究得最早，也研究得最成熟。二次规划迭代法的基本思想是把一般的非线性规划问题转化为一系列二次规划问题进行求解，并使得迭代点能逐渐向最优点逼近，最后得到最优解。显然，这种思想能使一般的非线性规划问题的求解过程得到简化。

7.2.1 数学原理及模型

1. 数学模型

如果某非线性规划的目标函数为自变量的二次函数，约束条件全是线性函数，则称这样的非线性规划问题为二次规划问题。其数学模型为：

$$\min_x \frac{1}{2}x^{\mathrm{T}}Hx+f^{\mathrm{T}}x$$

subject to

$$Ax \leqslant b$$
$$Aeqx = beq$$
$$lb \leqslant x \leqslant ub$$

其中，H，A，Aeq 为矩阵，f，b，beq，lb，ub，x 为向量。

在二次规划迭代法中要解决以下两个问题：

1）如何把一般的非线性规划问题转化为二次规划迭代求解。

2）如何进行二次规划迭代求解。

第二个问题 MATLAB 本身就可以解决，将在 7. 2. 2 节介绍。下面简单介绍第一个问题的解决办法。

现有非线性规划问题：

$$\min f(x)$$

subject to

$$h(x) = \theta$$

其中，$h(x)$ 是一个向量函数，即：

$$h(x) = [h_1(x),\ h_2(x),\ \cdots,\ h_m(x)]^{\mathrm{T}}$$

这种带有等式约束的非线性规划问题可以通过迭代求解下述形式的二次规划问题来求解：

$$\min_b \frac{1}{2}d^{\mathrm{T}}Hd + \nabla f(x)^{\mathrm{T}}d$$

subject to

$$\nabla h(x)^{\mathrm{T}}d + h(x) = \theta$$

2. 算法介绍

（1）大型优化问题　大型优化问题不允许约束上限和下限相等，如若 lb（2）= =ub（2），则给出以下出错信息：

Equal upper and lower bounds not permitted in this large-scale method. Use equality constraints and the medium-scale method instead.

若优化模型中只有等式约束，仍然可以使用大型算法；如果模型中既有等式约束又有边界约束，则必须使用中型方法。

（2）中型优化问题　当解不可行时，quadprog 函数给出以下警告：

Warning：The constraints are overly stringent；there is no feasible solution.

这里，quadprog 函数生成使约束矛盾最坏程度最小的结果。

◆ 当等式约束不连续时，给出下面的警告信息：

Warning：The equality constraints are overly stringent；there is no feasible solution.

◆ 当黑塞矩阵为负半定时，生成无边界解，给出下面的警告信息：

Warning：The solution is unbounded and at infinity；the constraints are not restrictive enough.

这里，quadprog 函数返回满足约束条件的 x 值。

7.2.2 MATLAB 工具箱中的基本函数

在 MATLAB 工具箱中，二次规划问题是通过函数 quadprog 来求解的。根据具体模型形式的不同或者要求的不同，调用函数的不同形式。

1. 函数调用格式 1

x= quadprog（H，f）

该函数格式的功能是求解最简单、最常用的模型：

$$\min_x \frac{1}{2}x^{\mathrm{T}}Hx + f^{\mathrm{T}}x$$

（1）函数调用格式 1.1

x= quadprog（H，f，A，b）

该函数格式的功能是求解最简单、最常用的模型：

$$\min_x \frac{1}{2}x^{\mathrm{T}}Hx + f^{\mathrm{T}}x$$

subject to

$$Ax \leqslant b$$

（2）函数调用格式 1.2

x=quadprog（H，f，A，b，Aeq，beq）

该函数格式的功能是在上述问题的约束条件中加上等式约束后的解。

（3）函数调用格式 1.3

x=quadprog（H，f，A，b，Aeq，beq，lb，ub）

该函数格式的功能是给变量 x 加上上下界，使得 x 存在于区间［lb，ub］中。

2. 函数调用格式 2

x =quadprog (problem)

该格式的功能是用结构体 problem 定义参数，对这些参数指定的优化参数进行最小化。其中，problem 包含参数为：二次目标函数：

$$\min_x \frac{1}{2}x^{\mathrm{T}}Hx + f^{\mathrm{T}}x$$

中的对称矩阵 H、线性项中的向量 f、线性不等式约束 $Aineq * x \leqslant bineq$ 中的矩阵 Aineq、线性不等式约束 $Aineq * x \leqslant bineq$ 中的向量 $bineq$、线性等式约束 $Aeq * x = beq$ 中的矩阵 Aeq、线性等式约束 $Aeq * x = beq$ 中的向量 beq、由下界组成的向量 lb、由上界组成的向量 ub、x 的初始点 $x0$、求

解器 solver（'quadprog'）和优化参数 options。

（1）函数调用格式 2.1

x=quadprog（H，f，A，b，Aeq，beq，lb，ub，x0）

该函数格式的功能是设定初始点 $x0$。

（2）函数调用格式 2.2

x=quadprog（H，f，A，b，Aeq，beq，lb，ub，x0，options）

该函数格式的功能是求解上述问题，同时将默认优化参数改为 options 指定值。

（3）函数调用格式 2.3

[x，fval] = quadprog（…）

该函数格式的功能是返回在 x 处的目标函数值：

$$fval = \frac{1}{2}x^{\mathrm{T}}Hx + f^{\mathrm{T}}x$$

（4）函数调用格式 2.4

[x，fval，exitflag] = quadprog（…）

该函数格式的功能是返回 exitflag 值，用来描述计算退出的条件。

（5）函数调用格式 2.5

[x，fval，exitflag，output] = quadprog（…）

该函数格式的功能是返回一个结构变量 output，其中包括：迭代次数、使用的算法和共轭梯度迭代的使用次数等信息。

（6）函数调用格式 2.6

[x，fval，exitflag，output，lambda] = quadprog（…）

该函数格式的功能是返回解处的拉格朗日乘子。其中，lambda.ineqlin 对应于线性不等式组，lambda.eqlin 对应于线性等式约束。

7.2.3 应用实例分析

二次规划迭代法是目前求解最优化问题时常用的方法。由于二次规划问题本身也是一大类实际应用中经常遇到的问题，所以，二次规划问题在最优化理论和应用各方面都占有非常重要的位置。本节通过下面的例子，介绍使用函数 quadprog 求解二次规划的步骤。

【例 7-8】求解如下最优化问题。

$$\min f(x) = -2x_1 - 6x_2 + x_1^2 - 2x_1x_2 + 2x_2^2$$

subject to

$$x_1 + x_2 \leqslant 2$$
$$-x_1 + 2x_2 \leqslant 2$$
$$x_1,\ x_2 \geqslant 0$$

显然，这是一个二次规划问题。

首先，需要把上面的问题化成 MATLAB 可以接受的形式：

$$\min_x \frac{1}{2}x^{\mathrm{T}}Hx + f^{\mathrm{T}}x$$

subject to

$$Ax \leqslant b$$
$$Aeqx = beq$$

$$lb \leqslant x \leqslant ub$$

这里

$$H = \begin{bmatrix} 2 & -2 \\ -2 & 4 \end{bmatrix}$$

$$f = \begin{bmatrix} -2 \\ -6 \end{bmatrix}$$

$$A = \begin{bmatrix} 1 & 1 \\ -1 & 2 \end{bmatrix}$$

$$b = \begin{bmatrix} 2 \\ 2 \end{bmatrix}$$

在命令行窗口中输入如下参数。

```
>> H=[2 -2;
-2 4];
>> f=[-2;-6];
>> A=[1 1
-1 2];
>> b=[2;2];
>> lb=zeros(2,1);
```

调用工具箱函数求解:

```
>> [x,fval, exitflag,output,lambda]= quadprog (H,f,A,b,[ ],[ ],lb)
Minimum found that satisfies the constraints.

Optimization completed because the objective function is non-decreasing in
feasible directions, to within the value of the optimality tolerance,
and constraints are satisfied to within the value of the constraint tolerance.

<stopping criteria details>

x =

    0.8000
    1.2000


fval =
  -7.2000


exitflag =

    1
```

```
output =

包含以下字段的 struct:

            message: '↵Minimum found that satisfies the constraints.↵↵Optimization completed because the objective function is non-decreasing in ↵feasible directions, to within the value of the optimality tolerance,↵and constraints are satisfied to within the value of the constraint tolerance.↵↵<stopping criteria details>↵↵Optimization completed: The relative dual feasibility, 1.212631e-16,↵is less than options.OptimalityTolerance = 1.000000e-08, the complementarity measure,↵1.948841e-11, is less than options.OptimalityTolerance, and the relative maximum constraint↵violation, 2.960595e-16, is less than options.ConstraintTolerance = 1.000000e-08.↵↵'
          algorithm: 'interior-point-convex'
    firstorderopt: 1.9488e-11
    constrviolation: 0
         iterations: 4
    linearsolver: 'dense'
    cgiterations: []


lambda =

包含以下字段的 struct:

    ineqlin: [2×1 double]
    eqlin: [0×1 double]
       lower: [2×1 double]
       upper: [2×1 double]
```

由上面的结果可知，当 x 取值为 [0.8000 1.2000] 时，目标函数 $f(x)$ 有最小值-7.2000。

7.3 带约束线性最小二乘问题

在第6章中，介绍了无约束非线性最小二乘问题的计算方法，本节介绍带约束的线性最小二乘问题的计算方法。

7.3.1 数学原理及模型

1. 数学模型

MATLAB 优化函数工具箱中，给出了两类约束线性最小二乘问题的求解函数。

第一类是所谓的非负线性最小二乘问题，数学模型如下：

$$\min_x \frac{1}{2}\| Cx - d \|_2^2$$

subject to

$$x \geqslant 0$$

其中，C 和 d 分别为实矩阵和实向量。

第二类是约束线性最小二乘问题，数学模型如下：

$$\min_{x} \frac{1}{2} \| Cx - d \|_2^2$$

subject to

$$Ax \leqslant b$$

$$Aeqx = beq$$

$$lb \leqslant x \leqslant ub$$

2. 算法介绍

MATLAB 工具箱中的基本函数 lsqnonneg 主要利用积极集方法，lsqlin 在求解中等规模的问题时，用积极集方法；在求解大型问题时，用 trust-region reflective Newton 方法。

7.3.2 MATLAB 工具箱中的基本函数

1. lsqnonneg 函数

在 MATLAB 优化工具箱中，用函数 lsqnonneg（Linear least squares with nonnegativity constraints）来求解非负线性最小二乘问题。具体调用格式如下。

（1）调用格式 1

x =lsqnonneg（C，d）

该函数格式的功能是返回向量 x，使得 norm（$C*x-d$）取最小值。约束条件为：$x \geqslant 0$，其中 C 和 d 必须是实数。

（2）调用格式 2

x =lsqnonneg（c，d，options）

该函数格式的功能是求解上述问题，同时将默认优化参数改为 options 指定值。options 的可用值为 Display 和 TolX。

（3）调用格式 3

x =lsqnonneg（problem）

该格式的功能是用结构体 problem 定义参数。其中，problem 包含参数为：实数矩阵 C、实数向量 d、求解器 solver（'lsqnonneg'）、优化参数 options。

（4）调用格式 4

[x，resnorm] =lsqnonneg（...）

该函数格式的功能是返回残差的平方范数值：norm（$C*X-d$）^2。

（5）调用格式 5

[x，resnorm，residual] = lsqnonneg（...）

该函数格式的功能是同时返回残差：$C*X-d$。

（6）调用格式 6

[x，resnorm，residual，exitflag] = lsqnonneg（...）

该函数格式的功能和作用同调用格式 5，同时返回 exitflag 参数值，用来描述计算退出的条件。其中，exitflag 值和相应的含义见表 7-13。

表 7-13 exitflag 值和相应的含义

参数值	含义
1	收敛到最优解
0	超出迭代次数（若增大允许次数可得最优解）

（7）调用格式 7

[x, resnorm, residual, exitflag, output] = lsqnonneg (...)

该函数格式的功能是返回一个包含优化信息的结构变量 output。其中包括：迭代次数、使用的算法和函数的退出信息等。

（8）调用格式 8

[x, resnorm, residual, exitflag, output, lambda] = lsqnonneg (...)

该函数格式的功能是返回对偶向量拉格朗日乘子 lambda。当 $x(i)=0$（或者约等于 0），lambda $(i)\leqslant 0$；$x(i)>0$ 时，lambda $(i)=0$（或者约等于 0）。

2. lsqlin

在 MATLAB 优化工具箱中，用函数 lsqlin 来求解带有约束的最小二乘问题，这里的约束指的是线性约束。具体的调用格式如下。

（1）调用格式 1

x=lsqlin (C, d, A, b)

该函数格式的功能是求解如下形式的优化问题：

$$\min_{x} \frac{1}{2}\|Cx-d\|_2^2$$

subject to

$$Ax\leqslant b$$

其中，C 为矩阵。

（2）调用格式 2

x=lsqlin (C, d, A, b, Aeq, beq)

该函数格式的功能是求解如下形式的优化问题：

$$\min_{x} \frac{1}{2}\|Cx-d\|_2^2$$

subject to

$$Ax\leqslant b$$

$$Aeqx=beq$$

如果不存在不等式约束，则令 $A=[\ ]$，$b=[\ ]$。

（3）调用格式 3

x=lsqlin (C, d, A, b, Aeq, beq, lb, ub)

该函数格式的功能是求解如下形式的问题，并且定义变量 x 所在集合的上下界。如果没有 x 上下界则分别用空矩阵代替；如果问题中无下界约束，则令 $lb(i)=-\text{Inf}$；同样，如果问题中无上界约束，则令 $ub(i)=\text{Inf}$。

$$\min_{x} \frac{1}{2}\|Cx-d\|_2^2$$

subject to

$$Ax\leqslant b$$

$$Aeqx = beq$$
$$lb \leqslant x \leqslant ub$$

（4）调用格式 4

x=lsqlin（C，d，A，b，Aeq，beq，lb，ub，options）

该函数格式的功能是求解上述问题，同时将默认优化参数改为 options 指定值。options 的可用值为：Display，Diagnostics，TolFun，LargeScale，MaxIter，JacobMult，PrecondBandWidth，TypicalX，TolPCG 和 MaxPCGIter。

（5）调用格式 5

x=lsqlin（problem）

该格式的功能是用结构体 problem 定义参数，对这些参数指定的优化参数进行最小化。其中，problem 包含参数为：实数矩阵 C、实数向量 d、线性不等式约束的矩阵 Aineq、线性不等式约束的向量 bineq、线性等式约束的矩阵 Aeq、线性等式约束的向量 beq、由下界组成的向量 lb、由上界组成的向量 ub、x 的初始点 $x0$、求解器 solver（'lsqnonneg'）、优化参数 options。

（6）调用格式 6

[x，resnorm] =lsqlin（…）

该函数格式的功能是返回残差的平方范数值：norm（$C*X-d$）^2

（7）调用格式 7

[x，resnorm，residual] =lsqlin（…）

该函数格式的功能是同时返回残差：$C*X-d$。

（8）调用格式 8

[x，resnorm，residual，exitflag] = lsqlin（…）

该函数格式的功能作用同格式 7，同时返回 exitflag 参数值，用来描述计算退出的条件。其中，exitflag 值和相应的含义见表 7-14。

表 7-14　exitflag 值和相应的含义

exitflag 参数值	含　义
1	LSQLIN 收敛到解 X
3	残差的变化小于允许范围
0	超过最大迭代次数
-2	问题无可行解
-4	病态阻止了优化的进行
-7	重要搜索方向太小以至于不能进一步求解

（9）调用格式 9

[x，resnorm，residual，exitflag，output] = lsqlin（…）

该函数格式的功能是返回一个包含优化信息的结构变量 output，其中包括：迭代次数、使用的算法和函数的退出信息等。

（10）调用格式 10

[x，resnorm，residual，exitflag，output，lambda] =lsqlin（…）

该函数格式的功能是返回解处的拉格朗日乘子 lambda。

7.3.3 应用实例分析

对线性方程的解做约束，由此产生约束方程以及对应的最小二乘问题。在 MATLAB 中使用

lsqlin 函数求解这些无约束或者带约束的线性方程及其最小二乘问题，下面利用实例讲解具体步骤。

【例 7-9】求解如下问题的最小二乘解：

$$Ax \leqslant b$$
$$Aeqx = beq$$
$$lb \leqslant x \leqslant ub$$

其中，各矩阵和向量值如下：

$$C=\begin{bmatrix} 0.9501 & 0.7620 & 0.6153 & 0.4057 \\ 0.2311 & 0.4564 & 0.7919 & 0.9354 \\ 0.6068 & 0.0185 & 0.9218 & 0.9169 \\ 0.4859 & 0.8214 & 0.7382 & 0.4102 \\ 0.8912 & 0.4447 & 0.1762 & 0.8936 \end{bmatrix} \quad d=\begin{bmatrix} 0.0578 \\ 0.3528 \\ 0.8131 \\ 0.0098 \\ 0.1388 \end{bmatrix}$$

$$A=\begin{bmatrix} 0.2027 & 0.2721 & 0.7467 & 0.4659 \\ 0.1987 & 0.1988 & 0.4450 & 0.4186 \\ 0.6037 & 0.0152 & 0.9318 & 0.8462 \end{bmatrix} \quad b=\begin{bmatrix} 0.5251 \\ 0.2026 \\ 0.6721 \end{bmatrix}$$

$$lb=\begin{bmatrix} -0.1000 \\ -0.1000 \\ -0.1000 \\ -0.1000 \end{bmatrix} \quad ub=\begin{bmatrix} 2 \\ 2 \\ 2 \\ 2 \end{bmatrix}$$

首先，输入各已知量：

```
>> C=[0.9501 0.7620 0.6153 0.4057
0.2311 0.4564 0.7919 0.9354
0.6068 0.0185 0.9218 0.9169
0.4859 0.8214 0.7382 0.4102
0.8912 0.4447 0.1762 0.8936];
>> d=[0.0578;0.3528;0.8131;0.0098;0.1388];
>> A=[0.2027 0.2721 0.7467 0.4659;
0.1987 0.1988 0.4450 0.4186
0.6037 0.0152 0.9318 0.8462];
>> b=[0.5251;0.2026;0.6721];
>> lb=-0.1* ones(4,1);
>> ub=2* ones(4,1);
```

调用函数求解：

```
>> [x,resnorm,residual,exitflag,output,lambda]=lsqlin(C,d,A,b,[ ],[ ],lb,ub)

Minimum found that satisfies the constraints.

Optimization completed because the objective function is non-decreasing in
feasible directions, to within the value of the optimality tolerance,
and constraints are satisfied to within the value of the constraint tolerance.
```

```
<stopping criteria details>

x =

  -0.1000
  -0.1000
   0.2152
   0.3502


resnorm =

   0.1672


residual =

   0.0455
   0.0764
  -0.3562
   0.1620
   0.0784


exitflag =

   1


output =

包含以下字段的 struct:
             message: '↵Minimum found that satisfies the constraints.↵↵Optimization completed because the objective function is non-decreasing in ↵ feasible directions, to within the value of the optimality tolerance,↵ and constraints are satisfied to within the value of the constraint tolerance.↵↵<stopping criteria details>↵↵Optimization completed: The relative dual feasibility, 8.901815e-17,↵is less than options.OptimalityTolerance = 1.000000e-08, the complementarity measure,↵ 4.337413e-11, is less than options.OptimalityTolerance, and the relative maximum constraint ↵ violation, 0.000000e+00, is less than options.ConstraintTolerance = 1.000000e-08.↵↵'
           algorithm: 'interior-point'
  firstorderopt: 4.3374e-11
  constrviolation: 0
```

```
        iterations: 6
linearsolver: 'dense'
cgiterations: []


lambda =

包含以下字段的 struct:

ineqlin: [3×1 double]
eqlin: [0×1 double]
     lower: [4×1 double]
     upper: [4×1 double]
```

经过6次迭代得到最优解。

7.4 拟合问题

曲线拟合是最小二乘问题的一个重要应用，在MATLAB优化工具箱中，有专门的函数来解决这类问题。

7.4.1 数学原理及模型

1. 数学模型

在科学实验的统计方法研究中，往往要从一组实验数据中寻找自变量和因变量之间的函数关系，由于观测数据往往不准确，因此不要求函数经过所有的观测点，而只要求在给定点上的误差按某种标准最小。例如，要拟合数据：

$$(t_i,\ y_i),\ i=1,\ \cdots,\ m,$$

拟合函数为：

$$\varphi(t,\ x)$$

它是 x 的非线性函数。要求选择 x 使得拟合函数在残差平方和意义上尽可能好地拟合数据，其中残量为：

$$r_i(x)=\varphi(t_i,\ x)-y_i,\ i=1,\ \ldots,\ m,$$

这类问题在MATLAB中的标准形式为：

$$\min_X \sum (FUN(X,\ XDATA)-YDATA)^2$$

其中，X，$XDATA$，$YDATA$ 和函数 FUN 的返回值可以是向量或者矩阵。

2. 算法介绍

在MATLAB优化工具箱中，解这类曲线拟合问题的函数为lsqcurvefit，使用算法为最小二乘法。

7.4.2 MATLAB工具箱中的基本函数

1. 调用格式1

x=lsqcurvefit（fun，x0，xdata，ydata）

该格式的功能是给定初始点 x0，求非线性函数 fun（x，$x$data）与数据 ydata 在最小二乘意义下的拟合系数 x。其中，fun 的返回值 F 为向量或者矩阵，F 不是平方和，并且 F 必须与数据 ydata 的维数相同。

2. 调用格式 2

```
x=lsqcurvefit(fun, x0, xdata, ydata, lb, ub)
```

该格式的功能是定义解的上下界，使得解 x 在区间 $lb \leqslant x \leqslant ub$ 内。如果没有 x 上下界则分别用空矩阵代替，如果问题中无下界约束，则令 $lb(i) = -\text{Inf}$；同样，如果问题中无上界约束，则令 $ub(i) = \text{Inf}$。

3. 调用格式 3

```
x=lsqcurvefit(fun, x0, xdata, ydata, lb, ub, options)
```

该格式的功能是求解上述问题，同时将默认优化参数改为 options 指定值。options 的可用值为 Display，TolX，TolFun，DerivativeCheck，Diagnostics，FunValCheck，Jacobian，JacobMult，JacobPattern，LineSearchType，LevenbergMarquardt，MaxFunEvals，MaxIter，DiffMinChange 和 DiffMaxChange，LargeScale，MaxPCGIter，PrecondBandWidth，TolPCG 和 TypicalX。

4. 调用格式 4

```
x =lsqcurvefit(problem)
```

该格式的功能是用结构体 problem 定义参数。

5. 调用格式 5

```
[x, resnorm] =lsqcurvefit(...)
```

该格式的功能是同时返回解 x 处残差的平方和 2 范数：

$$\sum (FUN(X, XDATA) - YDATA)^2$$

6. 调用格式 6

```
[x, resnorm, residual] =lsqcurvefit(...)
```

该格式的功能是返回解 X 处的残差 residual：

$$FUN(X, XDATA) - YDATA$$

7. 调用格式 7

```
[x, resnorm, residual, exitflag] =lsqcurvefit(...)
```

该格式的功能是同时返回描述函数的退出条件参数 exitflag，exitflag 的值和相应的含义见表 7-15。

表 7-15 退出条件参数 exitflag 的值和相应的含义

exitflag 值	含 义
1	收敛到最优解 X
2	X 的变化小于规定的允许范围
3	残差的变化小于规定的允许范围
4	重要搜索方向小于规定的允许范围
0	达到最大迭代次数或达到函数评价
-1	算法由输出函数终止
-2	下界大于上界
-4	在当前搜索方向上线搜索不能充分减少残查

8. 调用格式 8

[x, resnorm, residual, exitflag, output] =lsqcurvefit (...)

该格式的功能是返回同格式 7 的值，另外，返回包含 output 结构的输出，其中，output 包含的内容及含义见表 6-5。

9. 调用格式 9

[x, resnorm, residual, exitflag, output, lambda] =lsqcurvefit (...)

该格式的功能是返回 lambda 在解 x 处的结构参数，下界对应为 lambda. lower；上界对应为 lambda. upper。

10. 调用格式 10

[x, resnorm, residual, exitflag, output, lambda, jacobian] =lsqcurvefit (...)

该格式的功能是返回解 x 处的 fun 的雅可比矩阵。

7.4.3 应用实例分析

lsqcurvefit 函数与 lsqnonlin 使用相同的算法，用最小二乘求解非线性曲线拟合（数据拟合）问题，lsqcurvefit 为数据拟合问题提供了一个方便的接口。

【例 7-10】计算函数最优解。

设带参数的函数为：

$$f(x)=x_1\sin(xdata)+x_2$$

在文件编辑器中编辑如下文件。

```
function F =funcurv(x,xdata)                    %这是一个目标函数文件
F = x(1)* sin(xdata)+x(2);
```

在命令行窗口中初始数据：

```
>>xdata = [5;4;6];                 % 定义 xdata
>>ydata = 3* sin([5;4;6])+6;       % 定义 ydata
```

调用函数求解问题：

```
>> [X, RESNORM, RESIDUAL, EXITFLAG, OUTPUT, LAMBDA, JACOBIAN] = lsqcurvefit (@
funcurv, [2 7], xdata, ydata)
Local minimum found.

Optimization completed because the size of the gradient is less than
the value of the optimality tolerance.

<stopping criteria details>

X =

    3.0000    6.0000


RESNORM =
```

```
  7.4009e-016


RESIDUAL =

  1.0e-007 *

  -0.1768
  -0.1623
  -0.1281


EXITFLAG =

    1


OUTPUT =

firstorderopt: 4.6719e-008
      iterations: 1
funcCount: 6
cgiterations: 1
        algorithm: 'large-scale: trust-region reflective Newton'
          message: [1x137 char]


LAMBDA =

    lower: [2x1 double]
    upper: [2x1 double]


JACOBIAN =
  (1,1)      -0.9589
  (2,1)      -0.7568
  (3,1)      -0.2794
  (1,2)      1.0000
  (2,2)      1.0000
  (3,2)      1.0000
```

经过一次迭代即达到最优。

【例 7-11】 用匿名函数求解 $f(x)=x_1\sin(xdata)+x_2$。

```
>>xdata = [5;4;6];
>>ydata = 3* sin([5;4;6])+6;
>> x =lsqcurvefit(@ (x,xdata) x(1)* sin(xdata)+x(2),[2 7],xdata,ydata)

Local minimum found.

Optimization completed because the size of the gradient is less than
the value of the optimality tolerance.

x =

   3.0000    6.0000
```

【例 7-12】 求解带参数的函数。

设带参数的函数为：

$$f(x) = x_1 e^{axdata} + x_2$$

其中，a 为参数。

首先，编制函数文件。

```
function F =funcp(x,xdata,a)                    %这是一个目标函数文件
F = x(1)* exp(a* xdata)+x(2);
```

初始数据并给参数赋值：

```
>>xdata = [3; 1; 4];                    % 定义 xdata
>>ydata = 6* exp(-1.5* xdata)+3;        % 定义 ydata
>> a = -1.5;                            %定义参数
```

调用函数求解：

```
>> [x,resnorm,residual,exitflag,output,lambda,jacobian] = lsqcurvefit(@ (x,
xdata) funcp(x,xdata,a),[5;1],xdata,ydata)

Local minimum found.

Optimization completed because the size of the gradient is less than
the value of the optimality tolerance.

<stopping criteria details>

x =

    6.0000
    3.0000
resnorm =

  1.6454e-17
```

```
residual =

  1.0e-08 *

    0.2784
   -0.0450
    0.2916


exitflag =

    1


output =

包含以下字段的 struct:

firstorderopt: 5.2493e-09
      iterations: 1
funcCount: 6
cgiterations: 0
        algorithm: 'trust-region-reflective'
        stepsize: 2.2361
          message: '↵Local minimum found.↵↵Optimization completed because the size
of the gradient is less than↵the value of the optimality tolerance.↵↵<stopping crite-
ria details>↵↵Optimization completed: The first-order optimality measure, 5.249293e-
09,↵is less than options.OptimalityTolerance = 1.000000e-06.↵↵'


lambda =

包含以下字段的 struct:

    lower: [2×1 double]
    upper: [2×1 double]


jacobian =
  (1,1)      0.0111
  (2,1)      0.2231
  (3,1)      0.0025
```

```
    (1,2)       1.0000
    (2,2)       1.0000
    (3,2)       1.0000
```

迭代一次达到最优解。

7.5 一般的约束非线性最优化问题

一般来说，同一个目标函数的约束极小值大于或等于它的无约束极小值。求解约束最优化问题往往比求解无约束最优化问题来得复杂。

7.5.1 数学原理及模型

1. 数学模型

约束非线性最优化问题是指：

$$\min_{x \in \mathrm{R}^n} f(x)$$

subject to

$$c_i(x) = 0, \ i = 1, \cdots, m_e$$

$$c_i(x) \geqslant 0, \ i = m_e + 1, \cdots, m$$

其中，目标函数和约束函数都是定义在 n 维欧几里得空间上的实值连续函数，并且至少有一个是非线性的。由上面的形式不难看出，无约束优化和二次规划等非线性规划问题都是上述问题的特殊形式。

2. 算法介绍

约束最优化问题是实际应用中经常用到的一类数学规划问题，它的求解方法受到人们的重视，目前已经提出了许多解法。其中有的解法是将约束问题转化为一系列无约束问题来求解，也称为间接方法，例如，惩罚函数法，拉格朗日（Lagrange）乘子法等；有的解法不将约束问题转化为无约束优化问题，而是直接在可行域上搜索最优点，也称为直接方法，例如，可行方向法，复合型法，随机实验法等。

在 MATLAB 优化工具箱中，fmincon 函数用信赖域等方法的结合来求解不同规模的问题。

7.5.2 MATLAB 工具箱中的基本函数

在 MATLAB 优化工具箱中，约束非线性最优化问题是利用函数 fmincon 来实现的。具体调用格式如下：

1. 调用格式 1

x=fmincon（fun，x0，A，b）

该函数格式的功能是给定初始点 $x0$ 求解函数 fun 的极小点 x，约束条件为 $A*x \leqslant b$，$x0$ 可以是标量、向量或者矩阵。

2. 调用格式 2

x=fmincon（fun，x0，A，b，Aeq，beq）

该函数格式的功能是极小化带有线性等式约束 $Aeq*x = beq$ 和线性不等式约束 $A*x \leqslant b$ 的最

优化问题，若无不等式约束，则令 $A=[\ ]$ 和 $b=[\ ]$。

3. 调用格式 3

x=fmincon（fun，x0，A，b，Aeq，Beq，lb，ub）

该函数格式的函数作用同格式 2，并且定义变量 x 所在集合的上下界。如果没有 x 上下界则分别用空矩阵代替，如果问题中无下界约束，则令 $lb\ (i)\ =\ -\text{inf}$。同样，如果问题中无上界约束，则令 $ub\ (i)\ =\ \text{inf}$。

4. 调用格式 4

X=FMINCON（FUN，X0，A，B，Aeq，Beq，lb，ub，nonlcon）

该函数格式的函数作用同格式 3，同时，约束中增加了由函数 nonlcon 定义的非线性约束条件，在函数 nonlcon 的返回值中包含非线性等式约束 $Ceq(X)=0$ 和非线性不等式约束 $C(X)\leqslant 0$。其中，$C(X)$ 和 $Ceq(X)$ 均为向量。

5. 调用格式 5

x=fmincon（fun，x0，A，b，Aeq，Beq，lb，ub，nonlcon，options）

该函数格式的功能是用 options 参数指定的优化参数进行最小化。其中，options 可取值为：Algorithm、CheckGradients、ConstraintTolerance、Diagnostics 、Display，FiniteDifferencestepsize、FiniteDifferenceType、 MaxFunctionEvaluations、 MaxIterations、 OptimalityTolerance、 OutputFcn、PlotFcn 、TolX，UseParallel、TolFun，TolCon，DerivativeCheck，Diagnostics，FunValCheck，GradObj，GradConstr，Hessian，MaxFunEvals，MaxIter，DiffMinChange 和 DiffMaxChange，LargeScale，MaxPCGIter，PrecondBandWidth，TolPCG，TypicalX，Hessian，HessMult，HessPattern。FunctionTolerance、MaxSQPiter、RelLineSrchBnd、RelLineSrchBndDuration、TolConSQP、HessianApproximation、HessianFcn、HessianMultiplyFcn、HonorBounds、InitBarrierParam、InitTrustRegionRadius、MaxProjCGlter、ObjectiveLimit、ScaleProblem、SubproblemAlgorithm、TolProjCG 和 TolProjCGAbs。

6. 调用格式 6

x = fmincon (problem)

该格式的功能是用结构体 problem 定义参数，对这些参数指定的优化参数进行最小化。

7. 调用格式 7

[x，fval] =fmincon （...）

该函数格式的功能是同时返回目标函数在解 x 处的值。

8. 调用格式 8

[x，fval，exitflag] =fmincon （...）

该函数格式的功能是返回 exitflag 值，描述函数计算的退出条件。其中，exitflag 取值和相应的含义见表 7-16。

9. 调用格式 9

[x，fval，exitflag，output] =fmincon （...）

该函数格式的功能是返回同格式 8 的值，另外，返回包含 output 结构的输出，其中，output 包含的内容及含义见表 6-5。

10. 调用格式 10

[x，fval，exitflag，output，lambda] =fmincon （...）

该函数格式的功能是返回 lambda 在解 x 处的结构参数，各参数值及含义见表 7-17。

表 7-16 exitflag 取值和相应的含义

exitflag 值	含　义
1	一阶最优性条件满足允许范围
2	X 的变化小于允许范围
3	目标函数的变化小于允许范围
4	重要搜索方向小于规定的允许范围并且约束违背小于 options. TolCon
5	重要方向导数小于规定的允许范围并且约束违背小于 options. TolCon
0	达到最大迭代次数或达到函数评价
-1	算法由输出函数终止
-2	无可行点

表 7-17 返回 lambda 在解 x 处的结构参数值及含义

结构变量	含　义
lambda. lower	对应于下界约束的拉格朗日乘子
lambda. upper	对应于上界约束的拉格朗日乘子
lambda. ineqlin	对应于线性不等式约束的拉格朗日乘子
lambda. eqlin	对应于线性等式约束的拉格朗日乘子
lambda. ineqnonlin	对应于非线性不等式约束的拉格朗日乘子
lambda. eqnonlin	对应于非线性等式约束的拉格朗日乘子

11. 调用格式 11

[x, fval, exitflag, output, lambda, grad] =fmincon (...)

该函数格式的功能是返回函数 fun 在解 x 处的梯度。

12. 调用格式 12

[x, fval, exitflag, output, lambda, grad, hessian] =fmincon (...)

该函数格式的功能是返回函数 fun 在解 x 处的黑塞矩阵。

函数 fun 的使用可以通过引用@来完成，如：

X =fmincon (@humps, ...)

该格式中，F = humps (X) 返回函数 humps 在 X 处的一个标量函数值 F。

另外，fun 还可以是一个匿名函数。例如：调用如下格式。

```
>> X =fmincon(@ (x) 3* sin(x(1))+exp(x(2)),[1;1],[],[],[],[],[0 0])
```

得到如下结果：

```
Local minimum found that satisfies the constraints.

Optimization completed because the objective function is non-decreasing in
feasible directions, to within the value of the optimality tolerance,
and constraints are satisfied to within the value of the constraint tolerance.

<stopping criteria details>
```

```
X =

  1.0e-05 *

    0.0667
    0.2000
```

如果 fun 和 nonlcon 为含参数的函数，可以使用匿名函数来获得参数值。

【例 7-13】求解如下形式的约束非线性规划问题。

$$\min 5x_1^2 + ax_2^2$$

subject to

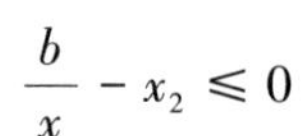

$$\frac{b}{x} - x_2 \leqslant 0$$

首先，编制两个函数文件，分别保存目标函数和约束函数。

目标函数文件如下。

```
function f =objfun(x,a)                  %这是一个目标函数文件
f = 5* x(1).^2 + a* x(2).^2;
```

约束函数文件

```
function [c,ceq] =confun(x,b)                  %这是一个约束函数文件
c = b/x(1) - x(2);
ceq = [];
```

然后，在命令行窗口中，先给两个参数赋值。

```
>> a = 2; b = 1.5;                  %首先定义参数
```

用两个匿名函数来获取参数值，最后，调用工具箱函数求解上述问题。

```
>> [x,fval,exitflag,output,lambda,grad,hessian] = fmincon(@ (x)objfun(x,a),[1;
2],[],[],[],[],[],[],@ (x)confun(x,b))
```

得到：

```
Local minimum found that satisfies the constraints.

Optimization completed because the objective function is non-decreasing in
feasible directions, to within the value of the optimality tolerance,
and constraints are satisfied to within the value of the constraint tolerance.

<stopping criteria details>

x =

    0.9740
    1.5400
```

```
fval =
    9.4868


exitflag =

    1


output =

包含以下字段的 struct:

        iterations: 9
    funcCount: 31
    constrviolation: 0
          stepsize: 1.1410e-06
          algorithm: 'interior-point'
    firstorderopt: 7.9418e-08
    cgiterations: 0
            message: '↵Local minimum found that satisfies the constraints.↵↵Optimization completed because the objective function is non-decreasing in ↵feasible directions, to within the value of the optimality tolerance,↵and constraints are satisfied to within the value of the constraint tolerance.↵↵<stopping criteria details>↵↵Optimization completed: The relative first-order optimality measure, 8.153761e-09,↵ is less than options.OptimalityTolerance = 1.000000e-06, and the relative maximum constraint↵ violation, 0.000000e+00, is less than options.ConstraintTolerance = 1.000000e-06.↵↵'


lambda =

包含以下字段的 struct:

    eqlin: [0×1 double]
    eqnonlin: [0×1 double]
    ineqlin: [0×1 double]
        lower: [2×1 double]
        upper: [2×1 double]
    ineqnonlin: 6.1601
```

```
grad =

    9.7400
    6.1601
hessian =

   29.7698   -0.0653
   -0.0653    4.0378
```

由上可知，迭代 9 次达到最优解，在 $x=[0.9740, 1.5400]$ 时，得到局部最小值 9.4868。

具体参数的分析，参见函数介绍。

7.5.3 应用实例分析

近年来，人们在最优化计算方法上的努力获得了一些丰硕的成果，逐步二次规划方法，信赖域方法等一系列杰出的计算方法更是推动了最优化计算方法的飞速发展。本节介绍函数 fmincon 使用信赖域方法求解一般的约束非线性最优化问题的步骤。

【例 7-14】 建设费用。

某农场拟修建一批半球壳顶的圆筒形谷仓，计划每座谷仓的容积为 $200m^3$，圆筒半径不得超过 3m，高度不得超过 10m。按照造价分析材料，半球壳顶的建筑造价为 150 元/m^2，圆筒仓壁的建筑造价为 120 元/m^2，地坪造价为 50 元/m^2。试求造价最小的谷仓尺寸应为多少？

设谷仓的圆筒半径为 R，壁高为 H，则半球壳的面积如下。

圆筒壁的面积为：$2\pi R^2$

地坪面积为：$2\pi RH\pi R^2$

每座谷仓的建筑造价为：

$$150(2\pi R^2)+120(2\pi RH)+50(\pi R^2)$$

此即为本例的目标函数。根据题意要求，目标函数越小越好，所以，是一个极小值最优化问题。

由于谷仓的容积拟定为 $200m^3$，故有如下限制：

$$2\pi R^3/3+\pi R^2 H=200$$

另外，对高度和半径的限制为：

$$0\leqslant R\leqslant 3$$

$$0\leqslant H\leqslant 10$$

至此，可以写出本题的数学模型如下：

$$\min 10\pi R(35R+24H)$$

subject to

$$2\pi R^3+3\pi R^3 H=600$$

$$0\leqslant R\leqslant 3$$

$$0\leqslant H\leqslant 10$$

下面利用 MATLAB 求解上述问题。

首先，编制目标函数文件和约束函数文件。

目标函数文件。

```
function f=objfun0(x)
%这是一个目标函数文件
```

```
f=10* pi* x(1)* (35* x(1)+24* x(2));
```

约束函数文件

```
function [c,ceq]=confun0(x)
%这是一个约束函数文件
c=[ ];
ceq=2* pi* x(1)* x(1)* x(1)+3* pi* x(1)* x(1)* x(2)-600;
```

在命令行窗口中设置初始参数

```
>> x0=[3;3];
>> ub=[3;10];
>> lb=zeros(2,1);
```

调用工具箱函数求解：

```
>>[x,fval,exitflag,output,lambda,grad,hessian]=fmincon(@ objfun0,x0,[ ],[ ],[
],[ ],lb,ub,@ confun0)

Local minimum found that satisfies the constraints.

Optimization completed because the objective function is non-decreasing in
feasible directions, to within the value of the optimality tolerance,
and constraints are satisfied to within the value of the constraint tolerance.

<stopping criteria details>

x =

    3.0000
    5.0736


fval =

  2.1372e+04


exitflag =

    1


output =

包含以下字段的 struct:
```

```
        iterations: 7
    funcCount: 25
    constrviolation: 9.0949e-13
          stepsize: 3.4971e-07
          algorithm: 'interior-point'
    firstorderopt: 8.5609e-05
    cgiterations: 0
            message: '↵Local minimum found that satisfies the constraints.↵↵Optimization completed because the objective function is non-decreasing in ↵feasible directions, to within the value of the optimality tolerance,↵and constraints are satisfied to within the value of the constraint tolerance.↵↵<stopping criteria details>↵↵Optimization completed: The relative first-order optimality measure, 8.213684e-09,↵is less than options.OptimalityTolerance = 1.000000e-06, and the relative maximum constraint↵ violation, 2.092016e-15, is less than options.ConstraintTolerance = 1.000000e-06.↵↵'


    lambda =

    包含以下字段的 struct:

    eqlin: [0×1 double]
    eqnonlin: -26.6667
    ineqlin: [0×1 double]
          lower: [2×1 double]
          upper: [2×1 double]
    ineqnonlin: [0×1 double]


    grad =

      1.0e+04 *

        1.0423
        0.2262


    hessian =

      1.0e+03 *

        1.0249  -0.4703
      -0.4703   0.2158
```

由上面的结果，谷仓的尺寸应选为：半径 3m，壁高 5.0736m。这种谷仓的造价最小，每座约为 21372 元。

其他参数分析参见函数介绍。

【例 7-15】颗粒饲料压缩。

影响饲料压成颗粒的因素有：饲料的湿度和加热湿度、压力、加压时间、压模的孔径和厚度，压模和辊轴的间隙等。为简单起见，仅以饲料的湿度和加热的温度为设计变量，其他参数视为常数而进行优化。优化的目的是在颗粒饲料的破碎率不大于 6% 的条件下，使加工过程中能量消耗最小。

用理论方法直接推导出饲料湿度、温度与能量消耗和破碎率的关系是比较困难的。通过实验安排，饲料湿度、温度与能量消耗的关系见表 7-18。

表 7-18 饲料湿度、温度与能量消耗的关系

水平 v	湿度 W（%）	温度 t
+1	16.5	70
0	15.5	60
-1	14.5	50

得到如下实验结果，见表 7-19。

表 7-19 实验结果

代　号	湿　度	温　度	能量消耗	破碎率
1	-1	-1	26.05	7.85
2	-1	0	23.40	7.07
3	-1	+1	20.47	6.20
4	0	-1	24.41	5.83
5	0	0	21.35	5.47
6	0	+1	18.29	6.04
7	+1	-1	22.76	6.87
8	+1	0	12.30	7.07
9	+1	+1	15.24	7.27

由上表做回归分析，得：

$$f(x_1,x_2) = 21.35 - 2x_1 - 3x_2 - 0.4x_1x_2$$

$$K(x_1,x_2) = \sqrt{29.85 - 4.34x_2 + 7.18x_1x_2 + 20.2x_1^2}$$

从而问题的数学模型为：

$$\min f(x_1,x_2) = 21.35 - 2x_1 - 3x_2 - 0.4x_1x_2$$

subject to

$$\sqrt{29.85 - 4.34x_2 + 7.18x_1x_2 + 20.2x_1^2} - 6 \leqslant 0$$

$$x_1 - 1 \leqslant 0$$

$$-(x_1 + 1) \leqslant 0$$

$$x_2 - 1 \leqslant 0$$

$$-(x_2 + 1) \leqslant 0$$

其中，变量 $x=(x_1,x)^T$ 分别表示湿度和温度。

首先，编制目标函数文件和约束函数文件。

目标函数文件如下。

```
function f=objfun1(x)
%这是一个目标函数文件
f=21.35-2* x(1)-3* x(2)-0.4* x(1)* x(2);
```

约束函数文件

```
function [c,ceq]=confun1(x)
%这是一个约束函数文件
c=sqrt(29.85-4.34* x(2)+7.18* x(1)* x(2)+20.2* x(1)* x(1))-6;
ceq=[ ];
```

在命令行窗口中设置初始参数：

```
>> A=[1 0
-1 0
0 1
0 -1];
>> b=ones(4,1);
>> x0=[1;1];
```

调用工具箱函数求解：

```
>> [x,fval,exitflag,output,lambda,grad,hessian]=fmincon(@ objfun1,x0,A,b,[ ],
[ ],[ ],[ ],@ confun1)

Local minimum found that satisfies the constraints.

Optimization completed because the objective function is non-decreasing in
feasible directions, to within the value of the optimality tolerance,
and constraints are satisfied to within the value of the constraint tolerance.

<stopping criteria details>

x =

    0.5645
    1.0000


fval =

  16.9952

```

```
exitflag =

    1


output =
包含以下字段的 struct:

        iterations: 8
   funcCount: 27
   constrviolation: 0
          stepsize: 3.7616e-11
         algorithm: 'interior-point'
   firstorderopt: 1.8119e-07
   cgiterations: 0
           message: '↵Local minimum found that satisfies the constraints.↵↵Optimization completed because the objective function is non-decreasing in ↵feasible directions, to within the value of the optimality tolerance,↵and constraints are satisfied to within the value of the constraint tolerance.↵↵<stopping criteria details>↵↵Optimization completed: The relative first-order optimality measure, 5.616995e-08,↵is less than options.OptimalityTolerance = 1.000000e-06, and the relative maximum constraint↵violation, 0.000000e+00, is less than options.ConstraintTolerance = 1.000000e-06.↵'


   lambda =

   包含以下字段的 struct:

   eqlin: [0×1 double]
   eqnonlin: [0×1 double]
   ineqlin: [4×1 double]
         lower: [2×1 double]
         upper: [2×1 double]
   ineqnonlin: 0.9605


   grad =

     -2.4000
     -3.2258


   hessian =

       2.7117  -0.4433
      -0.4433   0.9052
```

由上面的结果，0.5645 对应的相对湿度为 16.0645%，1 相当于温度为 70，由破碎率的如下公式：

$$K(x_1,\ x_2)=\sqrt{29.85-4.34x_2+7.18x_1x_2+20.2x_1^2}$$

破碎率约为 6.00。满足要求。此时的能量消耗为：16.9952。

其他参数分析参见函数介绍。

【例 7-16】最优排涝方案。

某市东郊低洼地区共有甲、乙、丙三座排涝泵站，供雨季排除洼地积水之用。三座泵站的机组运行特性各不相同。根据历年运行经验，各站的排水流量与消耗功率及运行费用的关系可近似用下列各式表达。其中用 x、y、z 分别代表排水流量、消耗功率和运行费用，下标对应于各个泵站。

$$x_1\leqslant 13$$
$$x_2\leqslant 9$$
$$x_3\leqslant 14$$
$$y_1=25+1300x_1-464x_1^2$$
$$y_2=915+500x_2-475x_2^2$$
$$y_3=2600-363x_3-64x_3^2$$
$$z_1=190+1.6\ (x_1-2.5)^{1.9}$$
$$z_2=120+2.5\ (x_2-3.5)^2$$
$$z_3=210+0.7\ (x_3-12)^{2.1}$$

现遇到特大暴雨，要求在一昼夜内排尽洼地积水 200 万 m^3，平均抽排流量为 $25m^3/s$。由于电力供应比较紧张，要求限制在 1200kW 以内。试安排一个最佳的泵站运行计划，既满足各项要求，又使总运行费用最低。

根据题意，本题要求解三座泵站总运行费用的最小值。有如下约束条件：

按要求，三座泵站的总抽排流量为 $25m^3/s$，从而有如下限制：

$$x_1+x_2+x_3=25$$

另外，又有电力供应的限制，要求三座泵站的总功率不超过 1200kW，从而有如下限制：

$$y_1+y_2+y_3\leqslant 1200$$

各站水泵不允许逆向运转使用，从而排量不能为负值，也不能超过泵站的极限能力，从而有如下限制：

$$0\leqslant x_1\leqslant 13$$
$$0\leqslant x_2\leqslant 9$$
$$0\leqslant x_3\leqslant 14$$

由上面所述，得到如下数学模型：

$$\min\ z_1+z_2+z_3$$

subject to

$$x_1+x_2+x_3=25$$
$$y_1+y_2+y_3\leqslant 1200$$
$$0\leqslant x_1\leqslant 13$$
$$0\leqslant x_2\leqslant 9$$
$$0\leqslant x_3\leqslant 14$$

其中，

$$0 \leqslant x_3 \leqslant 14$$

$$y_1 = 25 + 1300x_1 - 464x_1^2$$

$$y_2 = 915 + 500x_2 - 475x_2^2$$

$$y_3 = 2600 - 363x_3 - 64x_3^2$$

$$z_1 = 190 + 1.6(x_1 - 2.5)^{1.9}$$

$$z_2 = 120 + 2.5(x_2 - 3.5)^2$$

$$z_3 = 210 + 0.7(x_3 - 12)^{2.1}$$

下面利用 MATLAB 求解上述问题。

首先，编制目标函数文件和约束函数文件。

目标函数文件如下。

```
function f=objfun2(x)
%这是一个目标函数文件
f=190+1.6* (x(1)-2.5)^1.9+120+2.5* (x(2)-3.5)^2+210+0.7* (x(3)-12)^2.1;
```

约束函数文件

```
function [c,ceq]=confun2(x)
%这是一个约束函数文件
c=25+1300* x(1)-464* x(1)^2-(915+500* x(2)-475* x(2)^2)-(2600-363* x(3)-64* x
(3)^2)
-1200;
ceq=x(1)+x(2)+x(3)-25;
```

在命令行窗口中设置初始参数：

```
>> x0=[6;5;14];
>> ub=[13;9;14];
>> lb=zeros(3,1);
```

调用工具箱函数求解：

```
>> [x,fval,exitflag,output,lambda,grad,hessian]=fmincon(@ objfun2,x0,[ ],[ ],[
],[ ],lb,ub,@ confun2)

Local minimum found that satisfies the constraints.

Optimization completed because the objective function is non-decreasing in
feasible directions, to within the value of the optimality tolerance,
and constraints are satisfied to within the value of the constraint tolerance.

<stopping criteria details>

x =
```

```
    7.6093
    3.7491
   13.6416


fval =
  557.6187


exitflag =

    1


output =

包含以下字段的 struct:

        iterations: 9
funcCount: 42
constrviolation: 1.4211e-14
          stepsize: 1.3536e-06
          algorithm: 'interior-point'
firstorderopt: 2.6354e-07
cgiterations: 0
            message: '↵Local minimum found that satisfies the constraints.↵↵Optimization completed because the objective function is non-decreasing in ↵feasible directions, to within the value of the optimality tolerance,↵and constraints are satisfied to within the value of the constraint tolerance.↵↵<stopping criteria details>↵↵Optimization completed: The relative first-order optimality measure, 1.997316e-08,↵is less than options.OptimalityTolerance = 1.000000e-06, and the relative maximum constraint↵violation, 1.253573e-18, is less than options.ConstraintTolerance = 1.000000e-06.↵↵'


lambda =

包含以下字段的 struct:

eqlin: [0×1 double]
eqnonlin: -5.3921
ineqlin: [0×1 double]
        lower: [3×1 double]
        upper: [3×1 double]
```

```
    ineqnonlin: 0.0014


grad =

   13.1946
    1.2457
    2.5358


hessian =

    1.9447   -0.5422    0.0582
   -0.5422    4.6298   -1.3194
    0.0582   -1.3194    1.1855
```

由输出结果，最佳的泵站运行计划是：甲泵站抽排流量安排为：7.6093m^3/s，乙泵站抽排流量安排为：3.7491m^3/s，丙泵站抽排流量安排为：13.6416m^3/s。此运行计划的总运转费用最低，为557.6187。

其他参数分析参见函数介绍。

第 8 章　多目标规划

内容提要

本章介绍多目标规划问题的数学原理，各种经典算法以及在 MATLAB 中的实现，并分别介绍传统算法与智能优化算法。

本章重点

- 线性规划
- 粒子群法

多目标优化问题是一个涉及多目标函数的优化问题。多目标优化是多准则决策的一个领域，它是涉及多个目标函数同时优化的数学问题。多目标优化已经应用于许多科学领域，包括工程、经济和物流，其中需要在两个或多个相互冲突的目标之间进行权衡的情况下进行最优决策。

多目标优化算法归结起来有传统优化算法和智能优化算法两大类。传统优化算法包括加权法、约束法和线性规划法等；智能优化算法包括进化算法（Evolutionary Algorithm，简称 EA）、粒子群算法（Particle Swarm Optimization，PSO）等。

8.1　线性规划

多目标规划是在线性规划的基础上为适应复杂的多目标最优决策的需要发展起来的。它对众多的目标分别确定一个希望实现的目标值，然后按目标的重要级别依次进行考虑与计算，以求得最接近实现各目标预定值的方案。如果某些目标由于种种约束而不能完全实现，它也能指出目标值不能实现的程度及原因，以供决策者参考。通过对各种目标重要程度，希望实现值及其他数据的变化、分析，可以得到一系列的决策方案，供决策者在复杂的经济活动中决策。目标规划方法特别适合于经济活动中的目标管理。

传统多目标规划优化算法中的线性规划法等实质上就是将多目标函数转化为单目标函数，通过采用单目标优化的方法达到对多目标函数的求解。

8.1.1 数学原理及模型

运用线性规划，可以处理许多线性系统的最优化问题。但是，由于线性规划存在目标单一性、约束条件相容性和约束条件“刚性”等诸多限制条件，不能适应复杂多变的生产经营管理系统对综合性、多目标性指标的实际要求，使其在解决实际问题时，存在着一定的局限性。例如，一个企业是由多个不同部门构成的一个复杂生产经营系统，每个部门都有其相应的工作目标。其中，财务部门可能希望有尽可能大的利润，以实现其年度利润要求；物质部门可能希望有尽可能少的物质消耗，以节约储备资金占用；销售部门可能希望产品品种多样化，以适销对路等。这些多目标问题的提出是线性规划难以解决的，需要用目标规划加以解决。

为具体说明目标规划，先通过一个例子来介绍目标规划的有关概念及数学模型。

某工厂生产甲、乙两种产品，已知有关数据见表 8-1。

表 8-1 某工厂生产甲、乙两种产品，已知有关数据

	甲	乙	拥 有 量
原材料	2	1	11
设备台时	1	2	10
利润	8	10	

求获利最大的生产方案。

这是一个典型的线性规划问题。设 x_1，x_2 分别表示产品甲、乙的计划产量，用线性规划模型表示为：

$$\max\ 8x_1+10x_2$$

subject to

$$2x_1 + x_2 \leqslant 11$$
$$x_1 + 2x_2 \leqslant 10$$
$$x_1,\ x_2 \geqslant 0$$

利用前面介绍的线性规划的解法或者图解法，很容易得到上述问题的最优决策方案：$x=[4,\ 3]$，$Z=62$ 元。

但是，实际上，工厂在做决策时，要考虑市场等一系列其他条件，如：

1）根据市场信息，产品甲的销售量有下降的趋势，所以，考虑产品甲的产量不大于产品乙。

2）超过计划供应的原材料时，需要高价采购，这样会使得成本增加。

3）在不加班的条件下，应尽可能充分利用设备。

4）尽可能达到并超过计划利润指标。

这样，在考虑产品决策时，便成为了多目标决策问题。目标规划方法是解决这一类问题的方法之一。下面介绍相关概念。

1. 正、负偏差变量

先介绍目标值与实际值的概念。

1）目标值　是指预先给定的某个目标的期望值。

2）实际值　也称为决策值，是当决策变量选定后，目标函数的对应值。

3）正偏差变量　表示实际值超过目标值的部分。

4）负偏差变量　表示实际值未达到目标值的部分。

2. 绝对约束和目标约束

1）绝对约束：是指必须严格满足的等式约束和不等式约束。

2）目标约束：是指某些不必严格满足的等式约束和不等式约束。这是目标规划特有的，这些约束不一定要求严格完全满足，允许发生正或负的偏差，因此在这些约束中可以加入正负偏差变量，它们也称为软约束。

3. 优先因子与权系数

一个目标规划问题常常有若干目标，但决策者在要求达到这些目标时，是有轻重缓急之分的。凡是要求第一位达到的目标赋予优先因子 P_1，次位的目标赋予优先因子 P_2，…，并规定前面的优先因子有更大的优先权；若要区别具有相同优先因子的两个不同子目标的差别，可赋予它们不同的权系数。

4. 目标规划的目标函数

目标规划的目标函数是按各目标约束的正、负偏差变量和赋予相应的优先因子而构造的。每

当一目标值确定后，决策者的要求是尽可能缩小与目标值的偏离，一次目标规划的目标函数只能是：

$$\min Z = f(d^{+}, d^{-})$$

对于每一个具体的目标规划，可根据决策者的要求和赋予各目标的优先因子来构造目标函数。

8.1.2 MATLAB 工具箱中的基本函数

在 MATLAB 优化工具箱中，用函数 fgoalattain 来求解多目标规划问题，也称为目标达到问题。跟其他问题一样，目标规划问题在 MATLAB 工具箱函数的调用中也有自己的标准形式，目标规划在 MATLAB 调用中遵守的形式为：

$$\min_{x,\ \gamma} \gamma$$

subject to

$$F(x) - weight \cdot \gamma \leqslant goal$$
$$C(x) \leqslant 0$$
$$Ceq(x) = 0$$
$$Ax \leqslant b$$
$$Aeqx = beq$$
$$lb \leqslant x \leqslant ub$$

其中，x、b、beq、lb、ub 是向量；A、Aeq 为矩阵；$C(x)$、Ceq（x 和 $F(x)$是返回向量的）函数；$F(x)$、$C(x)$、$Ceq(x)$可以是非线性函数；weight 为权值系数向量，用于控制对应的目标函数与用户定义的目标函数值的接近程度；goal 为用户设计的与目标函数相应的目标函数值向量；γ 为一个松弛因子标量；$F(x)$为多目标规划中的目标函数向量。

函数具体的调用格式如下。

1. 调用格式 1

x =fgoalattain（fun，x0，goal，weight）

该格式的功能是通过变化 x 来使目标函数 fun 达到 goal 指定的目标。用 $x0$ 作为初始值，参数 weight 指定权重。其中，$x0$ 可以是标量、向量或者矩阵。函数 fun 接受参数 x 的值，返回一个向量或者矩阵。

2. 调用格式 2

x=fgoalattain（fun，x0，goal，weight，A，b）

该格式的功能是求解带约束条件 $A * x \leqslant b$ 的多目标规划问题。

3. 调用格式 3

x=fgoalattain（fun，x0，goal，weight，A，b，Aeq，Beq）

该格式的功能是求解同时带有不等式约束和等式约束 $Aeq * x = beq$ 的多目标规划问题。

4. 调用格式 4

x=fgoalattain（fun，x0，goal，weight，A，b，Aeq，beq，lb，ub）

该格式的功能是求解上述问题，同时给变量 x 设置上下界。

5. 调用格式 5

x=fgoalattain（fun，x0，goal，weight，A，b，Aeq，beq，lb，ub，nonlcon）

该格式的功能是求解上述问题，同时约束中加上由函数 nonlcon（通常为 M 文件定义的函数）

定义的非线性约束，当调用函数［C，Ceq］= feval（nonlcon，x）时，nonlcon 应返回向量 C 和 Ceq，分别代表非线性不等式和等式约束。

6. 调用格式 6

x=fgoalattain（fun，x0，goal，weight，A，b，Aeq，beq，lb，ub，nonlcon，options）

该格式的功能是用 options 参数指定的优化参数进行最小化。其中，options 可取值为：ConstraintTolerance、DiffMaxChange、DifiMinChange 、Display，TolX，TolFun，TolCon，DerivativeCheck，FunValCheck，GradObj，GradConstr，MaxFunEvals，MaxIter，MeritFunction，GoalsExactAchieve，Diagnostics，DiffMinChange，DiffMaxChange 和 TypicalX。

7. 调用格式 7

x = fgoalattain（problem）

该格式的功能是用结构体 problem 定义参数。

8. 调用格式 8

［x，fval］=fgoalattain（...）

该格式的功能是同时返回目标函数 fun 在解 x 处的值。

9. 调用格式 9

［x，fval，attainfactor］=fgoalattain（...）

该格式的功能是返回解 x 处的目标达到因子 attainfactor。若 attainfactor 为负值，则目标 over-achieved；若 attainfactor 为正，则目标 under-achieved。

10. 调用格式 10

［x，fval，attainfactor，exitflag］=fgoalattain（...）

该格式的功能是返回 exitflag 值，描述函数计算的退出条件。其中，exitflag 取值和相应的含义见表 8-2。

表 8-2 exitflag 取值和相应的含义

exitflag 值	含 义
1	函数 fgoalattain 收敛到最优解处
4	重要搜索方向小于规定的允许范围，并且约束违背小于 options. TolCon
5	重要方向导数小于规定的允许范围，并且约束违背小于 options. TolCon
0	达到最大迭代次数或达到函数评价
-1	算法由输出函数终止
-2	无可行解

11. 调用格式 11

［x，fval，attainfactor，exitflag，output］=fgoalattain（...）

该格式的功能是返回同格式 10 的值，另外，返回包含 output 结构的输出。其中，output 包含的内容及含义见表 6-5。

12. 调用格式 12

［x，fval，attainfactor，exitflag，output，lambda］=fgoalattain（...）

该格式的功能是返回 lambda 在解 x 处的结构参数。

8.1.3 应用实例分析

【例 8-1】公司决定使用 200 万元新产品开发基金购买两种原材料 A、B，材料 A 2.3 万元/t，材料 B 3 万元/t。根据新产品开发的需要，购得原材料的总量不少于 70t。其中，原材料 B 不少于 30t。试给该公司确定最佳采购方案。

由题意可见，设 x_1，x_2 分别为采购原料 A、B 的数量，根据要求，采购的费用尽可能少，采购的总量尽可能多，采购原料 B 应尽可能多。这样，得到如下问题：

$$\min 2.3x_1 + 3x_2$$
$$\min x_1 + x_2$$
$$\min x_2$$

subject to

$$2.3x_1 + 3x_2 \leqslant 200$$
$$x_1 + x_2 \geqslant 70$$
$$x_2 \geqslant 30$$
$$x_1,\ x_2 \geqslant 0$$

为了使用 MATLAB 优化工具函数，将上述问题化为 MATLAB 可接受的标准形式：

$$\min 2.3x_1 + 3x_2$$
$$\min -x_1 - x_2$$
$$\min -x_2$$

subject to

$$2.3x_1 + 3x_2 \leqslant 200$$
$$-x_1 - x_2 \geqslant -70$$
$$-x_2 \leqslant -30$$
$$x_1,\ x_2 \geqslant 0$$

下面求解上述问题。

首先，编写目标函数文件。

```
function f=gofun(x)
%该函数是演示函数
f(1)=2.3* x(1)+3* x(2);
f(2)=-x(1)-x(2);
f(3)=-x(2);
```

然后，给定目标，权重按照一般规律为目标的绝对值，同时给出初始条件：

```
>> goal=[200 -70 -30];
>> weight=abs(goal);
>> x0=[25 33];
```

输入约束矩阵和其他约束条件：

```
>> A=[2.3 3
-1 -1
0 -1];
>> b=[200 -70 -30];
>> lb=zeros(2,1);
```

调用优化函数求解上述问题：

```
>>[x,fval,attainfactor,exitflag,output,lambda] = fgoalattain(@ gofun,x0,goal,
weight,A,b,[ ],[ ],lb)
```

得到

```
Local minimum possible. Constraints satisfied.

fgoalattain stopped because the size of the current search direction is less than
twice the value of the step size tolerance and constraints are
satisfied to within the value of the constraint tolerance.

<stopping criteria details>

x =

  41.8848  31.4136


fval =

  190.5759  -73.2984  -31.4136


attainfactor =

  -0.0471


exitflag =

    4


output =

包含以下字段的 struct:

        iterations: 8
funcCount: 39
lssteplength: 1
          stepsize: 2.8521e-08
          algorithm: 'active-set'
firstorderopt: []
constrviolation: 3.7792e-11
            message: '↵ Local minimum possible. Constraints satisfied.↵↵ fgoalat-
tain
```

```
stopped because the size of the current search direction is less than↵twice the value of the step size tolerance and constraints are ↵satisfied to within the value of the constraint tolerance.↵↵<stopping criteria details>↵↵Optimization stopped because the norm of the current search direction, 2.836116e-08,↵is less than 2* options.StepTolerance = 1.000000e-06, and the maximum constraint ↵violation, 3.779162e-11, is less than options.ConstraintTolerance = 1.000000e-06.↵↵


   lambda =

   包含以下字段的 struct:

          lower: [2×1 double]
          upper: [2×1 double]
   eqlin: [0×1 double]
   eqnonlin: [0×1 double]
   ineqlin: [3×1 double]
   ineqnonlin: [0×1 double]
```

最佳采购方案为：材料 A：41.88t；材料 B：31.4t；此时采购总费用为 190.5 万元；总质量为 73.2t；材料 B 的质量为 31.4t。

其他参数分析参见函数介绍。

【例 8-2】某工厂准备生产两种新产品甲和乙，生产设备费用分别为：每生产一吨甲需要 1 万元，生产一吨乙需要 3 万元。但是，由于技术方面存在天然缺陷，这两种产品的生产均会造成环境污染，为了做好环境处理工作，每生产一吨甲需要花费 3 万元，每生产一吨乙需要花费 2 万元来治理造成的环境污染。市场调查显示，这两种新产品有广阔的市场，每个月的需求量不少于 8t。但是，工厂生产这两种产品的生产能力有限，分别为：产品甲每月 5t，产品乙每月 6t。试确定生产方案，使得在满足市场需要的前提下，使设备投资和环境治理费用最小。另外，在政府治理环境的压力下，根据工厂决策层的经验决定，这两个目标中，环境污染应优先考虑，设备投资的目标值为 20 万元，环境治理费用的目标值为 15 万元。

假设工厂每月生产产品甲、乙的产量分别为 x_1，x_2，则上述问题可以表达为如下的多目标规划问题：

$$\min\ x_1 + 3x_2$$
$$\min\ 3x_1 + 2x_2$$

subject to

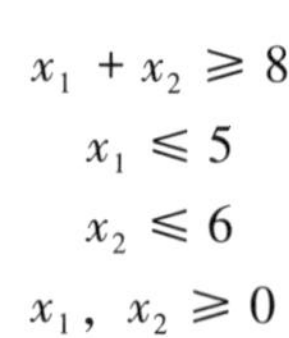

$$x_1 + x_2 \geqslant 8$$
$$x_1 \leqslant 5$$
$$x_2 \leqslant 6$$
$$x_1,\ x_2 \geqslant 0$$

转化成标准形式为：

$$\min\ x_1 + 3x_2$$
$$\min\ 3x_1 + 2x_2$$

subject to

$$-x_1-x_2\geqslant-8$$
$$x_1\leqslant5$$
$$x_2\leqslant6$$
$$x_1,\ x_2\geqslant0$$

编写目标函数文件：

```
function f=gofun1(x)
%该函数是演示函数
f(1)=x(1)+3* x(2);
f(2)=3* x(1)+2* x(2);
```

给定目标和权重，并给出初始点：

```
>> goal=[20 12];
>> weight=abs(goal);
>> x0=[2 3];
```

给出约束条件：

```
>> A=[-1 -1
1 0
0 1];
>> b=[-8 5 6];
>> lb=zeros(2,1);
```

调用函数求解：

```
>> [x,fval,attainfactor,exitflag,output,lambda] = fgoalattain(@ gofun1,x0,
goal,weight,A,b,[ ],[ ],lb)

Local minimum possible. Constraints satisfied.

fgoalattain stopped because the size of the current search direction is less than
twice the value of the step size tolerance and constraints are
satisfied to within the value of the constraint tolerance.

<stopping criteria details>

x =

   2.0000   6.0000


fval =

   20   18

```

```
attainfactor =

    0.5000


exitflag =

    4


output =

包含以下字段的 struct:

        iterations: 4
funcCount: 19
lssteplength: 1
          stepsize: 1.3174e-09
          algorithm: 'active-set'
firstorderopt: []
constrviolation: 8.8818e-16
                  message: '↵ Local minimum possible. Constraints satisfied.↵↵
fgoalattain stopped because the size of the current search direction is less than ↵
twice the value of the step size tolerance and constraints are ↵satisfied to within the
value of the constraint tolerance.↵↵<stopping criteria details>↵↵ Optimization
stopped because the norm of the current search direction, 1.317395e-09,↵is less than 2
* options.StepTolerance = 1.000000e-06, and the maximum constraint ↵violation, 8.
881784e-16, is less than options.ConstraintTolerance = 1.000000e-06.↵'


lambda =

包含以下字段的 struct:

        lower: [2×1 double]
        upper: [2×1 double]
eqlin: [0×1 double]
eqnonlin: [0×1 double]
ineqlin: [3×1 double]
ineqnonlin: [0×1 double]
```

最佳安排生产的方案为：生产产品甲 2t，生产产品乙 6t；设备投资费和环境治理费用分别为 20 万，18 万。

其他参数的分析参见函数介绍。

在 MATLAB 优化工具箱函数的帮助系统中，提供了一个多目标规划问题，并给出了使用函数的演示方案，这里具体分析如下。

【例 8-3】输出反馈控制器。

考虑如下的微分方程线性系统。

这是一个双输入双输出非稳态过程，输入设备的状态空间矩阵如下：

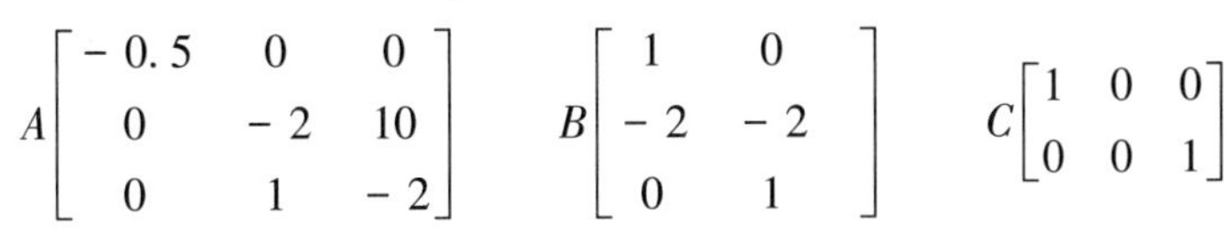

要求设计一个复杂设备的输出反馈控制器，使闭环系统：

$$x = (A + BKC)x + Bu$$

$$y = Cx$$

在复平面实轴上点［-5，-3，-1］的左侧有极点，另外，为了不使输入“饱和”，要求 $-4 \leqslant K_{ij} \leqslant 4$（$i$，$j$=1，2）。也就是说，此控制器不能有可增益元素的绝对值超过 4。

上述问题就是要求解矩阵 K，使矩阵（A+BKC）的极点为［-5，-3，-1］。这是一个多目标规划问题。

◆ 初始的目标值设置为：goal = ［-5 -3 -1］。

◆ 权重设置为：weight = abs（goal）。

◆ 初始点设置为：K0 = ［-1 -1；-1 -1］。

先建立目标函数文件，保存为 eigfun. m（为了与 MATLAB 中的函数保持一致，这里函数名的使用与库函数相同）。

```
function F =eigfun(K,A,B,C)                %此函数是演示函数
F = sort(eig(A+B* K* C));                  % 估计目标函数值
```

然后，在命令行窗口中输入各参量，并调用优化函数：

```
>> A = [-0.5 0 0
0 -2 10
0 1 -2];
>> B = [1 0
-2 2
0 1];
>> C=[1 0 0
0 0 1];
>> K0 = [-1 -1
-1 -1];                          % 初始化控制器矩阵
>> goal = [-5 -3 -1];            % 为闭合环路的特征值(极点)设置目标值向量
>> weight = abs(goal)            % 设置权值向量

weight =

     5     3     1

>> lb = -4* ones(size(K0));  %设置控制器的下界
```

```
>> ub = 4* ones(size(K0));                          %设置控制器的上界
>> options =optimset('Display','iter');             % 设置显示参数:显示每次迭代的输出
>> [x, fval, attainfactor, exitflag, output, lambda] = fgoalattain(@ eigfun, K0,
goal,weight,[],[],[],[],lb,ub,[],options,A,B,C)
```

得到的结果为：

```
                    Attainment          Max     Line search     Directional
    Iter F-count         factor     constraint  steplength        derivative  Procedure
        0      6              0       1.88521
        1     13          1.031       0.02998              1           0.745
        2     20         0.3525       0.06863              1          -0.613
        3     27        -0.1706        0.1071              1          -0.223
Hessian modified
        4     34        -0.2236       0.06654              1          -0.234    Hessian mod-
ified twice
        5     41        -0.3568      0.007894              1         -0.0812
        6     48        -0.3645      0.000145              1          -0.164
Hessian modified
        7     55        -0.3645             0              1        -0.00515   Hessian modi-
fied
        8     62        -0.3675     0.0001546              1        -0.00812     Hessian
modified twice
        9     69        -0.3889      0.008328              1        -0.00751
Hessian modified
       10     76        -0.3862             0              1         0.00568
       11     83        -0.3863     2.955e-13              1          -0.998    Hessian mod-
ified twice

    Local minimum possible. Constraints satisfied.

    fgoalattain stopped because the size of the current search direction is less than
    twice the value of the step size tolerance and constraints are
    satisfied to within the value of the constraint tolerance.

    <stopping criteria details>

    x =

      -4.0000  -0.2564
      -4.0000  -4.0000


    fval =
```

```
  -6.9313
  -4.1588
  -1.4099


attainfactor =

  -0.3863


exitflag =

    4


output =

包含以下字段的 struct:

        iterations: 12
funcCount: 83
lssteplength: 1
          stepsize: 1.4349e-12
          algorithm: 'active-set'
firstorderopt: []
constrviolation: 2.9549e-13
               message: '↵ Local minimum possible. Constraints satisfied. ↵↵ fgoalattain stopped because the size of the current search direction is less than ↵ twice the value of the step size tolerance and constraints are ↵satisfied to within the value of the constraint tolerance. ↵↵< stopping criteria details >↵↵ Optimization stopped because the norm of the current search direction, 1.425641e-12,↵is less than 2 * options.StepTolerance = 1.000000e-06, and the maximum constraint ↵ violation, 2.954859e-13, is less than options.ConstraintTolerance = 1.000000e-06.↵'

lambda =

包含以下字段的 struct:

        lower: [4×1 double]
        upper: [4×1 double]
eqlin: [0×1 double]
eqnonlin: [0×1 double]
ineqlin: [0×1 double]
ineqnonlin: [0×1 double]
```

具体参数分析参见函数说明。

8.2 粒子群法

粒子群算法（Particle Swarm Optimization，PSO）最早是由 Eberhart 和 Kennedy 于 1995 年提出的，它的基本概念源于对鸟群觅食行为的研究。

8.2.1 数学原理及模型

PSO 算法从鸟群行为特性中得到启发并用于求解优化问题。在 PSO 中，每个优化问题的潜在解都可以想象成 d 维搜索空间上的一个点，称之为“粒子”（Partile）。所有的粒子都有一个被目标函数决定的适应值（Fitness Value），每个粒子还有一个速度决定它们飞翔的方向和距离，然后粒子们就追随当前的最优粒子在解空间中搜索。Reynolds 对鸟群飞行的研究发现，鸟仅仅是追踪它有限数量的邻居，但最终的整体结果是整个鸟群好像在一个中心的控制之下，即复杂的全局行为是由简单规则的相互作用引起的。

1. 数学模型

粒子群算法通过设计一种无质量的粒子来模拟鸟群中的鸟，粒子仅具有两个属性：速度和位置，速度代表移动的快慢，位置代表移动的方向。每个粒子在搜索空间中单独地搜寻最优解，并将其记为当前个体极值。

早期的 PSO 模型并没有惯性权重参数，之后 Shi 和 Eber-hartl 加入了惯性权重 ，将其作为一种控制群体搜索能力和探索能力的机制。

PSO 的数学模型可以表示为；

$$V_i = \{V_{i1}, V_{i2}, \cdots, V_{id}, \cdots, V_{iD}\}$$

$$V_{id}^{k+1} = \omega V_{id}^k + c_1\xi_1(P_{id} - X_{id}) + c_2\xi_2(P_{gd} - X_{id})$$

$$X_{id}^{k+1} = X_{id}^k + V_{id}$$

其中：i 是此群中粒子的总数；V_i 是粒子的速度；X 是粒子的当前位置；c_1，c_2 是学习因子，通常 $c_1=c_2=2$；ω 是惯性权重；P_i 是粒子 i 的历史最优解；P_{id}是 p_i的第 d 个分量；P_g是群体的历史最优解。

2. 算法

在 MATLAB 优化工具箱中，使用函数 particleswarm 来求解上述问题。该函数是在每个粒子位置对目标函数进行评价，确定最佳（最低）函数值和最佳位置。

8.2.2 MATLAB 工具箱中的基本函数

1. 调用格式 1

x = particleswarm (fun, nvars)

该格式的功能是通过变化 x 来使目标函数 fun 达到局部最小值指定的目标。nvars 表示变量 x 个数。

2. 调用格式 2

x = particleswarm (fun, nvars, lb, ub)

该格式的函数作用同格式 2，并且定义变量 x 的上下界 lb、ub

3. 调用格式 3

x = particleswarm (fun, nvars, lb, ub, options)

该格式的函数作用同格式 3，并且用 options 参数指定的优化参数进行最小化，其中，options 可取值为：Display，TolX，TolFun，TolCon，DerivativeCheck，FunValCheck，GradObj，GradConstr，MaxFunEvals，MaxIter，MeritFunction，GoalsExactAchieve，Diagnostics，DiffMinChange，DiffMaxChange 和 TypicalX。

4. 调用格式 4

x = particleswarm (problem)

该格式的功能是求解问题结构体 problem 指定的问题，问题结构体包含所有参数。

5. 调用格式 5

[x, fval, exitflag, output] = particleswarm (…)

该格式的函数作用同格式 5，并且定义 fval 为解 x 处的目标函数值，fval = fun (x)，exitflag 描述函数计算的退出条件。output 包含结构的输出。

8.2.3 应用实例分析

粒子群算法用于将一个粒子群移动到一个目标函数的最小值。下面通过实例进行演示。

【例 8-4】计算函数曲面局部的最小值，显示求解器求解速度。

$$f(x, y)=\frac{\sin(x^2+y^2)}{x^2+y^2} \quad -\pi < x, h < \pi$$

```
                                % 定义函数表达式
>>f = @ (x,y) sin(x.^2+y.^2)./(x.^2+y.^2);
>> fsurf(f,[-pi pi -pi pi])          % 绘制曲面图
```

运行结果如图 8-1 所示。

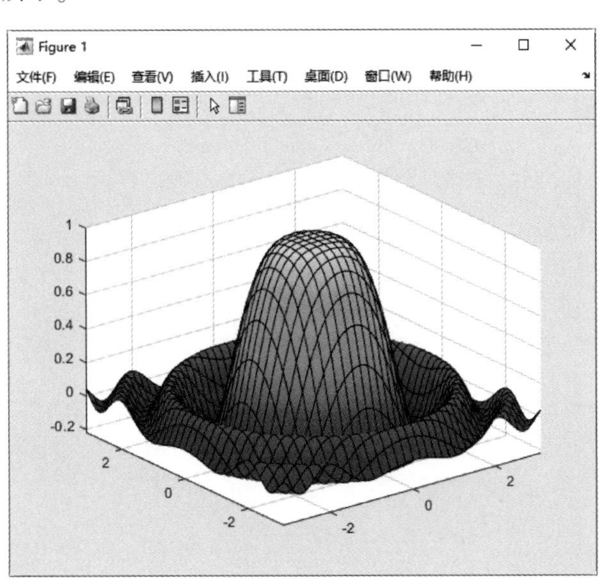

图 8-1 函数曲面

```
>>rng default                                       % 初始化数据
>> fun = @ (x)sin(x(1).^2+x(2).^2)./(x(1).^2+x(2).^2); % 编写目标函数
>> nvars = 2;                                       % 定义变量个数
```

```
>> lb = [-2* pi, -2* pi];                                                % 定义上下界
>> ub = [2* pi, 2* pi];
>> options = optimoptions('particleswarm','PlotFcn',@ pswplotbestf); %使用内置绘
图函数查看求解器的进度
>> [x,fval,exitflag,output] = particleswarm(fun,nvars,lb,ub,options) %调用优化函
数求解上述问题
Optimization ended: relative change in the objective value
over the last OPTIONS.MaxStallIterations iterations is less than OPTIONS.Functi-
onTolerance.
x =

  1.7365  -1.2158

fval =

  -0.2172

exitflag =

    1

output =

  包含以下字段的 struct:

      rngstate: [1×1 struct]
    iterations: 34
     funccount: 700
       message: 'Optimization ended: relative change in the objective value ↵ over
the last OPTIONS.MaxStallIterations iterations is less than OPTIONS.FunctionToler-
ance.'
```

当 $x=1.7365$，$y=-1.2158$，函数达到最小值 $z=-0.2172$。

运行结果如图 8-2 所示。

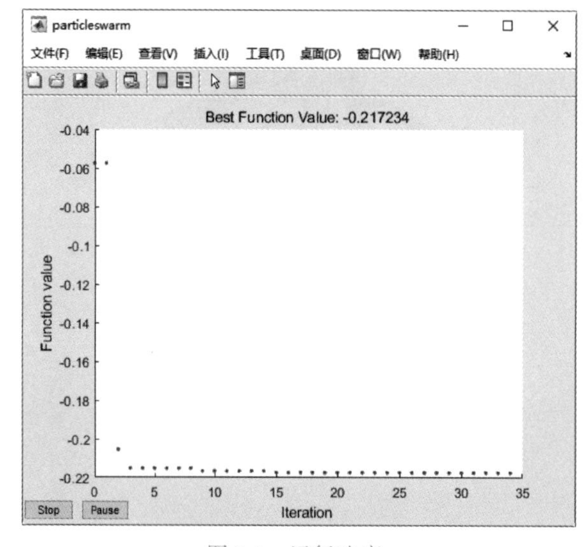

图 8-2　运行速度

第 9 章 最小值和最大值

内容提要

本章简要介绍最优化中最小值和最大值的问题，显示经典算法在 MATLAB 中的实现方法。

本章重点

- 逐次二次规划
- 整数规划
- 半无限问题

在学习和工作中，经常需要求解一些函数的最小值和最大值，并用最小值和最大值来分析日常生活中遇到的一些问题。一般的问题能直接计算出来，但对有些问题来讲，求解它的最小值和最大值很复杂。MATLAB 优化工具箱具有强大的优化算法，能计算出那些复杂的最小值和最大值问题。

9.1 逐次二次规划

MATLAB 优化工具箱中采用序列二次计划法求解最大最小化问题。逐次二次规划又称序列二次规划，是求解非线性规划问题的一种算法。该算法在根据极值点存在的必要条件求极值点（最大值和最小值）时，用一系列一次规划问题的解去逼近条件方程的解。

9.1.1 数学原理及模型

1. 数学模型

在实际应用中，人们遇到的大部分问题都是求某个目标函数的最大值或者最小值的问题。但是，在某些情况下，人们也会遇到一类特殊的问题，这些问题要求使最大值最小化才有意义。最大最小化问题的数学模型可以表示为：

$$\min_{x} \max_{F} F(x)$$

subject to

$$\begin{gathered} C(x) \leqslant 0 \\ Ceq(x) = 0 \\ Ax \leqslant b \\ Aeqx = beq \\ lb \leqslant x \leqslant ub \end{gathered}$$

其中，x，b，beq，lb 和 ub 为向量，A 和 Aeq 为矩阵，$C(x)$，$Ceq(x)$ 和 $F(x)$ 为函数，返回向量值，并且这些函数均可以是非线性函数。

2. 算法

在 MATLAB 优化工具箱中，使用函数 fminimax 来求解最大最小化问题，该函数采用逐次二次规划法来求解最大最小化问题。

9.1.2 MATLAB 工具箱中的基本函数

1. 调用格式 1

x=fminimax (fun, x0)

该格式的功能是设定初始条件 *x*0，求解函数 fun 的最大值最小化解 *x*。其中，*X*0 可以为标量、向量或者矩阵。

2. 调用格式 2

x=fminimax (fun, x0, A, b)

该格式的功能是求解带线性不等式约束 $A*x\leqslant b$ 的最大值最小化问题。

3. 调用格式 3

X=FMINIMAX (FUN, X0, A, B, Aeq, beq)

该格式的功能是求解最大最小化问题，同时带有线性等式约束 $Aeq*x = beq$，若无线性不等式约束，则令 $A=[\ ]$，$B=[\ ]$。

4. 调用格式 4

x=fminimax (fun, x0, A, b, Aeq, beq, lb, ub)

该格式的函数作用同格式 3，并且定义变量 *x* 所在集合的上下界，如果没有 *x* 上下界，则分别用空矩阵代替。如果问题中无下界约束，则令 $lb(i) = -\text{inf}$；同样，如果问题中无上界约束，则令 $ub(i) = \text{inf}$。

5. 调用格式 5

x=fminimax (fun, x0, A, b, Aeq, beq, lb, ub, nonlcon)

该格式的功能是求解该问题，同时约束中加上由函数 nonlcon（通常为 M 文件定义的函数）定义的非线性约束。当调用函数 [C, Ceq] = feval (nonlcon, x) 时，在函数 nonlcon 的返回值中包含非线性等式约束 $Ceq(X)=0$ 和非线性不等式约束 $C(X)\leqslant 0$。其中，$C(X)$ 和 $Ceq(X)$ 均为向量。

6. 调用格式 6

x=fminimax (fun, x0, A, B, Aeq, beq, lb, ub, nonlcon, options)

该格式的功能是用 options 参数指定的优化参数进行最小化。其中，options 的可取值为：Display, TolX, TolFun, TolCon, DerivativeCheck, FunValCheck GradObj, GradConstr, MaxFunEvals, MaxIter, MeritFunction, MinAbsMax, Diagnostics, DiffMinChange, DiffMaxChange 和 TypicalX。

7. 调用格式 7

x = fminimax (problem)

该格式的功能是用结构体 problem 定义参数。

8. 调用格式 8

[x, fval] =fminimax (...)

该格式的功能是同时返回目标函数在解 *x* 处的值：fval=feval (fun, x)。

9. 调用格式 9

[x, fval, maxfval] =fminimax (...)

该格式的功能是返回解 *x* 处的最大函数值：maxfval = max { fun (x) }。

10. 调用格式 10

[x, fval, maxfval, exitflag] =fminimax (...)

该格式的功能是返回 exitflag 值，描述函数计算的退出条件。其中，exitflag 取值和相应的含义见表 6-4。

11. 调用格式 11

[x, fval, maxfval, exitflag, output] =fminimax (…)

该格式的功能是返回同格式 10 的值，另外，返回包含 output 结构的输出。其中，output 包含的内容及含义见表 6-5。

12. 调用格式 12

[x, fval, maxfval, exitflag, output, lambda] =fminimax (...)

该格式的功能是返回 lambda 在解 x 处的结构参数。

函数 fun 的使用可以通过引用@ 来完成，如：

x =fminimax (@ myfun, [2 3 4])

该格式中，myfun 是一个函数文件。

9.1.3 应用实例分析

某城市规划中需要确定急救中心、消防中心等建筑的位置，可取的目标函数应该是到所有地点最大距离的最小值，而不是到所有目的地的距离和为最小。这是两种完全不同的准则，在控制理论、逼近论、决策论中也使用最大值最小化原则。因此，这类问题在实际生活中有着广泛的应用。

【例 9-1】使用匿名函数求解函数取得最大值时函数最小值。

$$f = \sin 3x,\ x \in [2\quad 5]$$

在命令行窗口输入下面的程序：

```
>> x =fminimax(@ (x) sin(3* x),[2 5])
```

得到如下结果。

```
Local minimum possible. Constraints satisfied.

fminimax stopped because the predicted change in the objective function
is less than the value of the function tolerance and constraints
are satisfied to within the value of the constraint tolerance.

<stopping criteria details>

x =

    1.5708    5.7596
```

由上可知，函数取得最大值时 x 的两个局部最小值为 1.5708、5.7596。

如果 fun 为含参数的函数，可以使用匿名函数来获得参数值。

【例 9-2】求解如下形式的问题

$$\min_{x} \max F(x)$$

其中：

$$F = \begin{cases} 3x_1^2 + ax_2^2 \\ -x_1 + x_2 \end{cases}$$

首先，编制一个函数文件，用来保存函数 $F(x)$。

```
function F=mifun(a,x)                                    %这是一个演示函数
F=[3* x(1)^2+a* x(2)^3;
  -x(1)+x(2)];
```

然后，在命令行窗口中，先给参数赋值。

```
>> a = 2;                              %定义参数
```

用匿名函数来获取参数值，最后，调用工具箱函数求解上述问题。

```
>> [x,fval,maxfval,exitflag] = fminimax(@ (x) mifun(a,x),[1;1])
```

得到：

```
Local minimum possible. Constraints satisfied.

fminimax stopped because the size of the current search direction is less than
twice the value of the step size tolerance and constraints are
satisfied to within the value of the constraint tolerance.

<stopping criteria details>

x =

  -65.7003
-418.3716


fval =

  1.0e+08 *

  -1.4645
  -0.0000


maxfval =

-352.6713


exitflag =

    4
```

具体参数的分析参见函数介绍。

【例 9-3】求下列函数最大值的最小化问题。

$$[f_1(x), f_2(x), f_3(x), f_4(x), f_5(x)]$$

其中：

$$f_1(x) = 2x_1^2 + x_2^2 - 48x_1 - 40x_2 + 304$$
$$f_2(x) = -x_2^2 - x_2^2$$
$$f_3(x) = x_1 + 3x_2 - 18$$
$$f_4(x) = -x_1 - x_2$$
$$f_5(x) = x_1 + x_2 - 8$$

首先，建立目标函数文件。

```
function f =funmia(x)                    %这是一个演示函数
f(1) = 2* x(1)^2+x(2)^2-48* x(1)-40* x(2)+304;
f(2) = -x(1)^2 - 3* x(2)^2;
f(3) = x(1) + 3* x(2) -18;
f(4) = -x(1)- x(2);
f(5) = x(1) + x(2) - 8;
```

设定初始值：

```
>> x0 = [0.1; 0.1];          %定义初始值
```

调用函数求解：

```
>> [x,fval,maxfval,exitflag,output,lambda] = fminimax(@ funmia,x0)
```

得到：

```
Local minimum possible. Constraints satisfied.

fminimax stopped because the size of the current search direction is less than
twice the value of the step size tolerance and constraints are
satisfied to within the value of the constraint tolerance.

<stopping criteria details>

x =

    4.0000
    4.0000


fval =

    0.0000  -64.0000  -2.0000  -8.0000  -0.0000


maxfval =

  4.2405e-11
```

```
exitflag =

    4


output =

包含以下字段的 struct:

        iterations: 7
funcCount: 34
lssteplength: 1
          stepsize: 2.2221e-07
          algorithm: 'active-set'
firstorderopt: []
constrviolation: 4.3681e-11
             message: '↵Local minimum possible. Constraints satisfied.↵↵fminimax
stopped because the size of the current search direction is less than↵twice the value
of the step size tolerance and constraints are↵satisfied to within the value of the
constraint tolerance.↵↵<stopping criteria details>↵↵Optimization stopped because
the norm of the current search direction, 1.571295e-07,↵is less than 2* options.Step-
Tolerance = 1.000000e-06, and the maximum constraint↵violation, 4.368081e-11, is
less than options.ConstraintTolerance = 1.000000e-06.↵↵'


lambda =

包含以下字段的 struct:

        lower: [2×1 double]
        upper: [2×1 double]
eqlin: [0×1 double]
eqnonlin: [0×1 double]
ineqlin: [0×1 double]
ineqnonlin: [0×1 double]
```

【例 9-4】定位问题。

设某城市有某种物品的 10 个需求点，第 i 个需求点的坐标为 (a_i, b_i)，道路网与坐标轴平行，彼此正交。现打算建一个该物品的供应中心，由于受到城市某些条件的限制，该供应中心只能设在 x 界于 [5, 8]，y 界于 [5, 8] 的范围内。问该中心建在何处比较合适？

第 i 个需求点的坐标见表 9-1。

表 9-1　第 i 个需求点的坐标

a_i	1	4	3	5	9	12	6	20	17	8
b_i	2	10	8	18	1	4	5	10	8	9

设供应中心的位置为 (x, y)，要求它到最远需求点的距离尽可能小。由于此处应采用沿道路行走的距离，可知第 i 个需求点用户到该中心的距离为 $|x-a_i|+|y-b_i|$，从而得到目标函数为：

$$\min_{x,\ y}\{\max_{1<i<m}[|x-a_i|+|y-b_i|]\}$$

约束条件为：

$$5 \leqslant x \leqslant 8$$
$$5 \leqslant y \leqslant 8$$

首先，编制目标函数文件

```
function f=funmia1(x)
%这是一个演示函数
%首先输入向量
a=[1 4 3 5 9 12 6 20 17 8];
b=[2 10 8 18 1 4 5 10 8 9];
f(1)=abs(x(1)-a(1))+abs(x(2)-b(1));
f(2)=abs(x(1)-a(2))+abs(x(2)-b(2));
f(3)=abs(x(1)-a(3))+abs(x(2)-b(3));
f(4)=abs(x(1)-a(4))+abs(x(2)-b(4));
f(5)=abs(x(1)-a(5))+abs(x(2)-b(5));
f(6)=abs(x(1)-a(6))+abs(x(2)-b(6));
f(7)=abs(x(1)-a(7))+abs(x(2)-b(7));
f(8)=abs(x(1)-a(8))+abs(x(2)-b(8));
f(9)=abs(x(1)-a(9))+abs(x(2)-b(9));
f(10)=abs(x(1)-a(10))+abs(x(2)-b(10));
```

设定初始值

```
>>  x0=[6;6];
```

定义上下界

```
>> lb=[5;5];
>> ub=[8;8];
```

调用函数求解

```
>>[x,fval,maxfval,exitflag,output,lambda] = fminimax(@ funmia1,x0,[ ],[ ],[ ],
[ ],lb,ub)
```

得到

```
Local minimum possible. Constraints satisfied.

fminimax stopped because the size of the current search direction is less than
twice the value of the step size tolerance and constraints are
satisfied to within the value of the constraint tolerance.

<stopping criteria details>
```

```
x =

    8
    8


fval =

    13    6    5    13    8    8    5    14    9    1


maxfval =

    14


exitflag =

    4


output =

包含以下字段的 struct:

        iteration: 3
funcCount: 14
lssteplength: 1
        stepsize: 2.7109e-08
        algorithm: 'active-set'
firstorderopt: []
constrviolation: 2.7109e-08
            message: '↵ Local minimum possible. Constraints satisfied.↵↵ fminimax stopped because the size of the current search direction is less than ↵ twice the value of the step size tolerance and constraints are ↵ satisfied to within the value of the constraint tolerance.↵↵<stopping criteria details>↵↵ Optimization stopped because the norm of the current search direction, 2.710879e-08,↵ is less than 2* options.StepTolerance = 1.000000e-06, and the maximum constraint ↵ violation, 2.710879e-08, is less than options.ConstraintTolerance = 1.000000e-06.↵↵'


lambda =

包含以下字段的 struct:
```

```
        lower: [2×1 double]
        upper: [2×1 double]
    eqlin: [0×1 double]
    eqnonlin: [0×1 double]
    ineqlin: [0×1 double]
    ineqnonlin: [0×1 double]
```

9.2 整数规划

对于线性规划最优解的基础上进一步处理为求非负整数解的问题，产生了规划论的一个新的分支——整数规划。

线性规划问题的决策变量 x 在非负条件下，大多数情况的最优解表现为分数或小数，但是对于某些具体问题，常要求解答必须是非负整数。例如，所求解是机器的台数，生产散装料的袋数，完成工作的人数，选点建厂的个数，装货的车数，下料的毛坯个数等，都只能是非负整数，含有分数或小数的解就不合要求。为了满足整数解的要求，初看起来，似乎只要把已得到的带有分数或小数的解，通过“舍入化整”的办法解决就可以了，但是这常常是不行的。因为，化整后得到的解不一定可行解，或者虽然可行解但不一定是最优解。

整数规划是指规划中的全部或部分变量限制为整数，整数规划与线性规划不同之处只在于增加了整数约束。整数规划又分为：

1）纯整数规划　所有决策变量均要求为整数的整数规划。

2）混合整数规划　部分决策变量均要求为整数的整数规划。

3）纯 0~1 整数规划　所有决策变量均要求为 0~1 的整数规划。

4）混合 0~1 规划　部分决策变量均要求为 0~1 的整数规划。

9.2.1 混合整数规划

如果部分决策变量只能取值整数，这种变量称为混合变量。其他三种整数规划可以看作是混合整数规划的特例。混合型整数规划（Mixed Integer Programming，MIP）不仅广泛应用于科学技术问题，而且在经济管理问题中也有十分重要的应用。

1. 混合型整数规划的解法

当变量个数较少时，求解混合型整数规划用穷举法还是可以的。可先列出变量取值的所有可能的组合；再逐一检验它们是否满足全部约束条件，即是否为可行解；最后通过计算各可行解的目标函数值，比较出最优解。但是，当变量个数较大时，穷举法就不现实了。MATLAB 优化工具箱中的函数使用的是分支定界法。

2. 分支定界法

用分支定界法求解整数规划（最大化）问题的步骤为：

开始，将要求解的整数规划问题称为 A，将与它相应的线性规划问题称为问题 B。

1）解问题 B 可能得到以下情况之一。

① B 没有可行解，这时 A 也没有可行解，则停止。

② B 有可行解，并符合问题 A 的整数条件，B 的最优解即为 A 的最优解，则停止。

③ B 有可行解，但不符合问题 A 的整数条件，记它的目标函数值为$\bar{z}$。

2）用观察法找问题 A 的一个整数可行解。一般可取 $x_j = 0$，$j = 1$，…，n，通过试探求得其目标函数值，并记作 $\underline{z}$。以 z^* 表示问题 A 的最优目标函数值；这时有 $\underline{z} \leqslant z^* \leqslant \bar{z}$ 进行迭代。

① 分支。在 B 的最优解中任选一个不符合整数条件的变量 x_j，其值为 b_j，以$\lfloor b_j \rfloor$表示 b_j 的最大整数。构造两个约束条件

$$x_j \leqslant \lfloor b_j \rfloor \text{ 和 } x_j \geqslant \lfloor b_j \rfloor + 1$$

将这两个约束条件，分别加入问题 B，求两个后继规划问题 B_1 和 B_2。不考虑整数条件求解这两个后继问题。

② 定界。以每个后继问题为一分支标明求解的结果，于其他问题的解的结果中，找出最优目标函数值最大者坐为新的上界 $\bar{z}$。从已符合整数条件的各分支中，找出目标函数值为最大者作为新的下界 $\underline{z}$，若无作用 $\underline{z}$ 不变。

③ 2 比较与剪枝。各分支的最优目标函数中若有$<\underline{z}$者，则剪掉这枝，即以后不再考虑了。若$>\underline{z}$，且不符合整数条件，则重复步骤①。一直到最后得到 $z^* = \underline{z}$ 为止。得最优整数解 x_j^*，$j=1$，…，n。

9.2.2 数学原理及模型

1. 数学模型

混合整数规划问题的数学模型可以表示为：

$$\min f^{\mathrm{T}} x$$

subject to

$$Ax \leqslant b$$

$$Aeqx = beq$$

$$x \text{ (int con) 是整数}$$

$$lb \leqslant x \leqslant ub$$

其中，x，b，beq，lb 和 ub 为向量，A 和 Aeq 为矩阵，$f(x)$为函数，返回向量值，并且这些函数均可以是非线性函数。

2. 算法

在 MATLAB 优化工具箱中，使用函数 intlinprog 来求解上述问题，该函数采取分支定界法求解整数规划（最大化）问题。

9.2.3 MATLAB 工具箱中的函数介绍

1. 调用格式 1

x =intlinprog（f，intcon，A，b）

该格式的功能为求解问题：

$$\min f^{\mathrm{T}} x$$

其中，x 为混合整数变量，intcon 是整数约束向量，A，b 是线性不等式 $Ax \leqslant b$ 的系数。

2. 调用格式 2

x =intlinprog（f，intcon，A，b，Aeq，beq）

该格式的功能为求解带线性不等式 $A * x \leqslant b$ 和等式约束 $Aeq * x = beq$ 的混合整数规划问题。

3. 调用格式 3

x =intlinprog（f，intcon，A，b，Aeq，beq，lb，ub）

该格式的功能为求解上述问题，同时给变量 x 设置上下界 lb，ub。

4. 调用格式 4

x =intlinprog (f, intcon, A, b, Aeq, beq, lb, ub, x0)

该格式的功能为给定初始点 $x0$，求解上述问题。其中，$x0$ 必须为混合整数变量，并且可行，否则，将被忽略。

5. 调用格式 5

x =intlinprog (f, intcon, A, b, Aeq, beq, lb, ub, x0, options)

该格式的功能为解上述问题，同时将默认优化参数改为 options 指定值。options 的可用值为 AbsoluteGapTolerance、BranchRule、ConstraintTolerance、CutGeneration、CutMaxIterations、HeuristicsMaxNodes、IntegerPreprocess、IntegerTolerance、LPMaxIterations、LPOptimalityTolerance、LPPreprocess、MaxNodes、MaxFeasiblePoints、MaxTime、NodeSelection、objectivecutoff、objective、ImprovementThreshold、OutputFcnPlotFcn、RelativeGapTolerance、RootLPAlgorithm 和 RootLPMaxIterations。

6. 调用格式 6

x = intlinprog (problem)

该格式的功能是用结构体 problem 定义参数。包含下面的参数：

- f：表示目标 $f' * x$ 的向量（必需）。
- intcon ：表示取整数值的变量的向量。
- Aineq：线性不等式约束 Aineq * x≤bineq 中的矩阵。
- bineq：线性不等式约束 Aineq * x≤bineq 中的向量。
- *Aeq*：线性等式约束 $Aeq * x = beq$ 中的矩阵。
- *beq*：线性等式约束 $Aeq * x = beq$ 中的向量。
- 1*b*：由下界组成的向量。
- *ub*：由上界组成的向量。
- *xe*：初始可行点。
- solver：intlinprog '。
- options：使用 optimoptions 创建的选项。

7. 调用格式 7

[x, fval] =intlinprog (...)

该格式的功能为同时返回在 x 处的目标函数值。

8. 调用格式 8

[x, fval, exitflag] = intlinprog (...)

该格式的功能为返回结构变量 exitflag，描述函数的退出条件，exitflag 值和相应含义见表 9-2。

表 9-2　exitflag 值和相应含义

exitflag 值	含　义
3	线性约束矩阵具有较大条件数，解大于绝对容差
2	找到整数可行点，提前停止
1	intlinprog 函数收敛到解 x
0	找不到整数可行点
-1	由输出函数或绘图函数停止
-2	问题不可行
-3	LP 问题无界
-9	求解器失去可行性

9. 调用格式 9

[x, fval, exitflag, output] = intlinprog (...)

该格式的功能为返回结构体变量 output，结构体中各变量及含义见表 9-3。

表 9-3 结构体中各变量及含义

变量名	含义
output. relativegap	目标函数上界和下界之间的相对百分比差
output. absolutegap	目标函数上界和下界之间的差
output. numfeaspoints	整数可行点的数量
output. numnodes	节点数
output. constrviolation	约束违反度
output. message	退出消息

9.2.4 应用实例分析

分支定界法可用于求解纯整数或混合的整数规划问题。在 20 世纪 60 年代初由 Land Doig 和 Dakin 等人提出。由于该方法灵活且便于用计算机求解，所以现在已是求解整数规划的重要方法。目前已成功地应用于求解生产进度问题、旅行推销员问题、工厂选址问题、背包问题及分配问题等。

【例 9-5】某运输公司的车按照载重量分四种，该公司需要运输一部分冬储货物，可调动的车辆为 27 辆，各车型载重量见表 9-4。

表 9-4 各车型载重量 (单位：t)

项目	甲	乙	丙	丁
收益	3	8	10	2

可以开轻型货车（总质量为 1.8~6t）的驾驶人有 10 名，中型货车（总质量为 6~14t）的驾驶人有 20 名。要求确定使该公司运输量最大的方案。

首先建立数学模型：

设项目甲、乙、丙、丁所占总投资的百分比分别为：x_1，x_2，x_3，x_4。则为了充分利用车辆有：

$$x_1+x_2+x_3+x_4=27$$

从而，其线性规划模型为：

$$\max\ 3x_1+8x_2+10x_3+2x_4$$

subject to

$$x_1+x_4 \leqslant 10$$
$$x_2+x_3 \leqslant 20$$
$$x_1+x_2+x_3+x_4=27$$
$$x_1,\ x_2,\ x_3,\ x_4\ \text{是整数}$$
$$x_1,\ x_2,\ x_3,\ x_4 \geqslant 0,\ \leqslant 27$$

转化成 MATLAB 中的形式：

$$\min\ -3x_1-8x_2-10x_3-2x_4$$

subject to

$$x_1 + x_4 \leqslant 10$$
$$x_2 + x_3 \leqslant 20$$
$$x_1 + x_2 + x_3 + x_4 = 27$$
$$x_1,\ x_2,\ x_3,\ x_4 \text{ 是整数}$$
$$x_1,\ x_2,\ x_3,\ x_4 \geqslant 0,\ \leqslant 27$$

下面调用 MATLAB 中的函数来求解上述问题。

首先，输入目标函数的系数、约束矩阵：

```
>> f=[-3;-8;-10;-2];
>> A=[10 0 1;0 1 1 0];      % 定义不等式系数
>> b=[10;20];
>>Aeq=[1 1 1 1];            % 定义等式系数
>>beq=[27];
>>intcon = [1 2 3 4];       % 定义整数变量
>> lb = zeros(4,1);         % 定义上下界
>> ub = [27;27;27;27];
```

然后根据设置的初始数据，调用函数 intlinprog 求解整数规划问题。

```
>> [x,fval,exitflag,output]=intlinprog(f,intcon,A,b,Aeq,beq,lb,ub)
```

得到运行结果：

```
LP:                Optimal objective value is -221.000000.


Optimal solution found.

Intlinprog stopped at the root node because the
objective value is within a gap tolerance of the optimal value,
options.AbsoluteGapTolerance = 0 (the default value). The
intcon variables are integer within tolerance,
options.IntegerTolerance = 1e-05 (the default value).


x =

    7
    0
    20
    0


fval =

  -221
```

```
exitflag =

    1


output =

包含以下字段的 struct:

        relativegap: 0
        absolutegap: 0
      numfeaspoints: 1
           numnodes: 0
     constrviolation: 0
            message: 'Optimal solution found.↵Intlinprog stopped at the root node
because the objective value is within a gap tolerance of the optimal value, options.Ab-
soluteGapTolerance = 0 (the default value). The intcon variables are integer within
tolerance, options.IntegerTolerance = 1e-05 (the default value).'
```

由上述输出结果可知，甲车和丙车分别派出 7 辆和 20 辆，将获得最大运输量，最大运输量为：221t。

【例 9-6】求解下面的混合整数规划问题：

$$\min z = -3x_1 + x_2 - 4x_3$$

subject to

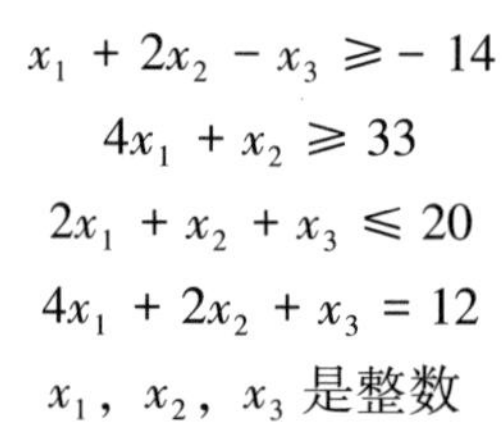

$$x_1 + 2x_2 - x_3 \geqslant -14$$
$$4x_1 + x_2 \geqslant 33$$
$$2x_1 + x_2 + x_3 \leqslant 20$$
$$4x_1 + 2x_2 + x_3 = 12$$
$$x_1,\ x_2,\ x_3 \text{ 是整数}$$

通过将“大于”不等式乘以-1，将所有不等式转换为 $A*x \leqslant b$ 形式。

在 MATLAB 命令行窗口中输入：

```
>> f=[-3;1;-4];
>>intcon = [1 2 3];  % 定义整数变量
>> A=[-1,-2,1;
   -4,-1,0;
   2,1,1];
>> b=[14;-33;20];
>>Aeq = [4,2,1];
>>beq = 12;
```

调用工具箱函数求解上述问题：

```
>> [x,fval,exitflag,output]=intlinprog(f,intcon,A,b,Aeq,beq)
```

得到

```
LP:                Optimal objective value is -31.181818.
Heuristics:          Found 1 solution using rounding.
                   Upper bound is -27.000000.
                   Relative gap is 14.29% .

Heuristics:          Found 1 solution usingrss.

                   Upper bound is -28.000000.
                   Relative gap is 10.34% .

Branch and Bound:

  nodes     total   num int        integer       relative
explored  time (s)  solutionfval          gap (% )

     5      0.03        2  -2.800000e+01  0.000000e+00

Optimal solution found.

Intlinprog stopped because the
objective value is within a gap tolerance of the optimal value,
options.AbsoluteGapTolerance = 0 (the default value). The
intcon variables are integer within tolerance,
options.IntegerTolerance = 1e-05 (the default value).


x =

  14.0000
  -18.0000
  -8.0000


fval =

  -28.0000


exitflag =

    1


output =
```

```
包含以下字段的 struct:

    relativegap: 0
    absolutegap: 0
    numfeaspoints: 2
    numnodes: 5
    constrviolation: 5.3291e-15
            message: 'Optimal solution found.↵↵Intlinprog stopped because the ob-
jective value is within a gap tolerance of the optimal value, options.AbsoluteGapTol-
erance = 0 (the default value). The intcon variables are integer within tolerance, op-
tions.IntegerTolerance = 1e-05 (the default value).'
```

由输出参数可知，函数收敛到解 x= [14; -18; -8] 处。

9.3 半无限问题

1978 年由著名的运筹学家 A. Charnes，W. W. Cooper 和 E. Rhodes 首先提出了一个被称为数据包络分析（Data Envelopment Analysis，DEA）的方法，用于评价部门间的相对有效性（因此被称为 DEA 有效），他们的第一个模型被命名为 CCR 模型。从生产函数角度看，这一模型是用来研究具有多个输入、特别是具有多个输出的“生产部门”，同时为“规模有效”与“技术有效”的十分理想且卓有成效的方法。1984 年 R. D. Banker，A. Charnes 和 W. W. Cooper 给出了一个被称为 BCC 的模型，1985 年 Charnes，Cooper 和 B. Golany，L. Seiford，J. Stutz 给出了另一个模型（称为 CCGSS 模型），这两个模型用来研究生产部门间的“技术有效”性。1986 年 Charnes，Cooper 和魏权龄为了进一步地估计“有效生产前沿面”，利用 Charnes，Cooper 和 K. Kortanek 于 1962 年首先提出的半无限规划理论，研究了具有无穷多个决策单元的情况。

9.3.1 数学原理及模型

1. 数学模型

半无限有约束多元函数最优解问题的标准形式为：

$$\min_{x} f(x)$$

subject to

$$
\begin{aligned}
C(x) &\leqslant 0 \\
Ceq(x) &= 0 \\
Ax &\leqslant b \\
Aeqx &= beq \\
lb \leqslant x &\leqslant ub \\
K_1(x,\ w_1) &\leqslant 0 \\
K_1(x,\ w_2) &\leqslant 0 \\
&\cdots \\
K_n(x,\ w_n) &\leqslant 0
\end{aligned}
$$

其中，x、b、beq、lb、ub 都是向量；A、Aeq 是矩阵；$C(x)$、$Ceq(x)$、$K_i(x,w_i)$ 是返回向量的函数；$f(x)$ 为目标函数；$f(x)$、$C(x)$、$Ceq(x)$ 是非线性函数；$K_i(x,w_i)$ 为半无限约束。

2. 算法

MATLAB 优化工具箱中的函数 fseminf 采用二次、三次混合插值法结合逐次二次规划方法求解半无限问题。

9.3.2 MATLAB 工具箱中的基本函数

1. 调用格式 1

x=fseminf (fun, x0, ntheta, seminfcon)

该格式的功能是给定初始点 *x*0，求由函数 seminfcon 中的 ntheta 半无限约束条件约束的函数 fun 的极小点 *x*。

2. 调用格式 2

x=fseminf (fun, x0, ntheta, seminfcon, A, b)

该格式的功能是求解半无限问题，同时试图满足线性不等式约束 $A*x\leqslant b$。

3. 调用格式 3

x=fseminf (fun, x0, ntheta, seminfcon, A, b, Aeq, beq)

该格式的功能是求解同时带有线性等式约束 $Aeq*x = beq$ 和线性不等式约束 $A*x\leqslant b$ 的半无限问题，若无不等式约束，则令 $A=$ [ ] 和 $b=$ [ ]。

4. 调用格式 4

x=fseminf (fun, x0, ntheta, seminfcon, A, b, Aeq, beq, lb, ub)

该格式的函数作用同格式 3，并且定义变量 *x* 所在集合的上下界，如果没有 *x* 上下界则分别用空矩阵代替。如果问题中无下界约束，则令 lb(i) = -inf；同样，如果问题中无上界约束，则令 ub(i) = inf。

5. 调用格式 5

x=fseminf (fun, x0, ntheta, seminfcon, A, b, Aeq, beq, lb, ub, options)

该格式的功能是用 options 参数指定的优化参数进行最小化。其中，options 可取值为：Display, TolX, TolFun, TolCon, DerivativeCheck, Diagnostics, FunValCheck, GradObj, MaxFunEvals, MaxIter, DiffMinChange, DiffMaxChange 和 TypicalX。

6. 调用格式 6

x =fseminf (problem)

该格式的功能是用结构体 problem 定义参数。

7. 调用格式 7

[x, fval] =fseminf (fun, x0, ntheta, seminfcon, ...)

该格式的功能是同时返回目标函数在解 *x* 处的值。

8. 调用格式 8

[x, fval, exitflag] =fseminf (fun, x0, ntheta, seminfcon, ...)

该格式的功能是返回 exitflag 值，描述函数计算的退出条件。其中，exitflag 取值和相应的含义见表 6-4。

9. 调用格式 9

[x, fval, exitflag, output] =fseminf (fun, x0, ntheta, seminfcon, ...)

该格式的功能是返回同格式 8 的值，另外，返回包含 output 结构的输出，其中，output 包含的内容及含义见表 6-5。

10. 调用格式 10

[x, fval, exitflag, output, lambda] =fseminf (fun, x0, ntheta, seminfcon, ...)

该格式的功能是返回 lambda 在解 x 处的结构参数。

为了更明确各个参数的意义，下面将各参数含义总结如下。

- $x0$ 为初始估计值。
- fun 为目标函数，其定义方式与前面相同。
- b 由线性不等式约束 $A \cdot x \leqslant b$ 确定，没有，则 $A=[\ ]$，$b=[\ ]$。
- Aeq、beq 由线性等式约束 $Aeq \cdot x = beq$ 确定，没有，则 $Aeq=[\ ]$，$beq=[\ ]$。
- lb、ub 由变量 x 的范围 $lb \leqslant x \leqslant ub$ 确定。
- options 为优化参数。
- ntheta 为半无限约束的个数。
- seminfcon 用来确定非线性约束向量 C 和 Ceq 以及半无限约束的向量 $K1$，$K2$，…，Kn，通过指定函数柄来使用。例如：

```
x =fseminf(@ myfun,x0,ntheta,@ myinfcon)
```

先建立非线性约束和半无限约束函数文件，并保存为 myinfcon. m：

```
function [C,Ceq,K1,K2,…,Kntheta,S] = myinfcon(x,S)
                %S 为向量 w 的采样值
                %初始化样本间距
ifisnan(S(1,1)),
S =…            % S 有 ntheta 行 2 列
end
w1 =…           %计算样本集
w2 =…           %计算样本集
…
wntheta = … % 计算样本集
K1 =…           % 在 x 和 w 处的第 1 个半无限约束值
K2 =…           %在 x 和 w 处的第 2 个半无限约束值
…
Kntheta = … %在 x 和 w 处的第 ntheta 个半无限约束值
C =…            % 在 x 处计算非线性不等式约束值
Ceq =…          % 在 x 处计算非线性等式约束值
```

如果没有约束，则相应的值取为 [ ]，如 $Ceq=[\ ]$。fval 为在 x 处的目标函数最小值；exitflag 为终止迭代的条件；output 为输出的优化信息；lambda 为解 x 的 Lagrange 乘子。

9.3.3 应用实例分析

用函数 fseminf 求解半无限约束多变量非线性函数的最小值，与用 fmincon 求解的问题相比，fseminf 处理的优化问题还需要满足其他类型的约束。下面通过实例进行介绍。

【例 9-7】求最优化问题：

$$f(x)=(x_1-0.5)^2+(x_2-0.5)^2+(x_3-0.5)^2$$

subject to

$$K_1(x, w_1)=\sin(w_1x_1)\cos(w_1x_2)-\frac{1}{1000}(w_1-50)^2-\sin(w_1x_3)-x_3 \leqslant 1$$

$$K_2(x, w_2) = \sin(w_2, x_2)\cos(w_2, x_1) - \frac{1}{1000}(w_2 - 50)^2 - \sin(w_2 x_3) - x_3 \leqslant 1$$

$$1 \leqslant w_1 \leqslant 100$$

$$1 \leqslant w_2 \leqslant 100$$

将约束方程化为标准形式：

$$K_1(x, w_1) = \sin(w_1 x_1)\cos(w_1 x_2) - \frac{1}{1000}(w_1 - 50)^2 - \sin(w_1 x_3) - x_3 \leqslant 1$$

$$K_2(x, w_2) = \sin(w_2, x_2)\cos(w_2, x_1) - \frac{1}{1000}(w_2 - 50)^2 - \sin(w_2 x_3) - x_3 \leqslant 1$$

$$1 \leqslant w_1 \leqslant 100$$

$$1 \leqslant w_2 \leqslant 100$$

首先建立目标函数文件和约束函数文件：

目标函数文件如下。

```
function f=funsif(x)
%这是一个演示函数
f=sum((x-0.5).^2);
```

约束函数文件

```
function [C,Ceq,K1,K2,S] =funsifcon(X,S)
%这是一个演示函数
%初始化样本间距
ifisnan(S(1,1))
    S = [0.2  0; 0.2  0];
end
%产生样本集
w1 = 1:S(1,1):100;
w2 = 1:S(2,1):100;
%计算半无限约束
K1 = sin(w1* X(1)).* cos(w1* X(2)) - 1/1000* (w1-50).^2 -sin(w1* X(3))-X(3)-1;
K2 = sin(w2* X(2)).* cos(w2* X(1)) - 1/1000* (w2-50).^2 -sin(w2* X(3))-X(3)-1;
%无非线性约束
C = [ ]; Ceq=[ ];
%绘制半无限约束图形
plot(w1,K1,'-',w2,K2,':'),title('Semi-infinite constraints')
```

在命令行窗口中输入初始数据：

```
>> x0 = [0.5; 0.2; 0.3];        %定义初始值
```

调用函数求解上述问题得：

```
>> [x,fval,exitflag,output,lambda] = fseminf(@ funsif,x0,2,@ funsifcon)
```

得到：

```
Local minimum possible. Constraints satisfied.

fseminf stopped because the size of the current search direction is less than
twice the value of the step size tolerance and constraints are
satisfied to within the value of the constraint tolerance.
```

```
<stopping criteria details>

x =

    0.6675
    0.3012
    0.4022


fval =

    0.0771


exitflag =

    4


output =

包含以下字段的 struct:

        iterations: 8
funcCount: 32
lssteplength: 1
          stepsize: 2.2773e-04
          algorithm: 'active-set'
firstorderopt: 0.0437
constrviolation: -0.0058
             message: '↵Local minimum possible. Constraints satisfied.↵↵fseminf
stopped because the size of the current search direction is less than↵twice the value
of the step size tolerance and constraints are ↵satisfied to within the value of the
constraint tolerance.↵↵<stopping criteria details>↵↵Optimization stopped because
the norm of the current search direction, 1.744858e-04,↵is less than 2* options.Step-
Tolerance = 1.000000e-04, and the maximum constraint ↵violation, -5.824517e-03, is
less than options.ConstraintTolerance = 1.000000e-06.↵↵'
lambda =

包含以下字段的 struct:

        lower: [3×1 double]
        upper: [3×1 double]
eqlin: [0×1 double]
eqnonlin: [0×1 double]
ineqlin: [0×1 double]
ineqnonlin: [0×1 double]
```

同时得到半无限的约束图，如图 9-1 所示，用来演示约束边界上两个函数如何达到峰值。

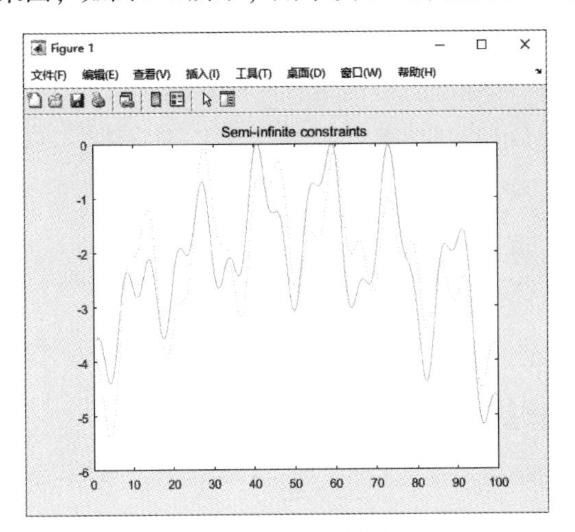

图 9-1 得到的结果

【例 9-8】求多元函数最优解问题：

$$f(x) = (x_1 - 0.3)^2 + (x_2 - 0.3)^2 + (x_3 - 0.3)^2$$

subject to

$$K_1(x,\ w) = \sin(w_1x_1)\cos(w_1x_2) - \frac{1}{1000}(w_1 - 50)^2 - \sin(w_1x_3) - x_3 +$$

$$\sin(w_2x_2)\cos(w_1x_1) - \frac{1}{1000}(w_2 - 50)^2 - \sin(w_2x_3) - x_3 \leqslant 1.5$$

$$1 \leqslant w_1 \leqslant 100$$

$$1 \leqslant w_2 \leqslant 100$$

初始点为 $x0=[0.25, 0.25, 0.25]$。

首先建立目标函数文件和约束函数文件。

目标函数文件如下。

```
function f=funsif1(x)
%这是一个演示函数
f=sum((x-0.3).^2);
```

约束函数文件：

```
function [C,Ceq,K1,s] =funsifcon1(X,s)
%这是一个演示函数
%初始化样本间距
ifisnan(s(1,1))
    s = [2 2];
end
%设置样本集
w1x = 1:s(1,1):100;
w1y = 1:s(1,2):100;
[wx, wy] =meshgrid(w1x,w1y);
%计算半无限约束函数值
```

```
K1 = sin(wx* X(1)).* cos(wx* X(2))-1/1000* (wx-50).^2 -sin(wx* X(3))-X(3)+...
sin(wy* X(2)).* cos(wx* X(1))-1/1000* (wy-50).^2-sin(wy* X(3))-X(3)-1.5;
%无非线性约束
C = [ ]; Ceq=[ ];
%作约束曲面图形
m = surf(wx,wy,K1,'edgecolor','none','facecolor','interp');
camlight headlight
title('Semi-infinite constraint')
drawnow
```

在命令行窗口中初始数据：

```
    >> x0 = [0.25; 0.25; 0.25];
%定义初始值
```

调用函数求解：

```
>> [x,fval,exitflag,output,lambda] = fseminf(@ funsif1,x0,1,@ funsifcon1)
```

得到：

```
Local minimum possible. Constraints satisfied.

fseminf stopped because the predicted change in the objective function
is less than the value of the function tolerance and constraints
are satisfied to within the value of the constraint tolerance.

<stopping criteria details>

x =

    0.3174
    0.2825
    0.2851


fval =

  8.3101e-04


exitflag =

    5


output =
```

```
包含以下字段的 struct:

        iterations: 5
    funcCount: 21
    lssteplength: 1
          stepsize: 0.0030
          algorithm: 'active-set'
    firstorderopt: 0.0227
    constrviolation: -0.0089
            message: '↵ Local minimum possible. Constraints satisfied.↵↵ fseminf
stopped because the predicted change in the objective function↵is less than the value
of the function tolerance and constraints ↵ are satisfied to within the value of the
constraint tolerance.↵↵<stopping criteria details>↵↵ Optimization stopped because
the predicted change in the objective function,↵4.194489e-05, is less than options.
FunctionTolerance = 1.000000e-04, and the maximum constraint↵violation, -8.940592e
-03, is less than options.ConstraintTolerance = 1.000000e-06.↵↵'


    lambda =

    包含以下字段的 struct:

        lower: [3×1 double]
        upper: [3×1 double]
    eqlin: [0×1 double]
    eqnonlin: [0×1 double]
    ineqlin: [0×1 double]
    ineqnonlin: [0×1 double]
```

经过 5 次迭代，得到最优解，同时得到如图 9-2 所示的结果。

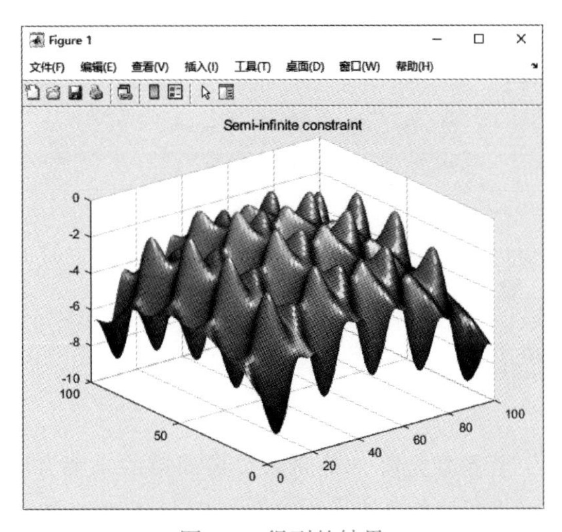

图 9-2　得到的结果

第 10 章　方 程 求 解

内容提要

本章介绍线性方程组求解、非线性方程求解及非线性方程组的优化解。通过对实例的分析，具体介绍 MATLAB 优化工具箱函数的应用。

本章重点

- 线性方程组求解
- 非线性方程的优化解
- 非线性方程组的优化解

方程是表示两个数学式（如两个数、函数、量、运算）之间相等关系的一种等式，通常在两者之间有一等号“=”。同时，方程也是含有未知数的等式。方程的解，是指所有未知数的总称，方程的根是指一元方程的解，两者通常可以通用。

10.1　线性方程组求解

在《线性代数》中，求解线性方程组是一个基本内容，在实际中，许多工程问题都可以化为线性方程组的求解问题。

10.1.1 数学原理及模型

在自然科学和工程技术中很多问题的解决常常归结为解线性代数方程组。例如，电学中的网络问题，船体数学放样中建立三次样条函数问题，用最小二乘法求实验数据的曲线拟合问题，解非线性方程组问题，用差分法或有限元方法求解常微分方程、偏微分方程边值问题等都会导致求解线性代数方程组。

线性方程组的一般形式为：

$$
\begin{gathered}
a_{11}x_1 + a_{12}x_2 + \cdots + a_{1n}x_n = b_1 \\
a_{21}x_1 + a_{22}x_2 + \cdots + a_{2n}x_n = b_2 \\
\cdots \\
a_{n1}x_1 + a_{n2}x_2 + \cdots + a_{nn}x_n = b_n
\end{gathered}
$$

或者写为矩阵形式：$Ax=b$。其中，A 为矩阵，x 和 b 为向量。

10.1.2 MATLAB 解法

1. 利用除法运算

对于线性方程组 $Ax=b$，若系数矩阵 A 非奇异，最简单的求解方法是利用矩阵的左除“\”来求解方程组的解，即 $x=A\backslash b$。这种方法采用高斯（Gauss）消去法，可以提高计算精度且能够节省计算时间。

2. 利用矩阵的逆（伪逆）求解

对于线性方程组 $Ax=b$，若其为恰定方程组且 A 是非奇异的，则求 x 的最明显的方法便是利用矩阵的逆，即 $x=A^{-1}b$，使用 inv 函数求解。若不是恰定方程组，则可利用伪逆函数 pinv 来求其一个特解，即 x=pinv（A） *b。

（1）函数调用格式 1

Z= pinv（A）

该函数格式的功能是计算方程系数矩阵 A 的伪逆矩阵 Z。

（2）函数调用格式 2

Z= pinv（A，tol）

Z 是矩阵 A 伪逆矩阵，tol 是公差值。

3. 精度比较

除法求解与伪逆求解关系如下。

1）A \ B=pinv（A） *B。

2）A/B=A * pinv（B）。

这两种方法与上面的方法都采用高斯（Gauss）消去法。比较求逆法与除法求解线性方程组在时间与精度上的区别。

编写 M 文件 compare. m 文件如下。

```
% 该 M 文件用来演示求逆法与除法求解线性方程组在时间与精度上的区别
A=1000* rand(1000,1000);
%随机生成一个 1000 维的系数矩阵
x=ones(1000,1);
b=A* x;
disp('利用矩阵的逆求解所用时间及误差为:');
tic
y=inv(A)* b;
t1=toc
error1=norm(y-x)
%利用 2-范数来刻画结果与精确解的误差

disp('利用除法求解所用时间及误差为:')
tic
y=A\b;
t2=toc
error2=norm(y-x)
```

该 M 文件的运行结果为：

```
>> compare
利用矩阵的逆求解所用时间及误差为:
t1 =
    1.5140
error1 =
```

```
  3.1653e-010
利用除法求解所用时间及误差为:
t2 =
    0.5650
error2 =
  8.4552e-011
```

可以看出，利用除法来求解线性方程组所用时间仅为求逆法的约 1/3，其精度也要比求逆法高出一个数量级左右。因此在实际中应尽量不要使用求逆法。

4. 核空间矩阵求解

对于基础解系，可以通过求矩阵 A 的核空间矩阵得到。在 MATLAB 中，可以用 null 命令得到 A 的核空间矩阵。

（1）函数调用格式 1

Z= null（A）

返回矩阵 A 核空间矩阵 Z，即其列向量为方程组 $Ax=0$ 的一个基础解系，Z 还满足 $Z'Z=I$。

（2）函数调用格式 2

Z= null（A，‘r’）

Z 的列向量是方程 $Ax=0$ 的有理基，与上面的命令不同的是 Z 不满足 $Z'Z=I$。

5. 行阶梯形求解

这种方法只适用于恰定方程组，且系数矩阵非奇异，若不然这种方法只能简化方程组的形式，若想将其解出还需进一步编程实现。因此本小节内容都假设系数矩阵非奇异。

将一个矩阵化为行阶梯形的命令是 rref。当系数矩阵非奇异时，可以利用该命令将增广矩阵［A b］化为行阶梯形，那么 R 的最后一列即为方程组的解。

（1）函数调用格式 1

R=rref（A）

利用高斯消去法得到矩阵 A 的行阶梯形 R。

（2）函数调用格式 2

［R，jb］=rref（A）

返回矩阵 A 的行阶梯形 R 以及向量 jb。

（3）函数调用格式 3

［R，jb］=rref（A，tol）

返回基于给定误差限 tol 的矩阵 A 的行阶梯形 R 以及向量 jb。

10.1.3 应用实例分析

线性方程组求解在工程计算、纯数学、优化、计算数学等各个领域都有着重要的应用，本节将介绍如何用 MATLAB 来求解各种线性方程组。

【例 10-1】求解下列方程组。

$$\begin{cases} x_1 + x_2 + x_3 = 6 \\ 4x_2 - x_3 = 5 \\ 2x_1 - 2x_2 + x_3 = 1 \end{cases}$$

将上述形式转化成矩阵形式得:

$$\begin{bmatrix}1 & 1 & 1\\0 & 4 & -1\\2 & -2 & 1\end{bmatrix}\begin{bmatrix}x_1\\x_2\\x_3\end{bmatrix}=\begin{bmatrix}6\\5\\1\end{bmatrix}$$

在命令行窗口中输入系数向量并调用求解命令得到解：

```
>> A=[1 1 1
     0 4 -1
     2 -2 1];
>> b=[6;5;1];
>> x=A\b

x =

    1
    2
    3
```

也就是说方程组的解为 $x=$ [1，2，3]。带入方程组验证也满足。

【例 10-2】求解下面的方程组。

$$\begin{cases}2x_1 - x_2 + x_3 = 4\\ -x_1 - 2x_2 + 3x_3 = 5\\ x_1 + 3x_2 + x_3 = 6\end{cases}$$

将上述形式转化成矩阵形式得：

$$\begin{bmatrix}2 & -1 & 1\\-1 & -2 & 3\\1 & 3 & 1\end{bmatrix}\begin{bmatrix}x_1\\x_2\\x_3\end{bmatrix}=\begin{bmatrix}4\\5\\6\end{bmatrix}$$

在命令行窗口中输入系数向量并调用求解命令得到解：

```
>> A=[2 -1 1
     -1 -2 3
     1 3 1];
>> b=[4;5;6];
>> x=A\b

x =

    1.1111
    0.7778
    2.5556
```

方程组的解为 $x=$ [1.1111，0.7778，2.5556]。

【例 10-3】：图 10-1 所示为某个电路的网格图，其中 $R_1=1$，$R_2=2$，$R_3=4$，$R_4=3$，$R_5=1$，$R_6=5$，$E_1=41$，$E_2=38$,，利用基尔霍夫定律求解电路中的电流 I_1，I_2，I_3。

根据基尔霍夫定律电路网格中任意单向闭路的电压和为零，由此对图 10-1 所示电路分析可得如下的线性方程组：

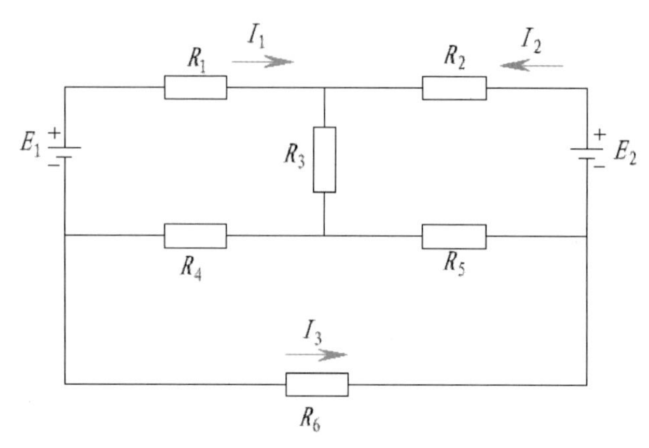

图 10-1　电路网格图

$$\begin{cases}(R_1+R_3+R_4)I_1+R_3I_2+R_4I_3=E_1\\R_3I_1+(R_2+R_3+R_5)I_2-R_5I_3=E_2\\R_4I_1-R_5I_2+(R_4+R_5+R_6)I_3=0\end{cases}$$

将电阻及电压相应的取值代入，可得该线性方程组的系数矩阵及右端项分别为：

$$A=\begin{bmatrix}8&4&3\\4&7&-1\\3&-1&9\end{bmatrix},\quad b=\begin{bmatrix}41\\38\\0\end{bmatrix}$$

事实上，系数矩阵 A 是一个对称正定矩阵（读者可以通过 eig 命令来验证），因此可以利用楚列斯基（Cholesky）分解求该线性方程组的解，具体操作如下：

```
>> A=[8 4 3;4 7 -1;3 -1 9];
>> b=[41 38 0]';
>> x0=pinv(A)* b   %利用伪逆求方程组的一个特解
x0 =


    4.0000
    3.0000
   -1.0000
```

从运行结果发现其中的 I_3 是负值，这说明电流的方向与图中箭头方向相反。电路中的电流 I_1，I_2，I_3 分别为 4A、3A、1A。

10.2　非线性方程的优化解

非线性方程的求解问题可以看作是单变量的极小化问题，通过不断地缩小搜索区间来逼近问题的真解。

10.2.1 数学原理

在数学物理中的许多问题都可以归结为解非线性方程 $f(x)=0$，非线性方程的数学模型为：

$$F(x)=0$$

其中，x 为向量，方程 $f(x)=0$ 的解称作它的根或称为 $f(x)$ 的零点。

在 MATLAB 中，非线性方程求解所用的函数为 fzero，使用的算法为二分法、secant 法和逆二次插值法的组合。

10.2.2 MATLAB 工具箱中的基本函数

1. 调用格式 1

x =fzero(fun, x0)

该格式的功能是如果 $x0$ 为标量，函数找到 $x0$ 附近函数 fun 的零点。fzero 函数返回的 x 为函数 fun 改变符号处邻域内的点，或者是 nan（如果搜索失败的话）。这里，当函数发现 inf、nan 或者复数时，搜索终止。如果 $x0$ 是一个长度为 2 的向量，fzero 函数假设 $x0$ 为一个区间，其中函数 fun 在区间的两个端点处异号，也就是说，fun[$x0(1)$]的符号和 fun[$x0(2)$]的符号相反。若否，出现错误。

2. 调用格式 2

x =fzero(fun, x0, options)

该格式的功能是求解上述问题，同时将默认优化参数改为 options 指定值。options 的可用值为 Display，TolX，FunValCheck 和 OutputFcn。

3. 调用格式 3

x =fzero(problem)

该格式的功能是用结构体 problem 定义参数。包含的参数有：目标函数 objective、x 的初始点 $x0$、求解器' fzero '、options 结构体 options。

4. 调用格式 4

[x, fval] =fzero(fun, ...)

该格式的功能是返回在 x 处的目标函数值。

5. 调用格式 5

[x, fval, exitflag] = fzero(...)

该格式的功能是返回 exitflag 值，描述函数计算的退出条件。其中，exitflag 取值和相应的含义见表 10-1。

表 10-1　exitflag 取值和相应的含义

exitflag 值	含　义
1	函数 fzero 找到解 x
-1	算法由输出函数终止
-3	搜索过程中遇到函数值为 nan 或 Inf
-4	搜索过程中遇到复数函数值
-5	函数 fzero 收敛到奇异点

6. 调用格式 6

[x, fval, exitflag, output] = fzero(...)

该格式的功能是返回同格式 5 的值，另外，返回包含 output 结构的输出。其中，output 包含的内容及含义见表 6-5。

10.2.3 应用实例分析

非线性方程的优化解可以转换为求一元函数零点的精确解，利用 MATLAB 优化函数工具箱中的函数 fzero 可以求解该问题。

【例 10-4】 函数使用举例 1。

```
>> X =fzero(@ sin,3)

X =

    3.1416
>> X =fzero(@ (x) sin(3* x),2)

X =

    2.0944
```

【例 10-5】 函数使用举例 2。

求解含参数函数 cos（$a*x$）在 $a=2$ 时的解。

首先，编制函数文件。

```
function f=funyx(a,x)
%这是一个演示函数文件
%演示函数 fzero 的使用
f=cos(a* x);
```

在命令行窗口中，初始化参数 a：

```
>> a = 2;
%定义参数
```

调用函数求解：

```
>> [x,fval,exitflag]= fzero(@ (x) funyx(x,a),0.1)

x =

    0.7854


fval =

  6.1232e-17


exitflag =

    1
```

在 $x=0.7854$ 时，函数值等于 6.1232e−17。

【例 10-6】 求方程 $x^2-x-1=0$ 的正根。

首先，编制函数文件。

```
function f=funec(x)
%这是一个演示函数文件
```

```
%演示函数 fzero 的使用
f=x* x-x-1;
```

然后在命令行窗口中调用函数求解。

```
>> x=fzero(@ funec,1)
x =

   1.6180
```

$x=1.6180$ 为方程的一个正根。

【例 10-7】 找出下面函数的零点。

$$f(x)=e^{x}+10x-2$$

首先，编制函数文件。

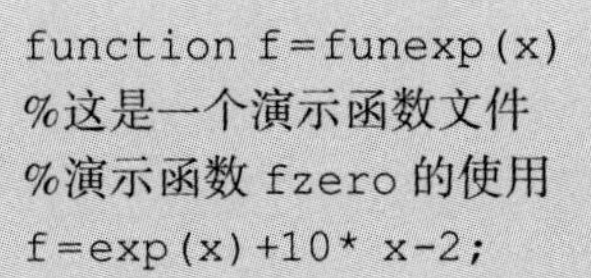

```
function f=funexp(x)
%这是一个演示函数文件
%演示函数 fzero 的使用
f=exp(x)+10* x-2;
```

在命令行窗口中，初始化参数 $x0$。

```
>> x0 = 2;
%定义参数
```

然后在命令行窗口中调用函数求解。

```
>> [x,fval,exitflag]= fzero('funexp(x)',x0)

x =

   0.0905


fval =

   0


exitflag =

   1
```

在 $x=0.0905$ 时，函数值等于 0。

【例 10-8】 找出下面函数的零点。

$$f(x)=x^{3}-3x-1$$

首先，编制函数文件。

```
function f=funsc(x)
%这是一个演示函数文件
%演示函数 fzero 的使用
f=x.^3-3* x-1;
```

然后在命令行窗口中调用函数求解。

```
>> [x,fval,exitflag,output]=fzero('funsc',2)

x =

   1.8794
fval =

  -8.8818e-16


exitflag =

   1


output =

包含以下字段的 struct:

intervaliterations: 4
          iterations: 6
funcCount: 14
          algorithm: 'bisection, interpolation'
            message: '在区间 [1.84, 2.11314] 中发现零'
```

经过 6 次迭代，函数在 $x=1.8794$ 处，最接近 0，此时的函数值为 fval =-8.8818e-016。这是一个很接近 0 的数。在应用中可看为 0。

10.3　非线性方程组的优化解

随着科学技术以及计算工具的迅速发展，非线性方程组的求解问题越来越多地被提了出来。因而，对于它的可解性分析以及有效解法的研究，引起了人们的重视。

10.3.1 数学原理

非线性方程组的数学模型为：

$$F(x)=0$$

其中，x 为向量，$F(x)$一般为由多个非线性函数组成的向量值函数。即：

$$F(x)=\begin{bmatrix} f_1(x) \\ f_2(x) \\ \vdots \\ f_n(x) \end{bmatrix}$$

在 MATLAB 中，非线性方程组求解所用的函数为 fsolve，使用的算法为赖域 dogleg 算法的组合。

10.3.2 MATLAB 工具箱中的基本函数

1. 调用格式 1

x=fsolve (fun, x0)

该格式的功能是给定初始点 $x0$，求方程组 fun 的解。其中，fun 返回在 x 处的函数值，可以是向量或者矩阵。

2. 调用格式 2

x=fsolve (fun, x0, options)

该格式的功能是求解上述问题，同时将默认优化参数改为 options 指定值。

3. 调用格式 3

x =fsolve (problem)

该格式的功能是用结构体 problem 定义参数。包含的参数有：目标函数 objective、x 的初始点 $x0$、求解器 fsolve '、options 结构体 options。

4. 调用格式 4

[x, fval] =fsolve (fun, x0, ...)

该格式的功能是同时返回在解 x 处的目标函数值。

5. 调用格式 5

[x, fval, exitflag] =fsolve (fun, x0, ...)

该格式的功能是返回 exitflag 值，描述函数计算的退出条件。其中，exitflag 取值和相应的含义见表 10-2。

表 10-2 exitflag 取值和相应的含义

exitflag 值	含　　义
1	方程已解。函数 fsolve 收敛到解 x 处
2	方程已解。x 的变化小于容止限
3	方程已解。残差的变化小于容止限
4	方程已解。重要搜索方向小于规定的容止限
0	达到最大迭代次数或达到函数评价
-1	算法由输出函数终止
-2	方程未得解，算法好像收敛到不是解的点
-3	方程未得解，信赖域半径太小

6. 调用格式 6

[x, fval, exitflag, output] =fsolve (fun, x0, ...)

该格式的功能是返回同格式 5 的值，另外，返回包含 output 结构的输出。

7. 调用格式 7

[x, fval, exitflag, output, jacob] =fsolve (fun, x0, ...)

该格式的功能是返回函数 FUN 在解 x 处的雅可比矩阵。

10.3.3 应用实例分析

在 MATLAB 中，优化函数工具箱中的函数 fsolve 可以求解线性方程组问题。该函数使用的算法在每次迭代都涉及使用预条件共轭梯度法（PCG）来近似求解大型线性方程组。

【例 10-9】求解非线性方程 $\cos(x)+x=0$。

求解单个方程，不需要对方称进行简化，直接利用单引号定义方程即可。

```
>>fsolve('cos(x)+x',0)
Optimization terminated: first-order optimality is less than options.TolFun.

ans =

  -0.7391
```

【例 10-10】求解下列方程组。

$$2x_1 - x_2 = e^{-x1}$$
$$-3x_1 + 6x_2 = e^{-x2}$$

首先，将上述方程组转化成标准形式：

$$F(x) = \begin{cases} 2x_1 - x_2 - e^{-x1} \\ -3x_1 + 6x_2 - e^{-x2} \end{cases}$$

编制函数文件。

```
function F=funz1(x)
%这是一个演示函数文件
%演示函数 fsolve 的使用
F=[2* x(1)-x(2)-exp(-x(1));
      -3* x(1)+6* x(2)-exp(-x(2))];
```

给定初始数据：

```
>> x0=[-5;-4];
>> options=optimset('Display','iter');   % 显示迭代过程
```

调用函数求解得：

```
>> [x,fval,exitflag,output,jacob]=fsolve('funz1',x0,options)

                                          Norm of      First-order  Trust-region
IterationFunc-count      f(x)              step         optimality    radius
    0         3        27888.1                            2.3e+04         1
    1         6        6855.59                  1      3.23e+03         1
    2         9        1970.87                  1           946         1
    3        12        588.084                  1           272         1
    4        15        173.191                  1          85.6         1
    5        18        45.3352                  1          26.6         1
    6        21        8.35697                  1          7.73         1
    7        24       0.261723            0.97057          1.01         1
    8        27    0.000333112           0.249307        0.0307      2.43
    9        30    5.31423e-10         0.00956059      3.58e-05      2.43
   10        33    1.32809e-21        1.20995e-05      5.47e-11      2.43
Equation solved.

fsolve completed because the vector of function values is near zero
as measured by the value of the function tolerance, and
the problem appears regular as measured by the gradient.
```

```
<stopping criteria details>

x =

    0.4871
    0.3599
fval =

  1.0e-10 *

  -0.3447
  -0.1181


exitflag =

    1


output =

包含以下字段的 struct:

      iterations: 10
funcCount: 33
        algorithm: 'trust-region-dogleg'
firstorderopt: 5.4686e-11
          message: '↵Equation solved.↵↵fsolve completed because the vector of func-
tion values is near zero↵as measured by the value of the function tolerance, and↵the
problem appears regular as measured by the gradient.↵↵<stopping criteria details>↵↵E-
quation solved. The sum of squared function values, r = 1.328090e-21, is less than↵
sqrt(options.FunctionTolerance) = 1.000000e-03. The relative norm of the gradient of
r,↵5.468588e-11, is less than options.OptimalityTolerance = 1.000000e-06.↵↵'


jacob =
    2.6144  -1.0000
   -3.0000   6.6978
```

得到的列表中各项含义见表 10-3。

表 10-3 得到的列表中各项含义

列名	含义
Iteration	迭代次数
Func-count	目标函数的计算次数
f (x)	目标函数值
Norm of step	当前步长的范数
First-order optimality	当前梯度的无穷范数
Trust-region radius	当前 PCG 迭代次数

由于 exitflag =1，说明函数 fsolve 收敛到解 x 处，x = [0.4871; 0.3599]，函数值非常接近零。

【例 10-11】求带参数的非线性方程组的解。

$$2x_1 - x_2 = e^{ax1}$$
$$-x_1 + 2x_2 = e^{ax2}$$

同样，首先转化成标准形式：

$$F(x) = \begin{cases} 2x_1 - x_2 - e^{ax1} \\ -x_1 + 2x_2 - e^{ax2} \end{cases}$$

编制函数文件。

```
function F=funz2(x,a)
%这是一个演示函数文件
%演示函数 fzero 的使用
F=[2* x(1)-x(2)-exp(a* x(1));
      -x(1)+2* x(2)-exp(a* x(2))];
```

给出参数 a 的值，并给出初始点。

```
>> a=-1;
>> x0=[-5;-4];
>> options=optimset('Display','iter');   % 显示迭代过程
```

调用函数求解得：

```
>> [x,fval,exitflag,output,jacob]=fsolve(@ (x) funz2(x,a),x0,options)
                                              Norm of       First-order    Trust-region
Iteration   Func-count        f(x)             step         optimality      radius
     0           3          27161                            2.32e+04            1
     1           6        6164.23                  1         3.33e+03            1
     2           9        1651.58                  1              804            1
     3          12        456.647                  1              210            1
     4          15        128.888                  1             58.6            1
     5          18        34.8853                  1             17.1            1
     6          21        7.36537                  1             4.91            1
     7          24       0.403333                  1             0.92            1
     8          27     0.00102477           0.363195           0.0419          2.5
     9          30    6.95286e-09          0.0202703         0.000107          2.5
```

```
    10        33    3.20749e-19     5.31042e-05       7.14e-10              2.5

Equation solved.

fsolve completed because the vector of function values is near zero
as measured by the value of the function tolerance, and
the problem appears regular as measured by the gradient.

<stopping criteria details>

x =

    0.5671
    0.5671
fval =

  1.0e-09 *

  -0.4242
  -0.3753


exitflag =

    1


output =

包含以下字段的 struct:

      iterations: 10
funcCount: 33
        algorithm: 'trust-region-dogleg'
firstorderopt: 7.1369e-10
            message: '↵Equation solved.↵↵fsolve completed because the vector of func-
tion values is near zero↵as measured by the value of the function tolerance, and↵the
problem appears regular as measured by the gradient.↵↵<stopping criteria details>↵↵E-
quation solved. The sum of squared function values, r = 3.207487e-19, is less than↵
sqrt(options.FunctionTolerance) = 1.000000e-03. The relative norm of the gradient of
r,↵7.136858e-10, is less than options.OptimalityTolerance = 1.000000e-06.↵↵'
jacob =

    2.5671  -1.0000
   -1.0000    2.5671
```

表中各项含义同例10-10。由于exitflag =1，说明函数fsolve收敛到解x处，经过10次迭代，$x=$［0.5671；0.5671］，函数值非常接近零。算法中同样使用了信赖域算法和狗腿步技术。

第 11 章 大规模优化问题

内容提要

本章主要介绍了大规模优化算法问题的 MATLAB 实现过程。通过对大量实际例子的考察，详细介绍了各种大规模优化算法的实现。

本章重点

- 大规模问题的类型
- 各种解大规模问题的函数
- 各种大规模问题需要满足的条件
- 各种大规模问题的 MATLAB 实现方法

11.1 大规模问题简介

随着工程技术的发展和最优化技术的广泛应用，科学技术领域中需要求解很多大规模问题。大规模问题的解法近年来在国内外受到了广泛的重视，各行业的科研工作者，在大规模优化问题中做了很多工作，并产生了一系列优秀的算法。在 MATLAB 优化工具箱中，提供了一批大规模优化问题的算法，非线性优化问题的信赖域方法，预优共轭梯度法，求解线性等式约束问题的大规模算法，非线性最小二乘问题，求解二次规划问题的大规模算法，线性最小二乘问题的大规模算法，大规模线性规划问题的算法等，这些算法的成熟和应用同时也给各行业的工作者带来了巨大的方便。

11.1.1 可以用大规模优化算法解决的问题

一般来说，大规模优化方法总是尽可能地保持导数的结构和稀疏性。为了有效地解决大规模问题，一些问题受到了一定程度的限制，如仅仅求解超定线性或非线性方程组；一些问题更是加上了一些额外的限制条件，如非线性极小化算法要求梯度预先给定等。

必须注意到的是，在 MATLAB 优化工具箱中可以用大规模优化算法求解的问题有一定的限制条件。例如，函数 fmincon 在下面任何一种情况下都不能使用大规模优化算法：

- 有非线性等式或不等式约束。
- 同时有上界（或者下界）和等式约束条件。

当函数不能通过求解大规模问题的算法求解给定的问题的时候，它将转化用中型问题的算法去求解。

在 MATLAB 优化工具箱中，除了线性规划之外，其他所有大规模算法使用的都是信赖域算法。

11.1.2 大规模问题的模型

表 11-1 中简要介绍了如何建立可以用大规模优化算法解决的问题，并提供了优化函数的必要

输入参数。对于每个函数来说，第二列表明大规模问题的模型，第三列表明大规模优化算法的附加条件。由于大规模算法同时也适用于中小规模问题，在表的最后一列，给出了一些使大规模优化算法更有效的条件。

注意：

表 11-1 中的函数复杂性依次上升。

表 11-1　大规模优化算法函数

<table>
<tr><th>函数</th><th colspan="2">模型</th><th>附加条件</th><th>对大规模优化算法更有效的条件</th></tr>
<tr><td>fminunc</td><td colspan="2">$\min_x f(x)$</td><td>必须提供 $f(x)$ 的梯度</td><td>• 提供黑塞矩阵的稀疏结构或计算目标函数的黑塞矩阵
• 黑塞矩阵必须是稀疏的</td></tr>
<tr><td rowspan="2">fmincon</td><td colspan="2">$\min_x f(x)$
$l \leqslant x \leqslant u$，$(l<u)$</td><td rowspan="2">必须提供 $f(x)$ 的梯度</td><td rowspan="2">• 提供黑塞矩阵的稀疏结构或计算目标函数的黑塞矩阵
• 黑塞矩阵应该是稀疏的
• Aeq 应该是稀疏的</td></tr>
<tr><td colspan="2">$\min_x f(x)$
$Aeqx = beq$</td></tr>
<tr><td rowspan="2">lsqnonlin</td><td>$\min_x \frac{1}{2}\|F(x)\|_2^2 = \frac{1}{2}\sum_i F_i(x)^2$</td><td rowspan="2">$F(x)$ 必须是超定的</td><td rowspan="2">None</td><td rowspan="2">• 提供雅可比矩阵的稀疏结构，或计算目标函数的雅可比矩阵
• 雅可比矩阵应该是稀疏的</td></tr>
<tr><td>$\min_x \frac{1}{2}\|F(x)\|_2^2 = \frac{1}{2}\sum_i F_i(x)^2$
$l \leqslant x \leqslant u$，$(l < u)$</td></tr>
<tr><td rowspan="2">lsqcurvefit</td><td colspan="2">$\min_x \frac{1}{2}\|F(x, xdata) - udata\|_2^2$</td><td rowspan="2">None</td><td rowspan="2">同上</td></tr>
<tr><td colspan="2">$\min_x \frac{1}{2}\|F(x, xdata) - udata\|_2^2$
$l \leqslant x \leqslant u$，$(l<u)$</td></tr>
<tr><td>fsolve</td><td colspan="2">$F(x) = 0$</td><td>None</td><td>同上</td></tr>
<tr><td>lsqlin</td><td colspan="2">$\min_x \|Cx - a\|_2^2$
$l \leqslant x \leqslant u$，$(l < u)$</td><td>None</td><td>$C$ 应该是稀疏的</td></tr>
<tr><td>linprog</td><td colspan="2">$\min_x f^{\mathrm{T}}x$
$Ax \leqslant b$
$Aeqx = beq$
$l \leqslant x \leqslant u$</td><td>None</td><td>$A$ 和 Aeq 应该是稀疏的</td></tr>
<tr><td rowspan="2">quadprog</td><td colspan="2">$\min_x \frac{1}{2}x^{\mathrm{T}}Hx + f^{\mathrm{T}}x$
$l \leqslant x \leqslant u$，$(l < u)$</td><td rowspan="2">None</td><td rowspan="2">• H 应该是稀疏的
• Aeq 应该是稀疏的</td></tr>
<tr><td colspan="2">$\min_x \frac{1}{2}x^{\mathrm{T}}Hx + f^{\mathrm{T}}x$
$Aeqx = beq$</td></tr>
</table>

11.2 带雅可比矩阵的非线性方程组

本节考察解带有稀疏雅可比矩阵的非线性方程组的求解。下面的例子中，问题的维数为1000。目标是求 x 满足 $F(x)=0$。

【例 11-1】设 $n=1000$，求下列非线性方程组的解：

$$F(x) = 3x_1 - 2x_1^2 - 2x_2 + 1$$

$$F(x) = 3x_i - 2x_i^2 - x_{i-1} + 1$$

$$F(n) = 3x_n - 2x_n^2 - x_{n-1} + 1$$

为了求解大型方程组 $F(x)=0$，可以使用函数 fsolve。该函数有三种算法：trust-region-dogleg（默认值）、trust-region 和 levenberg-marquardt。其中，trust-region-dogleg 算法求解非线性方程；trust-region 算法求解稀疏问题、大规模问题。

首先，建立目标函数和雅可比矩阵文件。

```
function [F,J] =nlsf1(x);
%这是一个演示函数文件
%该文件包含函数和雅可比矩阵
%估算向量函数
n = length(x);
F = zeros(n,1);
i = 2:(n-1);
F(i) = (3-2* x(i)).* x(i)-x(i-1)-2* x(i+1)+1;
F(n) = (3-2* x(n)).* x(n)-x(n-1) +1;
F(1) = (3-2* x(1)).* x(1)-2* x(2) +1;
%估算雅可比矩阵 if nargout > 1
ifnargout > 1
  d = -4* x + 3* ones(n,1); D = sparse(1:n,1:n,d,n,n);
  c = -2* ones(n-1,1); C = sparse(1:n-1,2:n,c,n,n);
  e = -ones(n-1,1); E = sparse(2:n,1:n-1,e,n,n);
  J = C + D + E;
end
```

保存在 MATLAB 的搜索路径下。

然后，在命令行窗口中初始化各输入参数：

```
>>xstart = -ones(1000,1);
>> fun = @ nlsf1;
>> options =optimset('Display','iter','LargeScale','on','Jacobian','on');
                                        % 显示迭代过程,使用大规模算法和雅可比矩阵
>> options.Algorithm ='trust-region'; % 选择信赖域算法,该算法是一种大规模算法
```

最后，调用函数求解问题。

```
>> [x,fval,exitflag,output] = fsolve(fun,xstart,options)
                                         Norm of      First-order
Iteration Func-count       f(x)            step         optimality
    0          1            1011                             19
    1          2         15.9018         7.92421           1.89
    2          3       0.0128163         1.32542         0.0746
    3          4      1.7354e-08       0.0397926       0.000196
    4          5     1.13336e-18     4.55546e-05       2.76e-09
Equation solved.

fsolve completed because the vector of function values is near zero
as measured by the value of the function tolerance, and
the problem appears regular as measured by the gradient.

<stopping criteria details>

x =

  -0.5708
  -0.6819
  -0.7025
……
  -0.6658
  -0.5960
  -0.4164

fval =

  1.0e-09 *

  -0.0145
  -0.0082
  -0.0040
……
  -0.3185
  -0.7548
  -0.6677


exitflag =

    1

output =
```

包含以下字段的 struct：

```
firstorderopt: 2.7593e-09
      iterations: 4
funcCount: 5
cgiterations: 0
        algorithm:'trust-region'
        stepsize: 4.5555e-05
          message: '↵Equation solved.↵↵fsolve completed because the vector of function values is near zero↵as measured by the value of the function tolerance, and↵the problem appears regular as measured by the gradient.↵↵<stopping criteria details>↵↵Equation solved. The sum of squared function values, r = 1.133362e-18, is less than↵sqrt(options.FunctionTolerance) = 1.000000e-03. The relative norm of the gradient of r,↵2.759304e-09, is less than options.OptimalityTolerance = 1.000000e-06.↵↵'
```

优化结果中各列的含义见表 11-2。

表 11-2　优化结果中各列的含义

名　　称	含　　义
Iteration	迭代次数
Func-count	函数计算次数
f（x）	目标函数值
Norm of step	当前步的范数
First-order optimality	当前梯度的无穷范数

每一次迭代都用预优共轭梯度法求解一个线性方程组。PrecondBandWidth 的默认值为 0，所以，预优矩阵为对角阵（因为，PrecondBandWidth 代表预优矩阵的带宽，带宽为 0，说明矩阵中只有一个对角）。

从一阶最优性条件的值，也就是梯度的无穷范数值可以看出，出现了快速线性收敛。对于每一次主迭代过程来说，共轭梯度迭代的次数很少，对于一个 1000 维的问题来说，至多有 5 次，说明这种情况下，线性方程组不难解。

用户也可以通过修改 PrecondBandWidth 选项的值来改变预优矩阵的对角性，例如，通过将 PrecondBandWidth 的值改为 1，可以得到一个三对角的预优矩阵。

首先，设定 options 参数的值如下。

```
>> options =optimset('Display','iter','Jacobian','on',...
            'LargeScale','on','PrecondBandWidth',1);
>> options.Algorithm ='trust-region';  % 选择信赖域算法,该算法是一种大规模算法
```

然后，调用工具箱函数求解问题得：

```
>> [x,fval,exitflag,output] = fsolve(fun,xstart,options)
                                          Norm of      First-order
 Iteration  Func-count     f(x)             step          optimality
     0          1            1011                              19
     1          2         16.0839         7.92496           1.92
```

```
     2          3        0.0458181          1.3279          0.579
     3          4      0.000101184       0.0631898         0.0203
     4          5      3.16615e-007      0.00273698        0.00079
     5          6      9.72481e-010      0.00018111      5.82e-005
   Equation solved, inaccuracy possible.

   fsolve stopped because the vector of function values is near zero, as measured by
the value
   of the function tolerance. However, the last step was ineffective.

   <stopping criteria details>
   x =

     -0.5708
     -0.6819
     -0.7025
   ……
     -0.6658
     -0.5960
     -0.4164

   fval =

     1.0e-04 *

     -0.0002
     -0.0130
     -0.0542
   ……
     -0.1100
     -0.0308
     -0.0320

   exitflag =

       3

   output =
```

包含以下字段的 struct：

```
   firstorderopt: 5.8222e-05
        iterations: 5
   funcCount: 6
   cgiterations: 8
```

```
        algorithm:'trust-region'
        stepsize:1.8111e-04
            message:'↵ Equation solved, inaccuracy possible.↵↵ fsolve stopped
because the vector of function values is near zero, as measured by the value ↵ of the
function tolerance. However, the last step was ineffective.↵↵<stopping criteria de-
tails>↵↵ fsolve stopped because the sum of squared function values, r, is changing by
less ↵than options.FunctionTolerance = 1.000000e-06 relative to its initial value.↵r
= 9.724814e-10, is less than sqrt(options.FunctionTolerance) = 1.000000e-03.↵↵'
```

11.3 给定雅可比矩阵稀疏性结构的非线性方程组

在 11.2 节中，函数文件同时包含了目标函数和稀疏雅可比矩阵。在默认情况下，如果不能显式得到稀疏雅可比矩阵（当然，必须将 options 参数中的 Jacobian 选项设为 on），函数 fsolve、lsqnonlin 和 lsqcurvefit 将利用有限差分的方法来近似雅可比矩阵。

为了使这种有限差分过程尽可能有效，用户应该提供雅可比矩阵的稀疏方式，也就是说，在 options 参数中，将选项 JacobPattern 设置为 on。提供雅可比矩阵的稀疏方式可以极大地减少计算大型有限差分问题的计算量。对于 11.2 节给出的问题，如果不提供雅可比矩阵的稀疏方式，同时也没有雅可比矩阵的显式表达，有限差分过程需要计算一个 1000×1000 的雅可比矩阵。在这种情况下，如果矩阵不是稀疏的，对于一般的计算机来说，内存是不够用的。

假设，稀疏雅可比矩阵 Jstr 在 11.2 节的计算中被存放在文件 nlsdat1.mat 中。该函数具体内容如图 11-1 所示。

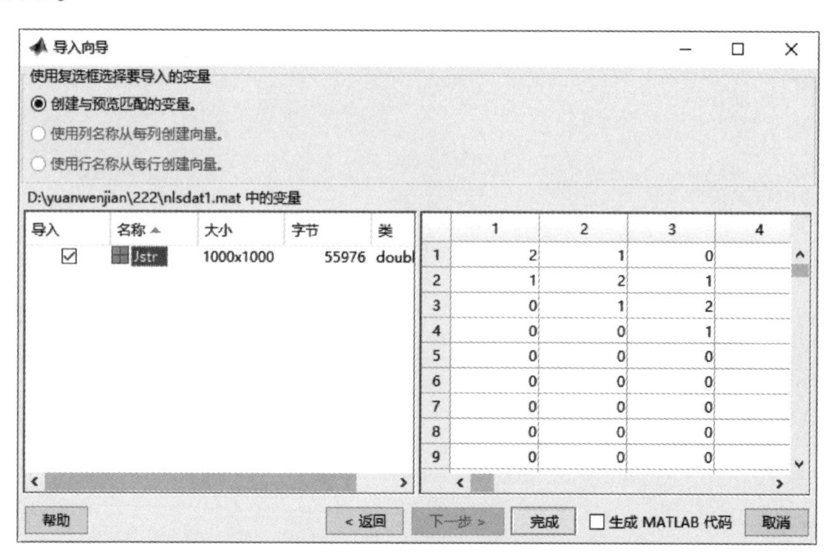

	1	2	3	4
1	2	1	0	
2	1	2	1	
3	0	1	2	
4	0	0	1	
5	0	0	0	
6	0	0	0	
7	0	0	0	
8	0	0	0	
9	0	0	0	

图 11-1 问题中各参数

下述过程同 11.2 节的作用一样，稀疏有限差分过程在必要的时候进行，用来估计稀疏雅可比矩阵。

【例 11-2】设 $n=1000$，求下列非线性方程组的解：

$$F(x)=3x_1-2x_1^2-2x_2+1$$

$$F(x) = 3x_i - 2x_i^2 - 2x_{i-1} + 1$$

$$F(n) = 3x_n - 2x_n^2 - x_{n-1} + 1$$

求解同 11.2 节一样的问题。

首先，建立目标函数文件。

```
function F =nlsf1a(x)
%这是一个演示函数文件
%该文件只包含函数
% 估算向量函数
n = length(x);
F = zeros(n,1);
i = 2:(n-1);
F(i) = (3-2* x(i)).* x(i)-x(i-1)-2* x(i+1) + 1;
F(n) = (3-2* x(n)).* x(n)-x(n-1) + 1;
F(1) = (3-2* x(1)).* x(1)-2* x(2) + 1;
```

该文件中没有对雅可比矩阵的计算。

然后，在 MATLAB 命令行窗口中初始化各数据：

```
>>xstart = -ones(1000,1);
>> fun = @ nlsf1a;
>> loadnlsdat1  % Get Jstr
>> options =optimset('Display','iter','JacobPattern',Jstr,...
            'LargeScale','on','PrecondBandWidth',1, ...
'Algorithm','trust-region-reflective');
```

其中，指令 load nlsdat1 的功能是将雅可比矩阵调入工作区域。默认信赖域算法和狗腿步技术，修改使用的算法为信赖域算法，

调用优化函数求解问题得：

```
>> [x,fval,exitflag,output] = fsolve(fun,xstart,options)

                                        Norm of      First-order
Iteration Func-count     f(x)            step         optimality
    0          5            1011                          19
    1         10         16.0839        7.92496          1.92
    2         15       0.0458179         1.3279         0.579
    3         20     0.000101184      0.0631896        0.0203
    4         25     3.16616e-07     0.00273698       0.00079
    5         30     9.72483e-10     0.00018111      5.82e-05

Equation solved, inaccuracy possible.
```

```
Equation solved.

fsolve stopped because the vector of function values is near zero,
as measured by the value of the function tolerance, However, the last step was inef-
fective

<stopping criteria details>

x =

  -0.5708
  -0.6819
  -0.7025
......
-0.5960
    -0.4164


fval =

    1.0e-04 *

  -0.0002
  -0.0130

......
-0.0308
  -0.0320


exitflag =

    3


output =
包含以下字段的 struct:

firstorderopt: 5.8222e-05
      iterations: 5
funcCount: 30
cgiterations: 8
        algorithm: 'trust-region'
        stepsize: 1.8111e-04
```

```
               message: '↲ Equation solved, inaccuracy possible.↲↲ fsolve stopped
because the vector of function values is near zero, as measured by the value ↲ of the
function tolerance. However, the last step was ineffective.↲↲<stopping criteria de-
tails>↲↲ fsolve stopped because the sum of squared function values, r, is changing by
less ↲ than options.FunctionTolerance = 1.000000e-06 relative to its initial value.↲ r
= 9.724834e-10, is less than sqrt(options.FunctionTolerance) = 1.000000e-03.↲↲'
```

另外，用户还可以通过将 PrecondBandWidth 的值设置成 Inf 来改变 PCG 的使用。

函数文件的建立同上。

在 MATLAB 命令行窗口中初始化数据和设置参数如下。

```
>>xstart = -ones(1000,1);
>> fun = @ nlsf1a;
>> loadnlsdat1  % Get Jstr
>> options =optimset('Display','iter','JacobPattern',Jstr,...
                 'LargeScale','on','PrecondBandWidth',inf, ...
'Algorithm', 'trust-region-reflective');
```

调用优化函数求解得到：

```
>> [x,fval,exitflag,output] = fsolve(fun,xstart,options)
                                            Norm of        First-order
IterationFunc-count      f(x)               step            optimality
    0          5              1011                               19
    1         10          15.9018           7.92421            1.89
    2         15        0.0128161           1.32542          0.0746
    3         20      1.73502e-08         0.0397923        0.000196
    4         25      1.10732e-18       4.55495e-05        2.74e-09

Equation solved.

fsolve completed because the vector of function values is near zero
as measured by the value of the function tolerance, and
the problem appears regular as measured by the gradient.

<stopping criteria details>
x =

  -0.5708
  -0.6819
  -0.7025
......
-0.5960
    -0.4164
```

```
fval =

    1.0e-09 *

  -0.0135
  -0.0074

……
-0.7473
  -0.6607

exitflag =

    1


output =

包含以下字段的 struct:

firstorderopt: 2.7356e-09
iterations: 4
funcCount: 25
cgiterations: 0
algorithm: '  trust-region'
stepsize: 4.5550e-05
          message: '  ↵Equation solved. ↵↵fsolve completed because the vector of
function values is near zero↵as measured by the value of the function tolerance, and↵
the problem appears regular as measured by the gradient.↵↵<stopping criteria details>
↵↵Equation solved. The sum of squared function values, r = 1.107318e-18, is less than↵
sqrt(options.FunctionTolerance) = 1.000000e-03. The relative norm of the gradient of
r,↵2.735584e-09, is less than options.OptimalityTolerance = 1.000000e-06.↵↵'
```

由上面的输出结果可见，当 PrecondBandWidth 的值设置成 Inf 时，共轭梯度法的使用次数为 0。同时注意到，在这种情况下最优性条件和函数值更接近 0。

11.4 带有完全稀疏样式雅可比矩阵的最小二乘问题

对于可以求解大型问题和中小型问题的函数来说，大型问题和中小型问题没有明确的定义。这在一定程度上取决于用户所使用的计算机的配置情况。例如，假设用户在计算机上运行 J = sparse（ones（m，n）），（m，n 用户可以根据情况自己设定），如果导致错误类型“Out of memory”出现，那么相对于该用户的计算机来说，该规模的问题就是大型问题。当然，即便不出现上述错误，用户面临的问题也可能是大型问题。

【例 11-3】考虑下面的最小二乘问题：

求 x 使得下面的函数最小：

$$\sum_{k=1}^{10}(2+2k-\mathrm{e}^{kx1}-\mathrm{e}^{kx2})^2$$

把上述问题转化为求解下面的问题：

$$F_k(x)=2+2k-\mathrm{e}^{kx1}-\mathrm{e}^{kx2}$$
$$k=1,\ 2,\ \cdots,\ 10$$

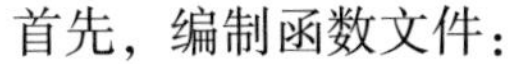

首先，编制函数文件：

```
function F =funlec(x)
%这是一个演示函数文件
%演示大规模算法的使用
k = 1:10;
F = 2 + 2* k-exp(k* x(1))-exp(k* x(2));
```

给定初始点：

```
>> x0 = [0.3 0.4];
%定义初始值
```

调用函数求解上述问题得：

```
>> [x,resnorm,residual,exitflag,output,lambda,jacobian] = lsqnonlin(@ funlec,
x0)    % 调用优化函数

Local minimum possible.
lsqnonlin stopped because the size of the current step is less than
the value of the step size tolerance.

<stopping criteria details>

x =

    0.2578    0.2578


resnorm =

  124.3622
residual =

列 1 至 6

    1.4118    2.6505    3.6654    4.3906    4.7408    4.6057

列 7 至 10

    3.8428    2.2672   -0.3600   -4.3482
```

```
exitflag =

   2


output =

包含以下字段的 struct:

firstorderopt: 2.3895e-04
      iterations: 23
funcCount: 72
cgiterations: 0
        algorithm: 'trust-region-reflective'
        stepsize: 2.6976e-07
          message: '↵Local minimum possible.↵lsqnonlin stopped because the size of
the current step is less than↵the value of the step size tolerance.↵↵<stopping crite-
ria details>↵↵Optimization stopped because the norm of the current step, 2.697629e-
07,↵is less than options.StepTolerance = 1.000000e-06.↵↵'


lambda =

包含以下字段的 struct:

    lower: [2×1 double]
    upper: [2×1 double]


jacobian =

   (1,1)      -1.2941
   (2,1)      -3.3495
   (3,1)      -6.5019
   (4,1)      -11.2189
   (5,1)      -18.1481
   (6,1)      -28.1828
   (7,1)      -42.5503
   (8,1)      -62.9313
   (9,1)      -91.6203
   (10,1)     -131.7411
   (1,2)      -1.2941
```

```
    (2,2)      -3.3495
    (3,2)      -6.5019
    (4,2)      -11.2188
    (5,2)      -18.1481
    (6,2)      -28.1828
    (7,2)      -42.5503
    (8,2)      -62.9312
    (9,2)      -91.6201
    (10,2)     -131.7408
```

上述问题直观上看是一个小型问题，但是，在调用函数 lsqnonlin 之前的目标函数文件中没有给出目标函数的雅可比矩阵，而且在参数设置中也没有给出雅可比矩阵的稀疏样式，这可以通过下面的命令看出来。

```
>>optimset
             Display: [ off | iter | iter-detailed | notify | notify-detailed | fi-
nal | final-detailed ]
   MaxFunEvals: [ positive scalar ]
   MaxIter: [ positive scalar ]
   TolFun: [ positive scalar ]
   TolX: [ positive scalar ]
   FunValCheck: [ on | {off} ]
   OutputFcn: [ function | {[]} ]
   PlotFcns: [ function | {[]} ]
            Algorithm: [ active-set | interior-point | interior-point-convex | lev-
enberg-marquardt | ...
                      sqp | trust-region-dogleg | trust-region-reflective ]
   AlwaysHonorConstraints: [ none | {bounds} ]
   DerivativeCheck: [ on | {off} ]
           Diagnostics: [ on | {off} ]
   DiffMaxChange: [ positive scalar | {Inf} ]
   DiffMinChange: [ positive scalar | {0} ]
   FinDiffRelStep: [ positive vector | positive scalar | {[]} ]
   FinDiffType: [ {forward} | central ]
   GoalsExactAchieve: [ positive scalar | {0} ]
   GradConstr: [ on | {off} ]
   GradObj: [ on | {off} ]
   HessFcn: [ function | {[]} ]
             Hessian: [ user-supplied | bfgs | lbfgs | fin-diff-grads | on | off ]
   HessMult: [ function | {[]} ]
   HessPattern: [ sparse matrix | {sparse(ones(numberOfVariables))} ]
   HessUpdate: [ dfp | steepdesc | {bfgs} ]
   InitBarrierParam: [ positive scalar | {0.1} ]
     InitTrustRegionRadius: [ positive scalar | {sqrt(numberOfVariables)} ]
            Jacobian: [ on | {off} ]
```

```
    JacobMult: [ function |{[]} ]
    JacobPattern: [ sparse matrix |{sparse(ones(Jrows,Jcols))} ]
              LargeScale: [ on |off ]
    MaxNodes: [ positive scalar |{1000* numberOfVariables} ]
    MaxPCGIter: [ positive scalar |{max(1,floor(numberOfVariables/2))} ]
    MaxProjCGIter: [ positive scalar |{2* (numberOfVariables-numberOfEqualities)} ]
    MaxSQPIter: [ positive scalar |{10* max(numberOfVariables,numberOfInequalities
+numberOfBounds)} ]
    MaxTime: [ positive scalar |{7200} ]
    MeritFunction: [ singleobj |{multiobj} ]
    MinAbsMax: [ positive scalar |{0} ]
    ObjectiveLimit: [ scalar |{-1e20} ]
    PrecondBandWidth: [ positive scalar |0 |Inf ]
    RelLineSrchBnd: [ positive scalar |{[]} ]
    RelLineSrchBndDuration: [ positive scalar |{1} ]
    ScaleProblem: [ none |obj-and-constr |jacobian ]
    SubproblemAlgorithm: [ cg |{ldl-factorization} ]
    TolCon: [ positive scalar ]
    TolConSQP: [ positive scalar |{1e-6} ]
    TolPCG: [ positive scalar |{0.1} ]
    TolProjCG: [ positive scalar |{1e-2} ]
    TolProjCGAbs: [ positive scalar |{1e-10} ]
    TypicalX: [ vector |{ones(numberOfVariables,1)} ]
    UseParallel: [ logical scalar |true |{false} ]
```

由上面的结果，发现 Jacobian：[on | {off}]。也就是说在系统默认的情况下，Jacobian 的值为 off。同时，JacobPattern：[sparse matrix | {sparse（ones（Jrows，Jcols））}]。这说明，默认情况下，系统调用 Jstr = sparse（ones（10，2）），初始化雅可比矩阵。

11.5 带有梯度和黑塞矩阵的非线性优化问题

在 MATLAB 中，对于函数 fmincon 和 fminunc，可以在目标函数中包含梯度。一般情况下，当包含梯度时，求解器更稳健，速度也会有所提升。

【例 11-4】求解下面的极小化问题：

$$f(x)=\sum_{i=1}^{n-1}\left[(x_i^2)^{(x_{i+1}^2+1)}+(x_{i+1}^2)^{x_i^2+1}\right]$$

其中，$n=1000$。

首先，编制函数文件：

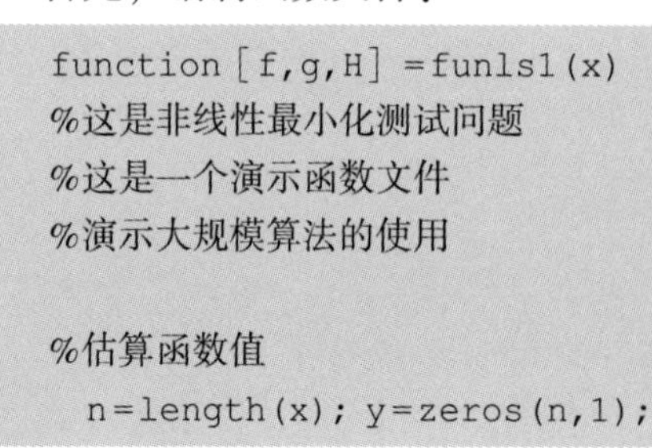

```
function [f,g,H] =funls1(x)
%这是非线性最小化测试问题
%这是一个演示函数文件
%演示大规模算法的使用

%估算函数值
  n=length(x); y=zeros(n,1);
```

```
    i=1:(n-1);
    y(i)=(x(i).^2).^(x(i+1).^2+1)+(x(i+1).^2).^(x(i).^2+1);
    f=sum(y);
  %
  %估算梯度值
    ifnargout > 1
      i=1:(n-1); g = zeros(n,1);
      g(i)= 2* (x(i+1).^2+1).* x(i).* ((x(i).^2).^(x(i+1).^2))+...
              2* x(i).* ((x(i+1).^2).^(x(i).^2+1)).* log(x(i+1).^2);
      g(i+1)=g(i+1)+...
                2* x(i+1).* ((x(i).^2).^(x(i+1).^2+1)).* log(x(i).^2)+...
                2* (x(i).^2+1).* x(i+1).* ((x(i+1).^2).^(x(i).^2));
    end
  %
  % Evaluate the (sparse, symmetric) Hessian matrix
    ifnargout > 2
      v=zeros(n,1);
      i=1:(n-1);
      v(i)=2* (x(i+1).^2+1).* ((x(i).^2).^(x(i+1).^2))+...
              4* (x(i+1).^2+1).* (x(i+1).^2).* (x(i).^2).* ((x(i).^2).^((x(i+1).
^2)-1))+...
              2* ((x(i+1).^2).^(x(i).^2+1)).* (log(x(i+1).^2));
      v(i)=v(i)+4* (x(i).^2).* ((x(i+1).^2).^(x(i).^2+1)).* ((log(x(i+1).^2)).^2);
      v(i+1)=v(i+1)+...
                2* (x(i).^2).^(x(i+1).^2+1).* (log(x(i).^2))+...
                4* (x(i+1).^2).* ((x(i).^2).^(x(i+1).^2+1)).* ((log(x(i).^2)).
^2)+...
                2* (x(i).^2+1).* ((x(i+1).^2).^(x(i).^2));
      v(i+1)=v(i+1)+4* (x(i).^2+1).* (x(i+1).^2).* (x(i).^2).* ((x(i+1).^2).
^(x(i).^2-1));
      v0=v;
      v=zeros(n-1,1);
      v(i)=4* x(i+1).* x(i).* ((x(i).^2).^(x(i+1).^2))+...
              4* x(i+1).* (x(i+1).^2+1).* x(i).* ((x(i).^2).^(x(i+1).^2)).* log(x(i).^2);
      v(i)=v(i)+ 4* x(i+1).* x(i).* ((x(i+1).^2).^(x(i).^2)).* log(x(i+1).^2);
      v(i)=v(i)+4* x(i).* ((x(i+1).^2).^(x(i).^2)).* x(i+1);
      v1=v;
      i=[(1:n)';(1:(n-1))'];
      j=[(1:n)';(2:n)'];
      s=[v0;2* v1];
      H=sparse(i,j,s,n,n);
      H=(H+H')/2;
    end
```

在命令行窗口中初始化各变量:

```
>> n = 1000;
>>xstart = -ones(n,1);
>>xstart(2:2:n,1) = 1;
```

由于上述函数文件中包含了目标函数、目标函数的梯度和黑塞矩阵，所以在 options 参数中应该做如下设置。

```
>> options =optimset('GradObj','on','Hessian','on',…
'Algorithm', 'trust-region');
%使用了信赖域算法，使用用户定义的目标函数梯度和黑塞矩阵
```

调用函数求解得到:

```
>> [x,fval,exitflag,output,grad,hessian] = fminunc(@ funls1,xstart,options)

Local minimum found.

Optimization completed because the size of the gradient is less than
the value of the optimality tolerance.

<stopping criteria details>

x =

  1.0e-009 *

  -0.1199
   0.1199
  -0.1199
   0.1199
  -0.1199
   0.1199
……
-0.1199
   0.1199
  -0.1199
   0.1199
fval =

  2.8709e-17


exitflag =

    1


output =
```

```
包含以下字段的 struct:

       iterations: 7
   funcCount: 8
         stepsize: 0.0039
   cgiterations: 7
   firstorderopt: 4.7948e-10
         algorithm: 'trust-region'
           message: '↵ Local minimum found.↵↵ Optimization completed because the size of the gradient is less than ↵ the value of the optimality tolerance.↵↵<stopping criteria details>↵↵ Optimization completed: The first-order optimality measure, 4.794806e-10, ↵ is less than options.OptimalityTolerance = 1.000000e-06, and no negative/zero ↵ curvature is detected in the trust-region model.↵↵'
   constrviolation: []

   grad  =

     1.0e-009 *

    -0.2397
      0.4795
    -0.4795
      0.4795
   ……
   -0.4795
      0.4795
    -0.4795
      0.2397


   hessian  =

     (1,1)      2.0000
     (2,1)      0.0000
     (1,2)      0.0000
     (2,2)      4.0000
     (3,2)      0.0000
     (2,3)      0.0000
     (3,3)      4.0000
   ……
    (999,998)    0.0000
    (998,999)    0.0000
    (999,999)    4.0000
```

```
(1000,999)    0.0000
(999,1000)    0.0000
(1000,1000)    2.0000
```

其中，中间的省略为人为省略，实际运行中会有实际内容。

该 1000 维的问题，仅经过 7 次迭代，其中仅有 7 次共轭梯度迭代便结束了。由于 exitflag = 1，问题收敛到最优解处。FVAL = 2.8709e-017 和 firstorderopt 为 4.7948e-010 表明最优解和一阶最优性条件都接近零。

11.6 带有梯度和黑塞矩阵稀疏样式的非线性优化问题

本节考虑同 11.5 节相同的问题，但是黑塞矩阵不是显式给出的，而是利用有限差分近似得到的。注意，使用函数 fminunc 的大规模问题算法必须给出函数的梯度。

【例 11-5】求解下面的极小化问题：

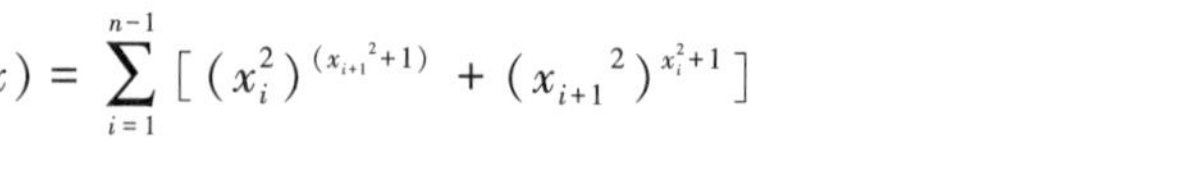

$$f(x)=\sum_{i=1}^{n-1}\left[(x_i^2)^{(x_{i+1}^2+1)}+(x_{i+1}^2)^{x_i^2+1}\right]$$

其中，$n=1000$。

对于 11.5 节的问题，首先同样是建立函数文件，这个函数文件只包含函数本身和函数的梯度函数。下面采用 MATLAB 库函数中的标准写法：

```
function [f,g] =brownfg(x)
% 解决非线性最小化测试问题
% 估算函数值
n=length(x); y=zeros(n,1);
i=1:(n-1);
y(i)=(x(i).^2).^(x(i+1).^2+1) + ...
        (x(i+1).^2).^(x(i).^2+1);
  f=sum(y);
% Evaluate the gradient ifnargout > 1
  ifnargout > 1
    i=1:(n-1); g = zeros(n,1);
    g(i) = 2* (x(i+1).^2+1).* x(i).*  ...
              ((x(i).^2).^(x(i+1).^2))+ ...
              2* x(i).* ((x(i+1).^2).^(x(i).^2+1)).*  ...
              log(x(i+1).^2);
    g(i+1) = g(i+1) + ...
              2* x(i+1).* ((x(i).^2).^(x(i+1).^2+1)).*  ...
              log(x(i).^2) + ...
              2* (x(i).^2+1).* x(i+1).*  ...
              ((x(i+1).^2).^(x(i).^2));
  end
```

11.5 节中提到，需要解决的问题是一个 1000 维的问题，黑塞矩阵则是一个 1000 维的方阵，如果没有一定的稀疏样式，仅仅求解黑塞矩阵就是一件非常费力的事。为了使黑塞矩阵的稀疏有限差分近似计算更加有效，必须首先确定稀疏样式。这里，假设稀疏矩阵可以从文件

brownhstr. mat 中得到。矩阵名为 Hstr，为了说明该矩阵的稀疏性，调用如下函数。

```
>> loadbrownhstr
>> spy(Hstr)
```

得到矩阵稀疏结构图形如图 11-2 所示。

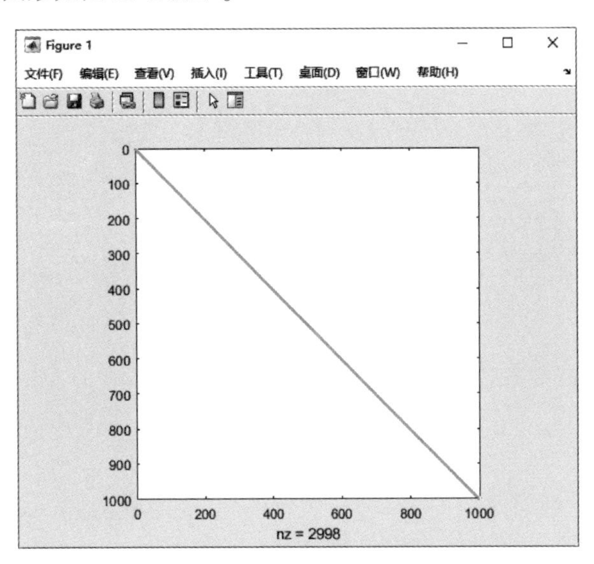

图 11-2　矩阵稀疏结构图形

由 $nz = 2998$ 发现，该矩阵只有 2998 个非零值，确实为稀疏矩阵。

在命令行窗口中输入必要的参数。

```
>> n=1000;
>>xstart = -ones(n,1);        % 定义初始值
>>xstart(2:2:n,1) = 1;
```

为了节省内存空间和计算量，需要做如下设置。

```
>> options =optimset('GradObj','on','HessPattern',Hstr);
>> options.Algorithm = 'trust-region';% 选择信赖域算法
```

调用函数求解得到：

```
>> [x,fval,exitflag,output,grad,hessian] = fminunc(@ brownfg,xstart,options)

Local minimum found.
Optimization completed because the size of the gradient is less than
the value of the optimality tolerance.

<stopping criteria details>
x =

   1.0e-009 *
```

```
  -0.1275
   0.1833
  -0.1996
   0.1929
......
-0.1935
   0.1935
  -0.1929
   0.1996
  -0.1833
   0.1275


fval =

  7.4739e-017


exitflag =

    1

output =

包含以下字段的 struct:

        iterations: 7
funcCount: 8
          stepsize: 0.0046
cgiterations: 7
firstorderopt: 7.9822e-10
          algorithm: 'trust-region'
             message: '↵Local minimum found.↵↵Optimization completed because the
size of the gradient is less than↵the value of the optimality tolerance.↵↵<stopping
criteria details>↵↵Optimization completed: The first-order optimality measure, 7.
982192e-10, ↵is less than options.OptimalityTolerance = 1.000000e-06, and no nega-
tive/zero↵curvature is detected in the trust-region model.↵↵'
constrviolation: []

grad =

  1.0e-009 *

  -0.2549
```

```
   0.7331
  -0.7982
   0.7717
……
-0.7717
   0.7982
  -0.7331
   0.2550


hessian =

  (1,1)        2.0000
  (2,1)       -0.0000
  (1,2)       -0.0000
  (2,2)        4.0000
……
(998,999)      -0.0000
(999,999)      4.0000
(1000,999)      0.0000
(999,1000)      0.0000
(1000,1000)      2.0000
```

该1000维的问题，仅经过7次迭代，其中仅有7次共轭梯度迭代便结束了。由于exitflag = 1，问题收敛到最优解处。fval = 7.4739e-017和firstorderopt为7.9822e-10表明最优解和一阶最优性条件都接近零。同11.5节中的结果比较，显然，这种计算结果的精度不如直接给出函数的黑塞矩阵。

对于这样一个1000维的问题，在给出黑塞矩阵稀疏样式的条件下，能够仅仅经过7次迭代就达到最优值，说明了提供黑塞矩阵稀疏样式的重要性，用户可以尝试在不给出黑塞矩阵稀疏样式条件下的计算情况。

11.7 带有边界约束和初始条件的非线性优化问题

带有边界约束和初始条件的非线性优化问题是非线性约束优化问题的一般模型，它在军事、经济、工程、管理以及生产工程自动化等方面都有重要的作用。到目前为止，还没有特别有效的方法直接得到最优解，人们普遍采用迭代的方法求解。

【例11-6】带有边界约束和初始条件的非线性最小化问题的求解。

$$f(x) = 1 + \sum_{i=1}^{n} |(3 - 2x_i)x_i - x_{x+1} + |^p + \sum_{i=1}^{\frac{n}{2}} |x_i + x_{j+\frac{n}{2}}|^p$$

满足如下条件：

$$-10 \leqslant x_i \leqslant 100$$

$$n - 800$$

$$p = \frac{7}{3}$$

$$x_0 = x_{n+1} = 0$$

首先，建立函数文件。

```
function [f, grad] =tbroyfg(x,dummy)
%TBROYFG 测试问题
%这是一个演示函数文件
%演示大规模算法的使用

n=length(x);
%n 应该是 4 的倍数

p=7/3; y=zeros(n,1);
i=2:(n-1);
y(i)= abs((3-2* x(i)).* x(i)-x(i-1)-x(i+1)+1).^p;
y(n)= abs((3-2* x(n)).* x(n)-x(n-1)+1).^p;
y(1)= abs((3-2* x(1)).* x(1)-x(2)+1).^p;
j=1:(n/2); z=zeros(length(j),1);
z(j)=abs(x(j)+x(j+n/2)).^p;
f=1+sum(y)+sum(z);
%
%估算梯度
ifnargout > 1
  p=7/3; n=length(x); g = zeros(n,1); t = zeros(n,1);
  i=2:(n-1);
  t(i)=(3-2* x(i)).* x(i)-x(i-1)-x(i+1)+1;
  g(i)= p* abs(t(i)).^(p-1).* sign(t(i)).* (3-4* x(i));
  g(i-1)=g(i-1)-p* abs(t(i)).^(p-1).* sign(t(i));
  g(i+1)=g(i+1)-p* abs(t(i)).^(p-1).* sign(t(i));
  tt = (3-2* x(n)).* x(n)-x(n-1)+1;
  g(n)=g(n)+p* abs(tt).^(p-1).* sign(tt).* (3-4* x(n));
  g(n-1)=g(n-1)-p* abs(tt).^(p-1).* sign(tt);
  tt=(3-2* x(1)).* x(1)-x(2)+1;
  g(1)=g(1)+p* abs(tt).^(p-1).* sign(tt).* (3-4* x(1));
  g(2)=g(2)-p* abs(tt).^(p-1).* sign(tt);
  j=1:(n/2); t(j)=x(j)+x(j+n/2);
  g(j) = g(j)+p* abs(t(j)).^(p-1).* sign(t(j));
  jj=j+(n/2);
  g(jj) = g(jj)+p* abs(t(j)).^(p-1).* sign(t(j));
  grad = g;
end
```

上述函数给出了目标函数和相应的梯度函数，假设黑塞矩阵的稀疏样式由函数 tbroyhstr. mat 给出。

```
>> loadtbroyhstr
>> spy(Hstr)
```

假设，黑塞矩阵不是稀疏的，根据此问题的规模，MATLAB 库函数文件需要将一个有 640000 个输入参数的矩阵用有限差分来近似，这将给内存和计算带来巨大的负担。通过 11.6 节的介绍，给定黑塞矩阵的稀疏样式可以极大地减少计算量和节省内存空间。

从图 11-3 中所示 $nz=4794$ 可以看出，给定的黑塞矩阵样式是稀疏的。

为了更清楚地给出如图 11-3 和图 11-4 所示的稀疏样式结构图，可使用下面的语句。

```
>> spy(Hstr(1:20,1:20))
```

在命令行窗口中输入必要的参数。

```
>> n = 800;                                   % 定义维度
>>xstart = -ones(n,1); xstart(2:2:n) = 1;     % 定义初始值
>> lb = -10* ones(n,1);
>> ub = -lb;
```

为了节省内存空间和计算量，需要做如下设置。

```
>> options =optimset('GradObj','on','HessPattern',Hstr);   % 使用梯度跟黑塞矩阵
>> options.Algorithm ='trust-region-reflective';           % 选择信赖域反射算法。该
算法可以高效处理大型稀疏问题和小型稠密问题,是一种大规模算法
```

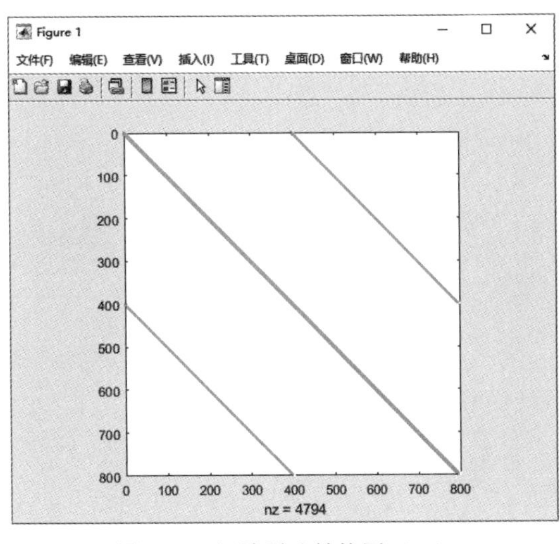

图 11-3 矩阵稀疏结构图（一）

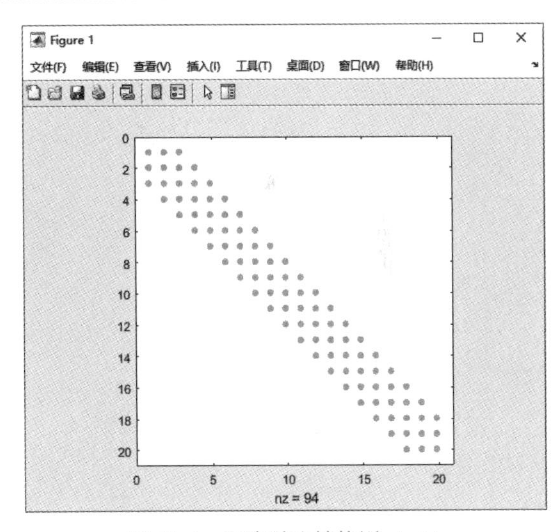

图 11-4 矩阵稀疏结构图（二）

调用函数求解得到：

```
>> [x,fval,exitflag,output,grad,hessian] = ...
fmincon('tbroyfg',xstart,[],[],[],[],lb,ub,[],options)
Local minimum possible.

fmincon stopped because the final change in function value relative to
its initial value is less than the value of the function tolerance.
```

```
<stopping criteria details>

x =
  -0.2933
  -0.3511
  -0.3617
……
  -0.3640
  -0.3639
  -0.3636
  -0.3617
  -0.3511
  -0.2933


fval =

  270.4790


exitflag =

    3



output =

包含以下字段的 struct:

        iterations: 7
funcCount: 8
          stepsize: 8.2073e-04
cgiterations: 18
firstorderopt: 0.0163
          algorithm:'trust-region-reflective'
             message:'↵Local minimum possible.↵↵fmincon stopped because the final change in function value relative to ↵its initial value is less than the value of the function tolerance.↵↵<stopping criteria details>↵↵Optimization stopped because the relative objective function value is changing↵by less than options.FunctionTolerance = 1.000000e-06.↵↵'
constrviolation: 0


grad =

        lower: [800x1 double]
        upper: [800x1 double]
```

```
ineqlin: []
eqlin: []
ineqnonlin: []
eqnonlin: []


hessian =


    0.0002
  -0.0005
  -0.0004
......
  -0.0005
  -0.0002
  -0.0000
  -0.0001
```

这个 800 维的问题，仅经过 7 次迭代，其中仅有 18 次共轭梯度迭代便结束了。由于 exitflag = 3，问题收敛。firstorderopt 为 0.0163 表明一阶最优性条件接近零。

由于问题的特殊结构，可以通过修改 PrecondBandWidth 的值来改进上述解。也就是说改变默认条件下的对角阵。

首先，做如下初始设定。

```
>> loadtbroyhstr                              % Get Hstr, structure of the Hessian
>> n = 800;
>>xstart = -ones(n,1); xstart(2:2:n) = 1;
>> lb = -10* ones(n,1);
>> ub = -lb;
>> options =optimset('GradObj','on','HessPattern',Hstr, ...
                 'PrecondBandWidth',2);
>> options.Algorithm = 'trust-region-reflective';  % 选择信赖域反射算法
```

调用函数求解得到：

```
>> [x,fval,exitflag,output] = ...
fmincon('tbroyfg',xstart,[],[],[],[],lb,ub,[],options)
Local minimum possible.

fmincon stopped because the final change in function value relative to
its initial value is less than the value of the function tolerance.

<stopping criteria details>

x =

  -0.2933
  -0.3511
```

```
  -0.3617
  -0.3636
  -0.3639
  -0.3640
……
  -0.3617
  -0.3511
  -0.2933


fval =

  270.4790


exitflag =

    3


output =

包含以下字段的 struct:

        iterations: 9
funcCount: 10
         stepsize: 2.4512e-05
cgiterations: 15
firstorderopt: 7.5340e-05
         algorithm: 'trust-region-reflective'
           message: '↵Local minimum possible.↵↵fmincon stopped because the final change in function value relative to ↵its initial value is less than the value of the function tolerance.↵↵<stopping criteria details>↵↵Optimization stopped because the relative objective function value is changing ↵ by less than options.FunctionTolerance = 1.000000e-06.↵↵'
constrviolation: 0
```

经过 9 次迭代，其中包含 15 次共轭梯度迭代。总的迭代次数比上一种设置多，但共轭梯度法的迭代次数减少。最主要的问题是参数 firstorderopt 为 7.5340e-005，与上一种设置中的 firstorderopt 为 0.0163 比较，很显然，一阶最优性条件更接近于零，也就是说，这种设置得到了精度更高的解。

11.8 带有等式约束的非线性优化问题

在没有其他约束的条件下，MATLAB 优化工具箱函数可以使用大规模算法解决带有等式约束的非线性优化问题。

【例 11-7】求解非线性优化问题：

$$f(x)=\sum_{i=1}^{n-1}\left[\left(x_i^2\right)^{x_{i+1}{}^2+1}+\left(x_{i+1}{}^2\right)^{x_i^2+1}\right]$$

subject to

$$Aeqx = beq$$

其中，有100个线性约束等式，也就是说，矩阵 Aeq 是一个100行1000列的矩阵。

首先，编制函数文件。

```
function [f,g,H] =brownfgh (x)
%BROWNFGH 非线性最小化测试问题
%这是一个演示函数文件
%演示大规模算法

%估算函数值.
  n=length(x); y=zeros(n,1);
  i=1:(n-1);
  y(i)=(x(i).^2).^(x(i+1).^2+1)+(x(i+1).^2).^(x(i).^2+1);
  f=sum(y);
%
%估算梯度
  ifnargout > 1
    i=1:(n-1); g = zeros(n,1);
    g(i)= 2* (x(i+1).^2+1).* x(i).* ((x(i).^2).^(x(i+1).^2))+...
            2* x(i).* ((x(i+1).^2).^(x(i).^2+1)).* log(x(i+1).^2);
    g(i+1)=g(i+1)+...
             2* x(i+1).* ((x(i).^2).^(x(i+1).^2+1)).* log(x(i).^2)+...
             2* (x(i).^2+1).* x(i+1).* ((x(i+1).^2).^(x(i).^2));
  end
%
% Evaluate the (sparse, symmetric) Hessian matrix
  ifnargout > 2
    v=zeros(n,1);
    i=1:(n-1);
    v(i)=2* (x(i+1).^2+1).* ((x(i).^2).^(x(i+1).^2))+...
            4* (x(i+1).^2+1).* (x(i+1).^2).* (x(i).^2).* ((x(i).^2).^((x(i+1).^2)-
1))+...
            2* ((x(i+1).^2).^(x(i).^2+1)).* (log(x(i+1).^2));
    v(i)=v(i)+4* (x(i).^2).* ((x(i+1).^2).^(x(i).^2+1)).* ((log(x(i+1).^2)).^2);
    v(i+1)=v(i+1)+...
             2* (x(i).^2).^(x(i+1).^2+1).* (log(x(i).^2))+...
             4* (x(i+1).^2).* ((x(i).^2).^(x(i+1).^2+1)).* ((log(x(i).^2)).^2)+...
             2* (x(i).^2+1).* ((x(i+1).^2).^(x(i).^2));
    v(i+1)=v(i+1)+4* (x(i).^2+1).* (x(i+1).^2).* (x(i).^2).* ((x(i+1).^2).^(x
(i).^2-1));
    v0=v;
    v=zeros(n-1,1);
    v(i)=4* x(i+1).* x(i).* ((x(i).^2).^(x(i+1).^2))+...
            4* x(i+1).* (x(i+1).^2+1).* x(i).* ((x(i).^2).^(x(i+1).^2)).* log(x
(i).^2);
```

```
    v(i)=v(i)+4* x(i+1).* x(i).* ((x(i+1).^2).^(x(i).^2)).* log(x(i+1).^2);
    v(i)=v(i)+4* x(i).* ((x(i+1).^2).^(x(i).^2)).* x(i+1);
    v1=v;
    i=[(1:n)';(1:(n-1))'];
    j=[(1:n)';(2:n)'];
    s=[v0;2* v1];
    H=sparse(i,j,s,n,n);
    H=(H+H')/2;
  end
```

等式约束条件可以在文件 browneq. mat 中得到。

使用下面的命令，可以看到等式约束矩阵的稀疏性，如图 11-5 所示。

```
>> loadbrowneq
>> spy(Aeq)
```

同时，通过下面的命令计算它的条件数，看出这个矩阵的病态并不是很严重。

```
>>condest(Aeq* Aeq')

ans =

  2.9310e+006
```

在命令行窗口中输入必要的参数。

```
>> fun = @ brownfgh;
>> n = 1000;
>>xstart = -ones(n,1); xstart(2:2:n) = 1;
```

为了节省内存空间和计算量，需要做如下设置。

```
>> options =optimset('GradObj','on','Hessian','on', ...
                 'PrecondBandWidth', inf);
>> options.Algorithm ='trust-region-reflective';   % 选择信赖域反射算法,该算法是一种
大规模算法
```

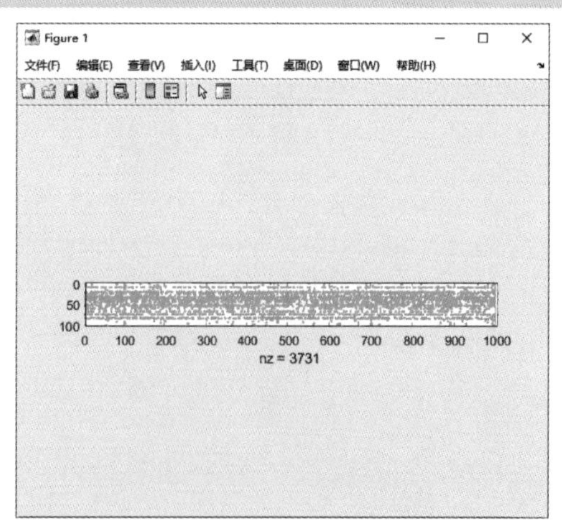

图 11-5 系数矩阵的稀疏性

调用函数求解得到：

```
>> [x,fval,exitflag,output] = ...
fmincon(fun,xstart,[],[],Aeq,beq,[],[],[],options)
Local minimum possible.

fmincon stopped because the final change in function value relative to
its initial value is less than the value of the function tolerance.

<stopping criteria details>

x =

    0.1725
    0.0259
   -0.0104
   -0.0247
......
-0.0757
    0.0300
    0.0761
    0.0879


fval =

  205.9313


exitflag =

    3


output =

包含以下字段的 struct:

       iterations: 19
funcCount: 20
         stepsize: 0.0042
cgiterations: 0
firstorderopt: 4.3482e-04
         algorithm: 'trust-region-reflective'
```

```
            message: '↵Local minimum possible.↵↵fmincon stopped because the final change in function value relative to ↵its initial value is less than the value of the function tolerance.↵↵<stopping criteria details>↵↵Optimization stopped because the relative objective function value is changing ↵ by less than options.FunctionTolerance = 1.000000e-06.↵↵'
    constrviolation: 2.2515e-13
```

由于 exitflag = 3，说明经过 19 次迭代和 0 次共轭梯度迭代，问题收敛得到最优解。firstorderopt 为 4.3482e-04，一阶最优性条件基本接近零。另外通过检验等式约束的违背的范数，可以查看等式约束的满足情况。

```
>> norm(Aeq* x-beq)

ans =

   1.1936e-12
```

说明，等式约束满足。

注意：

在实际计算中，用接近于零的数来代替零。

11.9 带稠密但是有固定结构黑塞矩阵和等式约束的优化问题

fmincon 和 fminunc 中的大规模算法可以解决带稠密但是有固定结构黑塞矩阵的优化问题，在这种情况下，工具箱函数本身不计算目标函数的黑塞矩阵，用户应该提供一个计算黑塞矩阵的函数。

【例 11-8】求下面的最优化问题：

$$\min f(x) = \hat{f}(x) - \frac{1}{2}x^T V V^T x$$

subject to

$$Aeqx = beq$$

其中，矩阵 V 是一个 1000 行 2 列的矩阵，V 和等式约束均由 fleq1.mat 给出；$f(x)$ 的黑塞矩阵 H 是稠密的，$\hat{f}(x)$ 的黑塞矩阵 $\hat{H}$ 是稀疏的。并且，显然有如下关系

$$H = \hat{H} - VV^t$$

为了减少直接通过工具箱函数计算黑塞矩阵带来的计算压力，给出如下函数来求解黑塞矩阵。

```
function W =hmfleq1(Hinfo,Y,V)
% HMFLEQ1 Hessian-matrix product function for BROWNVV objective.
% W =hmfbx4(Hinfo,Y,V) computes W = (Hinfo-V* V') * Y
% whereHinfo is a sparse matrix computed by BROWNVV
```

```
% and V is a 2 column matrix.

W =Hinfo* Y - V* (V'* Y);
```

编制函数文件如下。

```
function [f,g,Hinfo] =brownvv(x,V)
%BROWNVV Nonlinear minimization with dense structured Hessian
% [F,G,HINFO] = BROWNVV(X,V) computes objective function F, the gradient
% G and part of the Hessian of F in HINFO, i.e.
%       F = FHAT(X) - 0.5* X'* V* V'* X
%       G is the gradient of F, i.e.
%              G = gradient of FHAT(X) - V* V'* X
% Hinfo is the Hessian of FHAT
%       (H is not formed as it is dense but
%              H =Hinfo - V* V'.   see HMFBX4)
  n=length(x); y=zeros(n,1);
  i=1:(n-1);
  y(i,1)=(x(i,1).^2).^(x(i+1,1).^2+1)+(x(i+1,1).^2).^(x(i,1).^2+1);
  f = sum(y);
  extra = V'* x;
  f = f - .5* (extra')* extra;

%估算梯度
  ifnargout > 1
    i=1:(n-1); g = zeros(n,1);
    g(i,1)= 2* (x(i+1,1).^2+1).* x(i,1).* ((x(i,1).^2).^(x(i+1,1).^2))+...
           2* x(i,1).* ((x(i+1,1).^2).^(x(i,1).^2+1)).* log(x(i+1,1).^2);
    g(i+1,1) = g(i+1,1)+...
             2* x(i+1,1).* ((x(i,1).^2).^(x(i+1,1).^2+1)).* log(x(i,1).
^2)+...
             2* (x(i,1).^2+1).* x(i+1,1).* ((x(i+1,1).^2).^(x(i,1).^2));
    g = g - V* extra;
  end

% Evaluate the Hessian matrix of FHAT, but not F.
  ifnargout > 2
    v=zeros(n,1);
    i=1:(n-1);
    v(i,1) = 2* (x(i+1,1).^2+1).* ((x(i,1).^2).^(x(i+1,1).^2))+...
            4* (x(i+1,1).^2+1).* (x(i+1,1).^2).* (x(i,1).^2).* ((x(i,1).^2).^
((x(i+1,1).^2)-1))+...
            2* ((x(i+1,1).^2).^(x(i,1).^2+1)).* (log(x(i+1,1).^2));
    v(i,1) = v(i,1)+4* (x(i,1).^2).* ((x(i+1,1).^2).^(x(i,1).^2+1)).* ((log(x
(i+1,1).^2)).^2);
    v(i+1,1) = v(i+1,1)+...
            2* (x(i,1).^2).^(x(i+1,1).^2+1).* (log(x(i,1).^2))+...
```

```
                4* (x(i+1,1).^2).* ((x(i,1).^2).^(x(i+1,1).^2+1)).* ((log(x(i,
1).^2)).^2)+...
                2* (x(i,1).^2+1).* ((x(i+1,1).^2).^(x(i,1).^2));
        v(i+1,1) = v(i+1,1)+4* (x(i,1).^2+1).* (x(i+1,1).^2).* (x(i,1).^2).* ((x(i
+1,1).^2).^(x(i,1).^2-1));
        v0 = v;
        v = zeros(n-1,1);
        v(i,1) = 4* x(i+1,1).* x(i,1).* ((x(i,1).^2).^(x(i+1,1).^2))+...
               4* x(i+1,1).* (x(i+1,1).^2+1).* x(i,1).* ((x(i,1).^2).^(x(i+1,1).
^2)).* log(x(i,1).^2);
        v(i,1) = v(i,1)+ 4* x(i+1,1).* x(i,1).* ((x(i+1,1).^2).^(x(i,1).^2)).
* log(x(i+1,1).^2);
        v(i,1) = v(i,1)+4* x(i,1).* ((x(i+1,1).^2).^(x(i,1).^2)).* x(i+1,1);
        v1 = v;
        i = [(1:n)';(1:(n-1))'];
        j = [(1:n)';(2:n)'];
        s = [v0;2* v1];
    Hinfo = sparse(i,j,s,n,n);
    Hinfo = (Hinfo+Hinfo')/2;
     end
```

在命令行窗口中输入必要的参数。

```
>> problem = load('fleq1');                % 定义 V, Aeq, beq
>> V = problem.V;
>>Aeq = problem.Aeq;
>>beq = problem.beq;
>> n = 1000;                               % problem 维度
>>xstart = -ones(n,1);
>>xstart(2:2:n,1) = ones(length(2:2:n),1);
>> options =optimset('GradObj','on','Hessian','on','HessMult',...
@ (Hinfo,Y)hmfleq1(Hinfo,Y,V) ,'Display','iter','TolFun',1e-9);
>> options.Algorithm ='trust-region-reflective';  % 选择信赖域反射算法,该算法是一种
大规模算法
```

调用函数求解得到:

```
>> [x,fval,exitflag,output] = fmincon(@ (x)brownvv(x,V),...
xstart,[],[],Aeq,beq,[],[], [],options)

                                  Norm of      First-order
Iteration            f(x)           step          optimality   CG-iterations
     0             1997.07                           931
     1             1072.57         6.31718           462            1
     2             480.236         8.19735           200            2
……
    33            -823.246     0.000373314         0.00091          9

Local minimum possible.
```

```
fmincon stopped because the final change in function value relative to
its initial value is less than the value of the function tolerance.

<stopping criteria details>

x =

    1.2231
    0.7840
    1.1098
    0.9083
……
0.8726
    0.7467
    1.2215


fval =

-823.2458


exitflag =

    3


output =

包含以下字段的 struct:

         iterations: 33
 funcCount: 34
           stepsize: 3.7331e-04
 cgiterations: 102
 firstorderopt: 9.1037e-04
           algorithm: 'trust-region-reflective'
           message: '↵Local minimum possible.↵↵fmincon stopped because the fina change in function value relative to↵its initial value is less than the value of the function tolerance.↵↵<stopping criteria details>↵↵Optimization stopped because the relative objective function value is changing↵by less than options.FunctionTolerance = 1.000000e-09.↵↵'
 constrviolation: 2.0428e-14
```

由于 exitflag =3，说明经过 33 次迭代和 102 次共轭梯度迭代，问题收敛得到最优解。firstorderopt 为 9.1037e−04，一阶最优性条件基本接近零。另外通过检验等式约束的违背的范数，可以查看等式约束的满足情况。

```
>> norm(Aeq* x-beq)

ans =

  4.5260e-14
```

说明，等式约束满足。

11.10 有边界约束的二次规划问题

quadprog 函数可以求解带有上下界约束的大规模二次规划问题。本节使用下面的例子来说明这种功能的应用。

【例 11-9】求解如下二次规划问题。

$$\min_{x} \frac{1}{2}x^T Hx + f^T x$$

subject to

$$lb \leqslant x \leqslant ub$$

其中，矩阵 H 存放在文件 qpbox1.mat 中，f 和 lb，ub 由下面的语句给出。

```
>> f = zeros(400,1);
>> f([1 400]) = -2;
>> lb = zeros(400,1);
>> lb(400) = -inf;
>> ub = 0.9* ones(400,1);
>> ub(400) = inf;
```

也就是说，向量 f 中，除第一个元素和最后一个元素外，都是 0；lb 除最后一个元素为负无穷外，其余全为零；ub 除最后一个元素为正无穷外其余全为 0.9。

载入矩阵 H。

```
>> loadqpbox1
```

给出初始点，并调用优化工具箱函数求解得：

```
>>xstart = 0.5* ones(400,1);
>> options.Algorithm = 'trust-region-reflective';  %选择信赖域反射算法,该算法处理边界约束问题
>> [x,fval,exitflag,output] = ...
quadprog(H,f,[],[],[],[],lb,ub,xstart,options)
```

得到：

```
Local minimum possible.

quadprog stopped because the relative change in function value is less than the sqrt of the function tolerance, the rate of change in the function value is slow, and no negative curvature was detected.
```

```
x =

     0.9000
     0.9000
0.8999
……
0.8999
     0.9000
     0.9000
     0.9500


fval =

  -1.9850
exitflag =

    3


output =
包含以下字段的 struct:

          algorithm: 'trust-region-reflective'
         iterations: 19
constrviolation: 0
firstorderopt: 7.3840e-06
cgiterations: 1637
            message: 'Local minimum possible.↵ quadprog stopped because the relative change in function value is less than the sqrt of the function tolerance, the rate of change in the function value is slow, and no negative curvature was detected.'
linearsolver: []
```

由于 exitflag =3，说明经过 19 次迭代和 1637 次共轭梯度迭代，问题收敛得到最优解。firstorderopt 为 7.3840e-06，一阶最优性条件基本接近零。

由上面的数据可以看出，虽然经过 19 次迭代后计算收敛，但是较高的 CG 迭代次数增加了求解问题的负担，一个直观的解决办法就是限制每一步迭代的 CG 迭代次数。对允许进行 PCG 迭代的最大次数做如下设置然后求解。

```
>> options =optimset('MaxPCGIter',50);
>> options.Algorithm = 'trust-region-reflective';  %选择信赖域反射算法,该算法是一种大规模算法
>> [x,fval,exitflag,output] = ...
quadprog(H,f,[],[],[],[],lb,ub,xstart,options)
```

得到

```
Local minimum possible.

quadprog stopped because the relative change in function value is less than the sqrt of the function tolerance, the rate of change in the function value is slow, and no negative curvature was detected.

x =

    0.9000
    0.8998
    0.8997
……
0.8999
    0.9000
    0.9500
fval =

  -1.9850


exitflag =

    3


output =
包含以下字段的 struct:

         algorithm:'trust-region-reflective'
        iterations: 36
constrviolation: 0
firstorderopt: 2.3821e-05
cgiterations: 1547
           message:'Local minimum possible.↵ quadprog stopped because the relative change in function value is less than the sqrt of the function tolerance, the rate of change in the function value is slow, and no negative curvature was detected.'
linearsolver: []
```

修改后，exitflag =3，问题同样收敛，得到了同样的目标函数值。解 x 的值几乎相同，并且达到了修改的目的，CG 迭代次数减少。

根据前面的经验，另一种解决上述问题的办法是将 PrecondBandWidth（PCG 的预条件子的上带宽）的值设置为 inf，从而达到减少 CG 迭代次数的目的。

```
>> options =optimset('PrecondBandWidth',inf);
>> options.Algorithm = 'trust-region-reflective';  %选择信赖域反射算法,该算法是一种大规模算法
```

```
>> [x,fval,exitflag,output] = ...
quadprog(H,f,[],[],[],[],lb,ub,xstart,options)
```

得到

```
Local minimum possible.

quadprog stopped because the relative change in function value is less than the
sqrt of the function tolerance, the rate of change in the function value is slow, and no
negative curvature was detected.

x =

    0.9000
    0.9000
    0.9000
……
0.9000
    0.9000
    0.9500
fval =

  -1.9850


exitflag =

    3


output =

包含以下字段的 struct:

          algorithm: 'trust-region-reflective'
        iterations: 10
constrviolation: 0
firstorderopt: 1.2656e-06
cgiterations: 0
            message: 'Local minimum possible.↵ quadprog stopped because the rela-
tive change in function value is less than the sqrt of the function tolerance, the rate
of change in the function value is slow, and no negative curvature was detected.'
linearsolver: []
```

在这种情况下，exitflag =3，问题同样收敛，得到了同样的目标函数值。解 x 的值几乎相同，并且达到了修改的目的，CG 迭代次数明显减少。同时，还要注意总的迭代次数也有明显的减少，最令人高兴的是 firstorderopt 为 1.2656e−06，这说明计算的精度比上两种策略有明显的提高。

从理论上说，使用最后一种策略将减少迭代的次数，但是同时也会付出每次迭代时间增加的代价。就本问题来说，付出的代价是值得的。

11.11 带稠密但是有固定结构黑塞矩阵的二次规划问题

同 fmincon 和 fminunc 一样，quadprog 中的大规模算法可以解决带稠密但是有固定结构黑塞矩阵的二次规划问题。在这种情况下，工具箱函数本身不计算目标函数的黑塞矩阵，用户应该提供一个计算黑塞矩阵的函数。

【例 11-10】求解如下二次规划问题：

$$\min_{x} \frac{1}{2} x^{\mathrm{T}} H x + f^{\mathrm{T}} x$$

其中，矩阵 H 有如下结构：

$$H = B - AA^{\mathrm{T}}$$

其中，各参数存放在文件 qpbox4.mat 中，如图 11-6 所示。

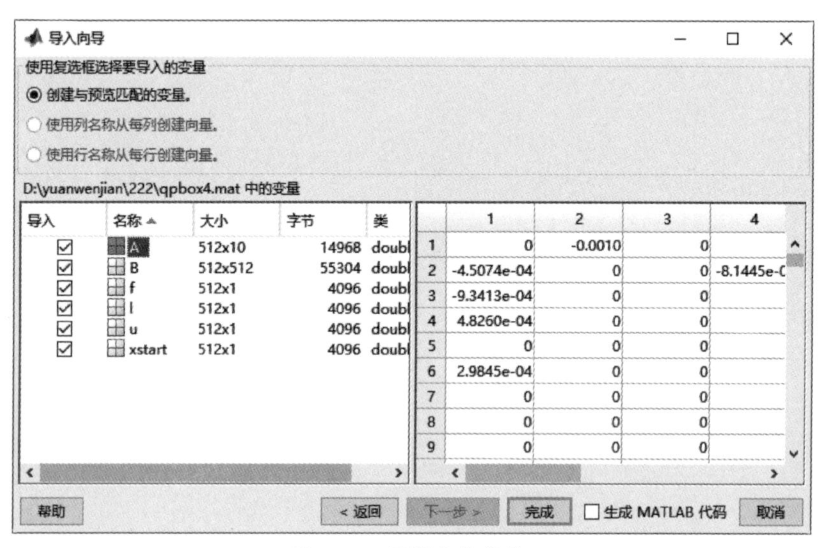

图 11-6　问题中各参数

编制函数文件 rungpbox4t.m 要求：

1）包含用 A 和 B 来计算 $W = H * Y = (B + A * A') * Y$ 的函数 qpbox4mult，而且函数应该有如下格式：

W = qpbox4mult（Hinfo，Y，...）

其中，输入参数 Hinfo 和 Y 是必需的。

2）从函数 qpbox4.mat 中载入数据。

3）用函数 optimset 设置 HessMult 选项一个指向 qpbox4mult 的函数句柄。

4）调用函数 quadprog，将 B 作为第一个输入参数。

满足上述要求的函数如下。

```
function [fval,exitflag, output, x] = runqpbox4
% RUNQPBOX4 demonstrates 'HessMult' option for QUADPROG with bounds.
```

```
problem = load('qpbox4'); % Get xstart, u, l, B, A, f
xstart = problem.xstart; u = problem.u; l = problem.l;
B = problem.B; A = problem.A; f = problem.f;
mtxmpy = @ qpbox4mult; % function handle to qpbox4mult nested nfunction

% Choose theHessMult option
options =optimset('HessMult',mtxmpy);
options.Algorithm = 'trust-region-reflective';
% 选择信赖域反射算法

% Pass B toqpbox4mult via the H argument. Also, B will be used in
% computing apreconditioner for PCG.
% A is passed as an additional argument after 'options'
[x,fval, exitflag, output] = quadprog(B,f,[],[],[],[],l,u,xstart,options);

    function W =qpbox4mult(B,Y)
    %  QPBOX4MULT Hessian matrix product with dense structured Hessian.
    %  W =qpbox4mult(B,Y) computes W = (B + A* A')* Y where
    %  INPUT:
    %      B - sparse square matrix (512 by 512)
    %      Y - vector (or matrix) to be multiplied by B + A'* A.
    %  VARIABLES from outer functionrunqpbox4:
        %      A - sparse matrix with 512 rows and 10 columns.
        %
        %  OUTPUT:
        %      W - The product (B + A* A')* Y.
        %

        % Order multiplies to avoid forming A* A',
        %  which is large and dense
        W = B* Y + A* (A'* Y);
    end

end
```

调用函数求解问题得到：

```
>> [fval,exitflag,output] = runqpbox4
```

得到：

```
Local minimum possible.

    quadprog stopped because the relative change in function value is less than the
sqrt of the function tolerance, the rate of change in the function value is slow, and no
negative curvature was detected.
```

```
fval =

  -1.0538e+03


exitflag =

    3


output =

包含以下字段的 struct:

         algorithm: 'trust-region-reflective'
        iterations: 18
   constrviolation: 0
    firstorderopt: 0.0043
      cgiterations: 30
           message: 'Local minimum possible.↵quadprog stopped because the relative change in function value is less than the sqrt of the function tolerance, the rate of change in the function value is slow, and no negative curvature was detected.'
      linearsolver: []
```

由于 exitflag =3，说明经过 18 次迭代和 30 次共轭梯度迭代，问题收敛得到最优解。firstorderopt 为 0.0043，一阶最优性条件基本接近零。

11.12 有边界约束的线性最小二乘问题

在实际应用中，用户会经常遇到这样一类线性最小二乘问题：问题本身是一个大型的稀疏问题，同时，由于一些实际条件的限制，还会给变量加上一些边界约束，如下面所要考虑的这一类问题。

【例 11-11】求解如下线性最小二乘问题：

$$\min_{x} \frac{1}{2} \| Cx - d \|_2^2$$

subject to

$$x \geqslant 0$$

问题中各参量保存在文件 particle.mat（具体内容可通过随书网盘资料下载）中，如图 11-7 所示。

首先，在命令行窗口中输入必要的参数。

```
>> load particle   % Get C, d
>> lb = zeros(400,1);
```

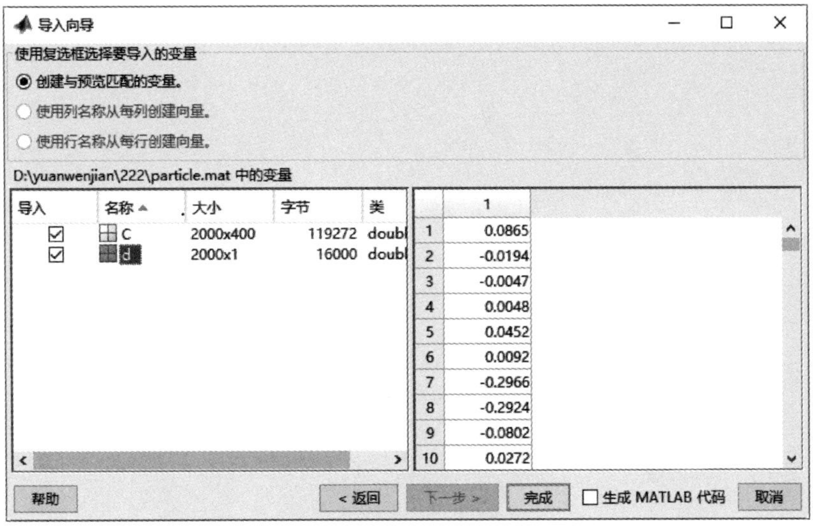

导入向导

使用复选框选择要导入的变量

- 创建与预览匹配的变量。
- 使用列名称从每列创建向量。
- 使用行名称从每行创建向量。

D:\yuanwenjian\222\particle.mat 中的变量

导入	名称	大小	字节	类
☑	C	2000x400	119272	doubl
☑	d	2000x1	16000	doubl

	1
1	0.0865
2	-0.0194
3	-0.0047
4	0.0048
5	0.0452
6	0.0092
7	-0.2966
8	-0.2924
9	-0.0802
10	0.0272

帮助 < 返回 下一步 > 完成 生成 MATLAB 代码 取消

图 11-7 问题中各参数

调用工具箱函数求解得到：

```
>> options =optimset('Algorithm','trust-region-reflective');
>> [x,resnorm,residual,exitflag,output] = ...
        lsqlin(C,d,[],[],[],[],lb,[],[],options)
```

得到：

```
Local minimum possible.

   lsqlin stopped because the relative change in function value is less than the
square root of the function tolerance and the rate of change in the function value is
slow.

   x =

        0.0494
        0.0830
        0.0785
        0.1168
   ......
   0.1124
        0.1132
        0.1302
        0.0712


   resnorm =

     22.5794
```

```
residual =

  -0.0021
  0.0194
  0.0146
……
  0.0406
  0.0056
  0.0455


exitflag =

    3


output =
包含以下字段的 struct:

        iterations: 10
          algorithm: 'trust-region-reflective'
firstorderopt: 2.7870e-05
cgiterations: 42
constrviolation: []
linearsolver: []
            message: 'Local minimum possible.↵lsqlin stopped because the relative
change in function value is less than the square root of the function tolerance and the
rate of change in the function value is slow.'
```

由于 exitflag =3，说明经过 10 次迭代和 42 次共轭梯度迭代，问题收敛、得到最优解。由于 firstorderopt 为 2. 7870e-05，可知一阶最优性条件基本接近零，残差的平方范数值为 22. 5794。

在每次迭代过程中使用稀疏矩阵的 QR 分解来减小 firstorderopt 的值，这可以通过将 PrecondBandWidth 设置为 inf 来实现。

```
>> options = optimset (' PrecondBandWidth ', inf, ' Algorithm ', ' trust-region-
reflective');
```

再次调用优化工具箱函数求解。

```
>> [x,resnorm,residual,exitflag,output] = ...
lsqlin(C,d,[],[],[],[],lb,[],[],options)
```

得到：

```
Optimal solution found.

x =
```

```
    0.0494
    0.0830
    0.0785
    0.1168
......
    0.1132
    0.1302
    0.0712


resnorm =

  22.5794


residual =

  -0.0021
  0.0194
  0.0146
  0.0034
......
  0.0406
  0.0056
  0.0455


exitflag =

    1


output =

包含以下字段的 struct:

       iterations: 12
        algorithm: 'trust-region-reflective'
firstorderopt: 5.5907e-15
cgiterations: 0
constrviolation: []
linearsolver: []
          message: 'Optimal solution found.'
```

由于 exitflag =1，说明经过 12 次迭代，问题收敛得到最优解。由于 firstorderopt 为 5.5907e-015，可知一阶最优性条件基本接近零，残差的平方范数值为 22.5794。

与上一个结果相比较，firstorderopt 为 5.5907e-015 有相当大的改善。而且，CG 迭代次数也有明显减少。

11.13 有等式和不等式约束的线性规划问题

在 11.1 节中介绍过，利用 MATLAB 优化函数工具箱中的函数 linprog 可以求解大规模线性规划问题。本节通过下面的例子，介绍使用函数 linprog 求解大规模线性规划的步骤。

【例 11-12】求解如下线性规划问题：

$$\min_{x} f^{T}x$$

subject to

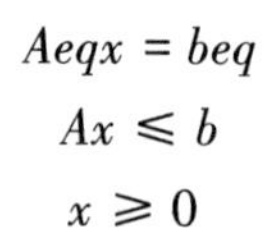

$$Aeqx = beq$$
$$Ax \leqslant b$$
$$x \geqslant 0$$

上述问题中各个参数的值，由 sc50b.mat 给出，各个参数如图 11-8 所示。此问题有 48 个变量，30 个不等式约束和 20 个等式约束。

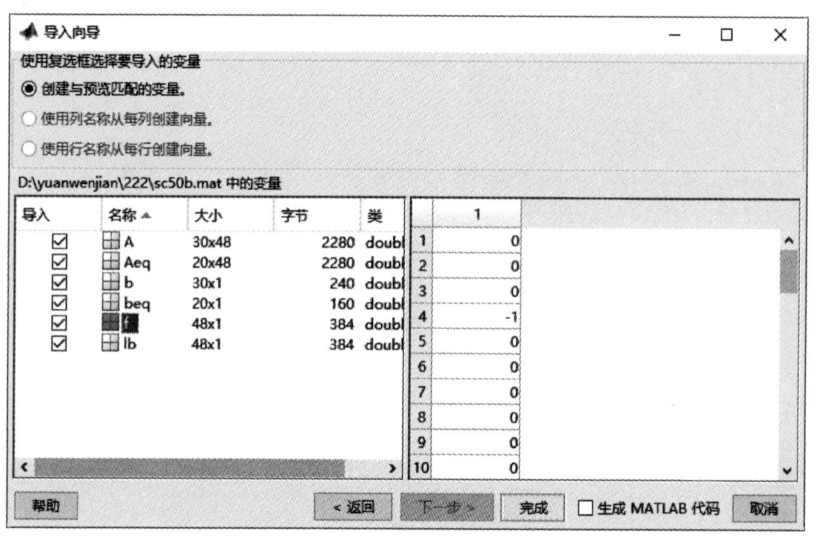

图 11-8 问题中各参数

首先，在命令行窗口中输入必要的参数。

```
>> load sc50b     %所有参数都包含在此文件中
```

查看等式约束中矩阵 Aeq 的稀疏性。

```
>> spy(Aeq)
```

得到如图 11-9 所示内容。

调用工具箱函数，使用内点算法求解得到：

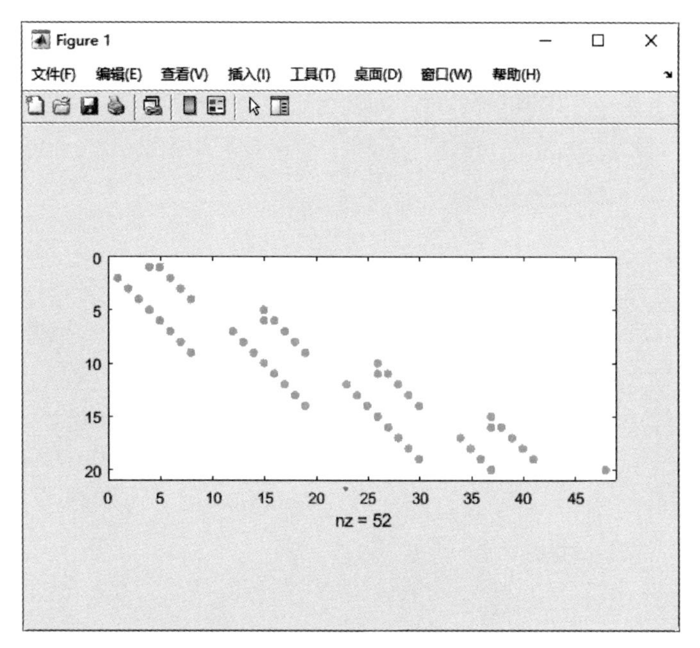

图 11-9 等式约束矩阵的稀疏性

```
>> [x,fval,exitflag,output] = ...
linprog(f, A, b, Aeq, beq, lb, [ ], [ ], optimset (' Display ',' iter ', ' Algorithm ',' interior-point'))
```

得到:

```
LP preprocessing removed 2 inequalities, 16 equalities,
16 variables, and 27 non-zero elements.
IterFval  Primal Infeas    Dual Infeas  Complementarity
   0  -6.544301e+00  1.405343e+02  2.001918e+02    1.000959e+02
   1  -4.976884e+00  9.862711e+01  1.534560e+02    6.977426e+01
   2  -4.997686e+00  4.931356e-02  3.009556e+00    8.188250e+00
   3  -5.894150e+00  2.465678e-05  2.365796e-01    6.752379e-01
   4  -5.056066e+01  1.241066e-05  1.022698e-01    4.834598e-01
   5  -6.444794e+01  1.571350e-06  1.622900e-02    1.515358e-01
   6  -6.976342e+01  2.130243e-09  8.114500e-06    2.790938e-02
   7  -6.999963e+01  1.963273e-11  3.152007e-09    4.010633e-05
   8  -7.000000e+01  1.832416e-13  1.151590e-16    1.001763e-13

Minimum found that satisfies the constraints.

Optimization completed because the objective function is
non-decreasing in feasible directions, to within the default
value of the function tolerance, and constraints are satisfied
to within the default value of the constraint tolerance.
```

```
x =

  30.0000
  28.0000
  42.0000
  70.0000
……
  194.9220
  43.9230
  40.9948
  61.4922
  102.4870


fval =

  -70.0000


exitflag =

    1


output =

包含以下字段的 struct:

        iterations: 8
           message: 'Minimum found that satisfies the constraints.↵Optimization
completed because the objective function is non-decreasing in feasible directions, to
within the default value of the function tolerance, and constraints are satisfied to
within the default value of the constraint tolerance.'
         algorithm: 'interior-point'
    constrviolation: 2.8422e-14
    firstorderopt: 9.9942e-14
```

由于 exitflag =1，说明经过 8 次迭代，问题收敛得到最优解。在本章 11.1 节中介绍过，线性规划问题的大规模算法用的不是信赖域算法，这里从 algorithm：' interior point '可知，本例中使用的是近些年来新发展起来的计算线性规划问题的内点算法。

从上面的输出表中可以看出，原始问题的等式约束的违背逐渐减少，最后到达一个非常接近于 0 的数。对偶问题的等式约束的违背也是逐渐减少，最后到达一个非常接近于 0 的数。同样的情况出现在原始问题和对偶问题的差上。

这里使用原始问题等式约束的违背的范数来衡量等式约束的实现。

```
>> norm(Aeq* x-beq)
```

```
ans =

  6.4440e-14
```

数量级达到-14，说明等式约束满足。

11.14　在等式约束中有稠密列的线性规划问题

11.13节中考虑了同时带有等式和不等式约束的线性规划问题，在那种情况下，已经考察过等式约束矩阵有一定的稀疏性。

【例11-13】本节考虑等式约束矩阵有稠密列的下面的线性规划问题：

$$\min_x f^{\mathrm{T}} x$$

subject to

$$Aeqx = beq$$
$$lb \leqslant x \leqslant ub$$

其中各参数由函数densecolumns.mat给出，如图11-10所示。

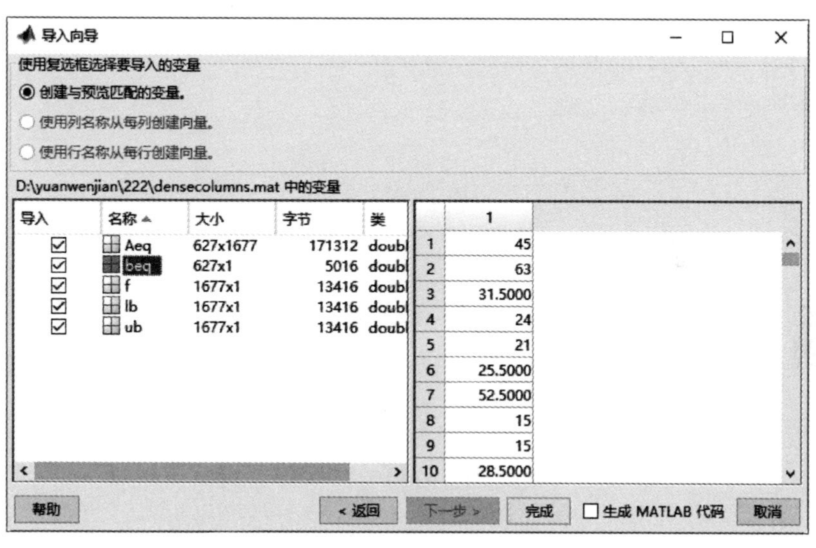

图11-10　问题中各参数

此问题的规模为：1677个变量，627个等式约束，所有变量都要有上下界约束。等式约束矩阵 Aeq 在前25列中有稠密列。

查看等式约束中矩阵 Aeq 的稀疏性。

```
>> spy(Aeq)
```

得到如图11-11所示内容。

首先，在命令行窗口中输入必要的参数。

```
>> loaddensecolumns
```

调用工具箱函数求解得到：

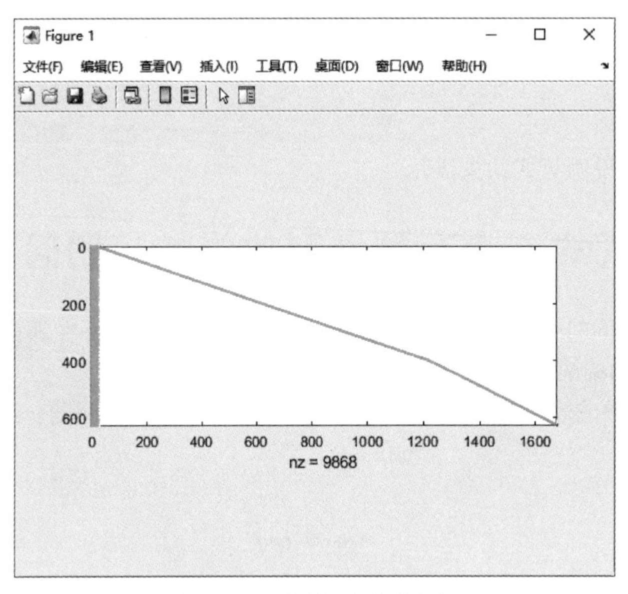

图 11-11 系数矩阵的稠密性

```
>> [x,fval,exitflag,output] = ...
linprog(f,[],[],Aeq,beq,lb,ub,[],optimset('Display','iter','Algorithm','interior-point'))
```

得到：

```
LP preprocessing removed 0 inequalities, 0 equalities,
22 variables, and 22 non-zero elements.

IterFval  Primal Infeas   Dual Infeas  Complementarity
   0    7.228067e+03  1.713623e+04  2.299195e+01    1.149598e+01
   1    1.303924e+04  7.706611e+03  1.671100e+01    8.318729e+00
   2    1.774785e+04  2.668235e+03  8.999243e+00    5.127486e+00
   3    1.588616e+04  1.903776e+03  4.121460e+00    3.725144e+00
   4    1.424398e+04  7.862486e+02  2.220288e+00    2.685105e+00
   5    1.255168e+04  3.300832e+02  9.052283e-01    1.985718e+00
   6    1.066721e+04  1.022961e+02  3.432178e-01    1.594540e+00
   7    9.655872e+03  2.335711e+01  9.955406e-02    9.055271e-01
   8    9.230933e+03  3.096998e+00  9.222303e-03    2.024434e-01
   9    9.154029e+03  6.420952e-02  1.829720e-04    5.968478e-02
  10    9.147742e+03  9.488342e-03  3.135427e-05    6.643183e-03
  11    9.146490e+03  5.840765e-04  1.749777e-06    6.364845e-04
  12    9.146382e+03  6.817602e-06  4.924233e-08    6.188831e-05
  13    9.146378e+03  3.408101e-09  2.468492e-11    1.461392e-06
  14    9.146378e+03  2.914113e-12  1.164271e-13    2.670672e-11
```

```
Minimum found that satisfies the constraints.
Optimization completed because the objective function is
non-decreasing in feasible directions, to within the default
value of the function tolerance, and constraints are satisfied
to within the default value of the constraint tolerance.


x =

    8.3444
    0.0000
    2.6764
    0.0000
……
165.6706
        0.0000
        210.3399
        0.0000


fval =

  9.1464e+003


exitflag =

    1


output =
```

包含以下字段的 struct:

```
        iterations: 14
            message: 'Minimum found that satisfies the constraints.↵Optimization
completed because the objective function is non-decreasing in feasible directions, to
within the default value of the function tolerance, and constraints are satisfied to
within the default value of the constraint tolerance.'
          algorithm: 'interior-point'
constrviolation: 4.2633e-14
firstorderopt: 4.9113e-11
```

由于 exitflag =1，说明经过 15 次迭代，问题收敛得到最优解。另外，通过检验等式约束的违背的范数，可以查看等式约束的满足情况。

```
>> norm(Aeq* x-beq)

ans =

  1.9899e-13
```

说明等式约束满足。